北京物资学院学术专著出版资助基金项目
北京物资学院青年科研基金资助项目（2022XJQN25）
北京市教育委员会科研计划项目资助（KM202310037002）

基于代数理论的纠错码和量子纠错码研究

JIYU DAISHU LILUN DE JIUCUOMA HE
LIANGZI JIUCUOMA YANJIU

高 云 著

首都经济贸易大学出版社
Capital University of Economics and Business Press
·北 京·

图书在版编目（CIP）数据

基于代数理论的纠错码和量子纠错码研究 / 高云著. --北京：首都经济贸易大学出版社，2023. 12

ISBN 978-7-5638-3631-4

Ⅰ. ①基… Ⅱ. ①高… Ⅲ. ①纠错码—研究 Ⅳ. ①O157. 4

中国国家版本馆 CIP 数据核字（2024）第 012215 号

基于代数理论的纠错码和量子纠错码研究
高　云　著

责任编辑	杨丹璇
封面设计	风得信·阿东 FondesyDesign
出版发行	首都经济贸易大学出版社
地　　址	北京市朝阳区红庙（邮编 100026）
电　　话	（010）65976483　65065761　65071505（传真）
网　　址	http://www.sjmcb.com
E- mail	publish@cueb.edu.cn
经　　销	全国新华书店
照　　排	北京砚祥志远激光照排技术有限公司
印　　刷	北京建宏印刷有限公司
成品尺寸	170 毫米×240 毫米　1/16
字　　数	210 千字
印　　张	12. 5
版　　次	2023 年 12 月第 1 版　2023 年 12 月第 1 次印刷
书　　号	ISBN 978-7-5638-3631-4
定　　价	58. 00 元

前　言

近年来，随着计算机、卫星通信和高速数据网等领域的迅速发展，数据的交换、处理和存储技术得到了广泛的应用，人们对数据传输和存储系统的可靠性提出了更高的要求。网络和信息化在给人们带来便捷、高效的同时，也带来了安全性风险。因此，如何控制差错、提高数据传输和存储的可靠性和安全性，成为现代数字通信系统设计者们面临的重要难题。我国现代物流配送模式中信息数据的安全性和可靠性也有待加强。纠错编码技术提供了一种提高信息传输和存储可靠性、安全性的有效方法。

本书的研究内容和方向符合首都区域经济社会的发展需求，并可服务于北京“数字经济+金融业”的发展和我国现代物流配送模式中信息数据安全性和可靠性的需求。有限域和有限环上的纠错码理论具有非常重要的研究意义。自 1950 年编码理论以及 1970 年有限环上的编码理论提出以来，有限域和有限环上纠错码理论的研究飞速发展。尽管有限域和有限环上的纠错码理论已经相当完善，但仍有一些问题值得我们去研究。

全书分为 10 章。第 1 章是绪论，介绍了纠错码的研究意义与进展，以及量子纠错码的研究意义与进展。第 2 章和第 3 章分别介绍了有限环上的自对偶循环码和拟循环码的一些结论。第 4 章介绍了指数为$1\frac{1}{2}$的循环码的代数结构和极小生成集。第 5 章介绍了通过有限环上的循环码构造量子纠错码的方法。第 6 章和第 7 章分别介绍了有限环上单偶长常循环码的对偶码的代数结构和一类自同态环的算术结构。第 8 章和第 9 章分别介绍了通过有限域上的线性斜循环码构造量子纠错码的方法和一些最优的循环线性码。第 10 章简要总结本书的主要内容并提出几个以后需要考虑的问题。

本书是笔者于硕士、博士和博士后期间在有限环和有限域上的纠错编码理论领域取得的主要成果的部分总结。在此向导师符方伟教授、曹永林教授和杨士林教授表示衷心的感谢，并向高健副教授表示衷心的感谢。同时感谢有限域和有限环上纠错编码领域同行朋友给予的多方面帮助。

本书主要面向大学数学、计算机科学与技术专业信息安全方向的高年级本科生、研究生，以及对纠错编码感兴趣的教师和科研人员。由于笔者水平有限，书中难免有不妥的地方，恳请大家批评指正。

2022 年 11 月

目　录

1 绪论

1.1 纠错码的研究意义与进展

近年来, 随着计算机、卫星通信和高速数据网等领域的迅速发展, 数据的交换、处理和存储技术得到了广泛的应用, 人们对数据传输和存储系统的可靠性提出了更高的要求。网络和信息化在给人们带来便捷、高效的同时, 也带来了安全性风险。因此, 如何控制差错、提高数据传输和存储的可靠性和安全性, 成为现代数字通信系统设计者们面临的重要难题。纠错编码技术提供了一种提高信息传输和存储可靠性、安全性的有效方法。

20 世纪 50 年代以来, 数字计算机和数字通信得到极大的发展。在今天, 人们从每个层面上都能感受到计算机和通信的这种进步所产生的广泛而深刻的影响。除了技术进步之外, 这种发展也得益于新的数学思想和工具的运用。冯克勤教授在著作 [1] 中介绍了由数字通信的可靠性要求所建立和不断发展的纠错码数学理论。冯克勤教授在著作中指出纠错码的数学理论是一个很好的题目, 可用来表达理论和应用之间相互联系和促进的过程。通信的可靠性提出纠错的要求, 建立起明确的数学概念和问题, 以反映工程上的需求, 然后数学家们用各种数学工具来构作性能越来越好的纠错码。同时, 纠错码的数学理论也是一个很好的研究领域, 在这里, 不同的数学知识和方法被用来解决通信中的一个共同的课题, 本书所用的数学工具主要涉及组合学、初等数论、线性代数和抽象代数。

随着数字计算机和数字通信的发展, 60 多年来, 离散数学（组合学、图论、离散优化等）、数论、代数学以及代数几何在通信和计算机科学中得到重要的应用, 成为这些领域不可缺少的基本数学工具。由于通信可靠性的实际需求, 从 20 世纪 50 年代末至今, 深入系统的经典纠错码理论不断发展。20 世纪后期, 量子计算和量子通信成为通信界、物理界和数学界的热门话题。冯克勤教授在著作 [2] 中指出, 在理论上, 利用量子物理的并行计算机制, 可以极大地加快计算和通信速度。实际上, 尽管目前无法预料何时能建成量子计算机, 量子计算和量子通信的真正应用似乎也很遥远, 但是实验的进展很快, 而数学理论则呈现出超前的趋势。我国及一些世界发达国家均以政府行为支持这方面的研究工作。虽然量子纠错码只有二十余年的历史, 但已成为计算机科学、通信、物理和数学的一个交叉和前沿领域, 成为发展迅速而又富有挑战的一个研究方向。

信息是一种特殊的资源, 它具有普遍性、共享性、增值性、可处理性和多效用性等特点, 对社会的发展和人类的正常生活有着特别重要的意义。随着经济的高速发展、互联网的普及以及大数据时代的来临,政府、企业以及个人的信息安全问题越来越重要。信息安全的实质就是要保护信息系统或信息网络中的信息资源免受各种类型的威胁、干扰和破坏, 即保证信息的安全性。近百年来, 数学家们一直在寻找能够提高信息传输安全性的方法, 纠错码就是其中的一种重要途径。编码理论和信息论起源于 1948 年, 香农（Shannon）在杂志 *The Bell System Technical Journal* 上发表了具有里程碑意义的论文“A mathematical theory of communication”[3]。因为信息在信道传输过程中会受到外部干扰, 所以会影响信息传输的可靠性。香农在文献 [3] 中提出了信道容量这一概念并且证明了在信道容量以下的任何信息的传输都是可靠的, 例如: 我们从外太空向地球发送行星的照片时就需要保证图片传输的可靠性。香农指出可以在传输之前将数据编码, 收到数据后再进行译码, 这样就有效地提高了信息传输的安全性和可靠性。纠错码在我们日常生活中的应用也是非常广泛的, 例如磁存储设备、光盘、二维码、电子通信设备等。

1950 年, 汉明（Hamming）在杂志 *The Bell System Technical Journal* 上发表论文“Error detecting and error correcting codes”[4], 这是研究编码理论的第一篇文章, 自此掀起了编码理论研究的热潮。汉明在文章 [4] 中利用 Systematic 码来构造单误差检测码 (single error detecting code), 此外, 还建立了一个几何模型用于介绍单误差检测码和纠错码。1953 年, 约西亚（Josiah）等在文献 [5] 中给出了五组实验, 并通过对信息编码和解码过程中语义噪声 (semantic noise) 的测量, 很好地预测了该组实验出现的错误并且证明了使用冗余编码可以减少信息传输中的错误数量。因为香农在文献 [3] 中给出了离散信道传输容量的一个上界但是并没有构造出满足该信道容量传输的纠错码, 所以数学家们一直在寻找数字纠错码或者编码系统来尽可能地接近信道传输容量的上界。1954 年, 戈利（Golay）在文献 [6] 中研究了二元编码, 他通过二进制系统设计了尽可能高效的纠错码, 使其能尽量接近信道传输容量。同年, 西尔弗曼（Silverman）等在文献 [7] 中介绍了五种系统码, 它们分别是 Hamming 单纠错码、Wagner 码、Hamming-Wagner 码、Syllabified-Wagner 码和 Reed 多纠错码。与此同时, 里德（Reed）在文献 [8] 中给出了一些 n 元纠错码和 $(n+1)$ 元误差检测系统码的例子, 它们的码长都是 2 的方幂。1956 年, 香农在文献 [9] 中给出了噪声信道中零误差容量 C_0 的定义, 即: 以零概率误差发送信息的速率的最小上限, 并且给出 C_0 的一个上界和一个下界。

令 C 是一个码长为 n、维数为 k、极小 Hamming 距离为 d 的线性码。纠错码数学理论的最基本研究课题是构造性能良好的纠错码, 即要求码率 k/n(信息的传输效率)和反应纠错能力的极小 Hamming 距离 d 愈大愈好。但在实际通信过程中, 三个参数 n、k 和 d 是相互制约的, 冯克勤在文献 [1] 中将纠错码三个参数的制约关系总结为 Hamming 界、Singleton 界、Plotkin 界和 Gilbert-Varshamov 界等, 满足或渐近满足这些界的线性码统称为性能良好的线性码。性能良好的线性码具有很强的纠错能力, 它能提高信息传输的安全性、稳定性和可靠性。在通信工程应用的背景下, 利用各种数学手段构造性能良好的线性码具有重要的实际意义。

循环码是编码理论中非常重要的一类码, 它具有较好的代数结构和良好的纠错性能, 很多有名的码都是循环码或者广义循环码, 例如 BCH 码、Golay 码、二元 Hamming 码、Reed-Muller 码等。循环码最早是由普兰格（Prange）于 1957 年在文献 [10] 中提出的, 在此之后, 1961 年, 彼得森（Peterson）在书 [11] 中汇总了关于循环码的结论, 这为以后循环码的研究奠定了坚实的基础。1972 年, 彼得森和韦尔登（Weldon）共同出版了 *Error-correcting codes* [12] 的第二版。BCH 码是最好的线性分组码之一, 由于代数结构良好, 构造方便, 所以它在编码和译码方面性能良好并且具有很好的纠错能力。二元 BCH 码最早是由霍昆格姆（Hocquenghem）于 1959 年在文献 [13] 中提出的, 之后, 玻色（Bose）和雷-乔杜里（Ray-Chaudhuri）于 1960 年在文献 [14,15] 中正式提出了二元 BCH 码的概念。1961 年, 戈伦斯坦（Gorenstein）和齐尔勒（Zierler）在文献 [16] 中将二元 BCH 码理论推广到一般有限域上。与 BCH 码同一时期出现的还有 Reed-Solomon 码, Reed-Solomon 码是一种特殊的 BCH 码, 即: 它是 BCH 码的一个子类。Reed-Solomon 码最早是由布什（Bush）于 1952 年在文献 [17] 中构造出来、里德（Reed）和所罗门（Solomon）于 1960 年在文献 [18] 中正式提出的。Duadic 码是另一类循环码，它是二次剩余码的推广。二元 Duadic 码最早是由利昂（Leon）等于 1984 年在文献 [19] 中提出的，随后普勒斯（Pless）、鲁沙纳（Rushanan ）和斯密德（Smid）在文献 [20-23] 中将二元 Duadic 码推广到任意的有限域上。

虽然纠错码理论的研究已经相当完善，但是数学家们并没有停止寻找具有实用性和更好纠错性能的纠错码的步伐，例如：1955 年，埃利亚斯（Elias）在文献 [24] 中提出了卷积码的概念；1962 年，加拉格尔（Gallager）在文献 [25] 中首次提出了低密度奇偶校验 (LDPC) 码；1970 年，Goppa 研究了一类新的线性码，即 Goppa 码[26]，这一类码能达到 Shannon 码在信道编码中的性能；1981 年，Goppa 在文献 [27] 中提出代数几何码的概念；1993 年，贝劳（Berrou）等在文献 [28] 中提出了 Turbo 码。如果大家想进一步了解纠错码和编码理论的一些基本概念和性质的话，可以参考麦克威廉姆斯（MacWilliams）和斯隆（Sloane）在 1978 年编写的著作 *The theory of error-correcting codes*[29] 和著作[30-33]。

1.2 经典纠错码

在本小节，我们介绍经典纠错码的一些基本概念和研究的问题。本小节的主要结论节选自冯克勤教授和陈豪教授的著作《纠错码的代数理论》[1]和《量子纠错码》[2]。

1948 年，香农（Shannon）发表《通信的数学理论》一文，奠定了通信的数学基础——信息论和通信的可靠性理论。具体的通信方式可以是多种多样的（打电话，传送电子邮件，宇宙飞船将金星图片传回地球，邮差传送信件和公文，微信聊天……），它们的抽象数学模型可以表示成以下最基本的形式：

发方 —信道 ε→ 收方

x $\qquad$ $y=x+\varepsilon$

发方希望把信息 x 传输给收方，但是在传输过程中出现错误 ε，所以收方收到的是 $y=x+\varepsilon$。我们希望收方在收到 y 之后有能力发现 y 有错（检错），进而希望能决定出错误 ε，从而可以正确地恢复所传送的信息 $x=y-\varepsilon$（纠错）。

设想需要传送 16 个信息 $\{0,1,2,\cdots,15\}$, 它们可以是任何具体信息（如传输的图片或者汉字）。可以用这些数的二进制展开：

$$n = a_3 \cdot 2^3 + a_2 \cdot 2^2 + a_1 \cdot 2 + a_0 \quad (a_i \in \{0,1\})\ (0 \le n \le 15)$$

然后把 n 表示成二元域 $\mathbb{F}_2 = \{0,1\}$ 上长为 4 的向量 (a_3, a_2, a_1, a_0)。从而这 16 个信息可以表示成 $\mathbb{F}_4$ 上 4 维向量空间 $V = \mathbb{F}_2^4$ 的全部向量:

$$0 = (0000), 1 = (0001), 2 = (0010), 3 = (0011), \cdots,$$
$$13 = (1101), 14 = (1110), 15 = (1111)$$

如果发方想把数字 2 传给对方, 即传出向量 $x = (0010)$。假如信道发生错误, 比如最左一位出错, 也就是错误向量为 $\varepsilon = (1000)$, 那么收方得到向量 $y = x + \varepsilon = (0010) + (1000) = (1010)$。收方得到 y 之后无法判断是否有错, 因为 $y = (1010)$ 也是有意义的, 它可能是发方传来的信息 $10 = (1010)$ (即信道无错), 也可能是发出信息 $14 = (1110)$ 而信道有错误 (0100) 等, 所以, 这个通信系统没有任何检错和纠错能力。

为了使通信系统有纠错能力, 需要把表示信息的向量长度加大。一个最简单的例子是重复码, 把每个信息 (a_3, a_2, a_1, a_0) 重复 3 次而传送：

$$(a_3, a_2, a_1, a_0, a_3, a_2, a_1, a_0, a_3, a_2, a_1, a_0)$$

即成为长为 12 的二元向量。于是, 16 个信息编成向量空间 $\mathbb{F}_2^{12}$ 中的一个子集合:

$$C = \{(a_3, a_2, a_1, a_0, a_3, a_2, a_1, a_0, a_3, a_2, a_1, a_0) \mid a_3, a_2, a_1, a_0 \in \mathbb{F}_2\}$$

C 中的向量叫作码字, 它们是有意义的, 而 $\mathbb{F}_2^{12}$ 中其他 2^{12}～2^4 个向量均不是码字, 是没有意义的。

现在把代表数字 2 的码字 $x = (0010\ 0010\ 0010)$ 传给对方。如果信道只产生 1 位错误, 例如仍是最左一位出错, 即 $\varepsilon = (1000\ 0000\ 0000)$, 则收方得到 $y = x + \varepsilon = (1010\ 0010\ 0010)$ 不是码字, 于是收方发现有错。进一步, 假如信道在向量的 12 位中只发生 1 位错误, 那么容易看出错误在最左边, 因为把 y 的 12 位分成三节(每节 4 位), 后两节完全一样, 可知错在第一节, 从而找到第 1 节的错位,

于是正确的信息为 $x=(0010\ 0010\ 0010)$。

如果信道发生 2 位的错误，比如 $\varepsilon=(1000\ 0100\ 0000)$，则收到的 $y=(1010\ 0110\ 0010)$ 仍不是码字，即仍可检查 2 位错误，但不能有效地纠错。这表明上述重复码可检查 2 位错误，也可以纠正 1 位错误，但是没有更好的检查和纠错能力。例如，当信道有 3 位错 $\varepsilon=(1000\ 1000\ 1000)$ 时，收到 $y=x+\varepsilon=(1010\ 1010\ 1010)$ 是码字，所以不能发现错误。这个重复码只能检查 2 位错和纠正 1 位错，这是因为不同码字之间至少有 3 位不同，并且存在两个码字恰好有 3 位不同（如 $x=(0010\ 0010\ 0010)$ 和 $x'=(1010\ 1010\ 1010)$）。

从这个例子可总结出：通信系统具有纠错能力，就是增加了"纠错编码"和"纠错译码"两个环节。纠错编码是将原始 $K(16)$ 个信息编成 $V=\mathbb{F}_2^{12}(n=12)$ 中的 K 个码字，使不同码字的"相异位"很多，从而有很好的纠错能力。而纠错译码是采用有效的方式把收到的 y 恢复成正确信息 x。于是，一个有纠错能力的通信系统表示成

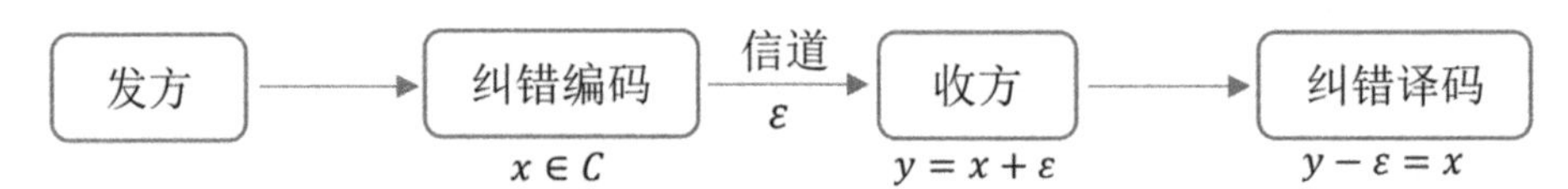

根据以上直观描述，可以抽象出经典纠错码的严格数学概念。

定义 1.1[2]　一个 q 元纠错码 C 是 q 元有限域 $\mathbb{F}_q$ 上 n 维向量空间 $\mathbb{F}_q^n$ 中的一个非空子集合。C 中向量 $c=(c_1,\ldots,c_n)\in C$ 叫作码字，n 叫作码长，C 中码字个数 $|C|$ 记成 K，而 $k=\log_q K$ 叫作码 C 的信息位数，k/n 叫作码 C 的信息率。由 $1\le K\le q^n$ 可知 $0\le k\le n$，从而 $0\le k/n\le 1$。

下面的定义刻画了码 C 的纠错能力。

定义 1.2[2]　对于 $\mathbb{F}_q^n$ 中每个向量 $v=(v_1,\ldots,v_n)$，用 $\omega_H(v)$ 表示 v 的非零分量的个数，叫作向量 v 的 Hamming 重量(weight)，即

$$\omega_H(v)=\#\{i\mid 1\le i\le n, 0\ne v_i\in\mathbb{F}_q\}$$

而两个向量 $v=(v_1,\ldots,v_n)$ 和 $u=(u_1,\ldots,u_n)$ 的 Hamming 距离定义为这两个向量

相异位的个数, 表示成$d_H(u,v)$, 即

$$d_H(u,v)=\#\{i\,|\,1\leq i\leq n, v_i\neq u_i\}=\omega_H(u-v)$$

定义 1.3[2] 设C是码长为n的q元纠错码(即$C\subseteq\mathbb{F}_q^n$), $|C|\geq 2$。定义码C的最小距离为C的所有不同码字之间的Hamming距离的最小值, 表示为$d(C)$, 即

$$d(C)=\min\{d(c,c')\,|\,c,c'\in C, c\neq c'\}$$

下面结果表明, 最小距离这个概念确实刻画了码的纠错能力。

定理 1.4[2] 设纠错码C的最小距离$d=d(C)$, 则此码可检查$\leq d-1$位错, 也可纠正$\leq\left[\dfrac{d-1}{2}\right]$位错(这里, 对每个实数$\alpha$, $[\alpha]$表示满足$[\alpha]\leq\alpha<[\alpha]+1$的整数$[\alpha]$, 即$\alpha$的整数部分)。

这个定理是整个经典纠错码理论的基础。以上给出q元纠错码C的三个基本参数: 码长n, 信息位数k (或者用$K=q^k=|C|$), 以及C的最小距离$d=d(C)$。把这个纠错码表示成$(n,K,d)_q$或者$[n,k,d]_q$。若略去d, 也可表示成$(n,K)_q$或者$[n,k]_q$。

经典纠错码理论最基本的研究课题有以下两个:

(1) 构作性能良好的纠错码;

(2) 对于好的纠错码, 研制出好的纠错编码和纠错译码算法, 使这些好的纠错码在工程上得以有效使用。

本书的研究内容是给出有限域和有限环上纠错编码的一些结论, 并构作性能良好的纠错码和量子纠错码。本书的研究内容和方向符合首都区域经济社会的发展需求, 并可服务于北京"数字经济+金融业"的发展和我国现代物流配送模式中信息数据安全性和可靠性的需求。

1.3 有限环上的编码理论

自20世纪50年代开始, 随着编码理论的诞生, 有限域上的编码理论率先引起了数学家们的研究兴趣。到目前为止, 有限域上的编码理论已经非常完善并且在

很多领域都有广泛的应用, 例如: 利德尔（Lidl）等在 1997 年出版的著作 *Finite fields*[30]; 马伦（Mullen）和帕纳里奥（Panario）编写的 *Handbook of finite fields*[33] 等。有限环上的编码理论始于 20 世纪 60 年代, 但真正被提出是在 1994 年, 这一年, 哈蒙斯（Hammons）等在杂志 *IEEE Transactions on Information Theory* 上发表了论文 "The $\mathbb{Z}_4$-linearity of Kerdcck, Preparata, Goethals, and related codes" [34], 有限环上编码理论的研究正式开始。哈蒙斯（Hammons）等在文献 [34] 中列出了一些性能良好的二元非线性码, 例如 Kerdcck 码、Preparata 码、Goethals 码等, 这些二元非线性码是由诺斯姆-罗宾逊（Nordstrom-Robinson）、克尔多克（Kerdock）、普雷帕拉塔（Preparata）、戈瑟尔斯（Goethals）和德尔萨特-戈瑟尔斯（Delsarte-Goethals）提出的。哈蒙斯（Hammons）等证明了这些二元非线性码是环 $\mathbb{Z}_4$ 上的某些线性码在 Gray 映射下的二元象, 并且指出这些二元非线性码是环 $\mathbb{Z}_4$ 上的多项式环的理想, 这种观点给出了编码理论的一个新的研究方向, 这篇文章被评为 IEEE 信息论期刊 1994 年度最佳论文。到目前为止, 环 $\mathbb{Z}_4$ 上的纠错码的研究已经非常完善 [35-42], 许多数学家开始考虑 $\mathbb{Z}_4$ 扩环上的纠错码理论并取得了很多研究成果, 具体内容可以参考文献 [43-47]。除此之外, 一般有限环上的编码理论也被很多数学家研究, 例如索尔（Solé）[48]、高健等[49]、斯来朴(Siap)[50]、阿什拉夫（Ashraf）[51]、开晓山[52]、阿梅拉（Amerra）[53]、曹原等[54]、丁（Dinh）[55] 和苏卜哈尼（Sobhani）[56] 等。有限环上的纠错码除了线性码和循环码之外还有很多性能良好的码, 例如负循环码、常循环码、多项式码、加性码、拟循环码、量子码和自对偶码等。

接下来, 我们介绍一下本书中研究的有限环上的几类编码问题的研究进展和意义。

1.3.1 环上自对偶码的研究进展

自对偶码是一类非常重要的码, 许多性能良好的码也属于自对偶码。自对偶码与许多数学结构具有密切的联系, 例如区组设计、格理论、量子码、球剁和模形式等。近几十年来, 有限域上的自对偶码理论已经相当完善, 有限环上的自对偶码理论也在蓬勃发展。1976 年, 马勒斯（Mallows）等在文献 [57] 中研究了环

$GF(3)=\mathbb{Z}_3$上的自对偶码和极大自正交码。马勒斯（Mallows）等在文献 [57] 中给出了一些 Gleason-type 定理并且利用这些定理来描述环$\mathbb{Z}_3$上的自对偶码的重量计数器。随后, 在 1979 年, 康威（Conway）等在文献 [58] 中研究了环$\mathbb{Z}_3$上所有的码长为 16 的自对偶码, 此外, 他们还给出了一些构造自对偶码的新的技巧并且构造出几个新的码长大于 16 的极值自对偶码。环$\mathbb{Z}_4$上的码经过一般的 Gray 映射后能得到好的非二元码, 例如Kerdock码、Preparata码和Goethals码等。1989 年, 克莱姆（Klemm）在文献 [59] 中首次研究了环 $\mathbb{Z}_4$ 上的自对偶码并且给出了环 $\mathbb{Z}_4$ 上的自对偶码的完全重量计数器。在此之后, 环$\mathbb{Z}_4$上的自对偶码理论研究取得了很多成果: 1993 年, 康威（Conway）等在文献 [37] 中研究了环$\mathbb{Z}_4$上的自对偶码的对称化重量计数器和 Hamming 重量计数器并且给出了一些自对偶码的例子。1997 年, 普莱斯（Pless）等在文献 [60] 中研究了环$\mathbb{Z}_4$上码长为奇数n的非平凡循环自对偶码, 他们给出了这类码的生成元集并且列出了码长小于39的所有非平凡循环自对偶码的例子, 此外, 他们还利用这些非平凡循环自对偶码构造 I 类型的幺模格。1999 年, 乔治乌（Georgiou）等在文献 [61] 中研究了自对偶码和正交设计之间的关系并且证明了正交设计的代数结构可以让我们更快捷、更系统地搜索环$GF(5)$上的自对偶码。2002 年, 索尔（Solé）等根据布鲁-恩格哈德（Broué-Enguehard）等的研究成果在文献 [36] 中找到了环$\mathbb{Z}_4$上的自对偶码和 Half-integral 重量模形式的一种联系。同年, 哈拉达（Harada）等在文献 [35] 中研究了环$\mathbb{Z}_4$上的IV 型自对偶码, 他们给出了这类码中码长为 20 的所有分类并且决定了环$\mathbb{Z}_4$上码长为$40-50$的 IV 型自对偶码的极小 Hamming 重量、极小 Lee 重量和极小 Euclidean 重量。

除了环$\mathbb{Z}_4$上的自对偶码理论之外, 一般有限环上的自对偶码理论也引起了数学家们的兴趣。2017 年, 罗（Luo）等人在文献 [44]中研究了环$\mathbb{Z}_4[u]/\langle u^2\rangle$上的自对偶循环码的结构并且给出这个环上码长为奇数$n$的自对偶循环码的定义。环$\mathbb{Z}_4[u]/\langle u^2-1\rangle$是另一个有限交换环, 它的阶为 16。环$R$和环$\mathbb{Z}_4[u]/\langle u^2\rangle$在环同构意义下是不同的环。近些年来, 环$R$上编码理论的研究硕果累累, 2016 年, 厄曾

（Özen）等在文献 [46] 中研究了环 R 上的循环码和循环移位为$(2+u)$的常循环码。之后, 施敏加等在文献 [45] 中定义了一个从环 R 到 $\mathbb{Z}_4^2$ 上的 Gray 映射并且研究了环 R 上的 $(1+2u)$ -常循环码。此外, 高云等在文献[43]中研究了环 R 上的1-生成元拟循环码和广义拟循环码。然而, 据我们了解, 到目前为止环 R 上的自对偶循环码理论没有被任何数学家研究, 所以受文献 [44] 的启发, 我们研究了环 R 上的自对偶循环码的结构, 该文章已经发表在 IEICE 刊物 *Transactions on Fundamentals of Electronics, Communications and Computer Sciences* 上。

1.3.2 拟循环码和广义拟循环码的研究进展

拟循环码是循环码的一个重要的推广, 它们具有良好的数学结构和纠错性能并且是渐进好的。1969 年, 陈（Chen）等在文献 [62] 中研究了拟循环码的一些基本性质, 给出了一些码率为$1/2$的最好的拟循环码并且证明了存在达到 Gilbert 界的 Very long 拟循环码。到目前为止, 有限域上拟循环码的研究已经取得了很多成果。2001 年, 林（Ling）等在文献 [63] 中总结并研究了有限域上拟循环码的性质, 介绍了一种研究有限域上拟循环码的新的代数方法, 即: 将有限域上的拟循环码看作一个辅助环上的线性码。随后, 2003 年林（Ling）等在文献 [64] 中研究了任意链环上的拟循环码理论, 他们不仅讨论了环上的拟循环码的情况, 而且研究了有限域上的余指数和域的特征不互素的拟循环码的情况。接下来, 林（Ling）等在文献 [65] 中讨论了有限多项式环上自对偶的1-生成元拟循环码的代数结构和计数。广义拟循环码是拟循环码的一种自然推广, 它可以用来构造 LDPC 码。

近十年, 有限域和有限环上的拟循环码和广义拟循环码的研究取得了很大的进展, 具体研究成果可以参考文献 [41, 42, 48-50, 63, 66-67]。在文献 [63] 的研究基础上, 库尔汉（Kulhan）等在文献 [69] 中研究了有限域上的广义拟循环码的代数结构。随后, 在 2009 年, 埃斯迈利（Esmaeili）和雅里（Yari）在文献 [68] 中更深入地研究了有限域上的广义拟循环码并且给出由中国剩余定理分解广义拟循环码的一种方法。根据文献 [68] 的启发, 曹永林于 2011 年在文献 [66] 中研究了有限域上的广义拟循环码的代数结构并且给出了有限域上所有的1-生成元广义拟循环码的计数。最近, 有限环上的编码理论成为一个研究热点, 特别是环 $\mathbb{Z}_4$ 上的线性码的研究。1994 年, 哈蒙斯（Hammons）等在文献 [34] 中通过 $\mathbb{Z}_4$ 上的码得到了一些好的二元非线性码, 之后, 环 $\mathbb{Z}_4$ 上的码得到了广泛的关注和研究。2009 年, 艾登（Aydin）等在文献 [41] 中研究了环 $\mathbb{Z}_4$ 上的拟循环码并且通过一般的 Gray 映射得到了一些新的二元码。吴婷婷等在文献 [42] 中定义了环 $\mathbb{Z}_4$ 上的1-生成元广义拟循环码的极小生成集并且通过一般的 Gray 映射构造了一些新的二元非线性码。除了环 $\mathbb{Z}_4$ 以外, 数学家们也研究了它的扩环上的编码理论。2017 年, 班迪（Bandi）等在文献 [47] 中研究了有限非链环 $\mathbb{Z}_4+u\mathbb{Z}_4$ $(u^2=0)$ 上码长为 2^k 的负循环码的质量公式。环 $R=\mathbb{Z}_4+u\mathbb{Z}_4$ $(u^2=1)$ 是另一个元素个数为 16 的有限非链环。厄曾（Özen）等在文献 [78] 中已经研究了环 R 上的循环码和 $(2+u)$-常循环码, 并且给出了一些环 R 上的循环码的例子, 这些循环码的 $\mathbb{Z}_4$ Gray 象的参数比已知最好的 $\mathbb{Z}_4$-线性码的参数更好。然而, 据我们所知, 环 R 上的拟循环码和广义拟循环码并没有被任何学者研究, 所以受文章 [47] 和 [78] 的启发, 我们研究了环 R 上的 1-生成元拟循环码和广义拟循环码, 该文章已经发表在 *Applicable Algebra in Engineering, Communication and Computing* 上。

令 R_m 和 R_{2m} 分别表示群代数 $\mathbb{F}_q[x]/\langle x^m-1\rangle$ 和 $\mathbb{F}_q[x]/\langle x^{2m}-1\rangle$, 其中 x 是一个不定元且 m 是一个与 q 互素的正整数。$R_m\times R_{2m}$ 的一个 $\mathbb{F}_q[x]$-子模至多由两个元素生成。樊恽等在文献 [74] 中研究了由一个元素生成的指数为 $1\frac{1}{2}$、余指数为 $2m$ 的拟循环码, 他们根据多项式和矩阵构造了指数为 $1\frac{1}{2}$、余指数为 $2m$ 的拟循环码并且证明这类拟循环码是渐进好的。随后, 樊恽等在文献 [75] 中又介绍了指数为 $1\frac{1}{3}$ 的拟循环码, 其中每一个拟循环码都是 $\mathbb{F}_2[x]/\langle x^m-1\rangle\times\mathbb{F}_2[x]/\langle x^{3m}-1\rangle$ 的一个子模, 他们还证明了指数为 $1\frac{1}{3}$ 的拟循环码是渐进好的。不难看出, 指数为 $1\frac{1}{2}$ 和 $1\frac{1}{3}$ 的拟循环码都是 Multi-Twisted (MT) 码 [79] 的特殊情况。

到目前为止, 我们发现有限域 $\mathbb{F}_q$ 上指数为$1\frac{1}{2}$的一般拟循环码的代数结构并没有被任何数学家研究, 因此, 我们讨论了有限域$\mathbb{F}_q$上的指数为$1\frac{1}{2}$、余指数为$2m$的拟循环码的代数结构和极小生成集并且考虑它的对偶码的代数结构, 该文章已经发表在 *Cryptography and Communications* 上。

1.3.3 常循环码及其对偶码的研究进展

常循环码在纠错码中扮演着非常重要的角色, 有限域和有限环上的常循环码的研究可以参考文献 [53, 55, 56, 80-88]。它的理论性和实用性是非常重要的，并且它可以用简单的移位寄存器进行有效编码。令$\mathbb{F}_q$是一个元素个数为q的有限域, 其中q是一个素数的方幂。记

$$\mathcal{R}=\mathbb{F}_{q^m}[u]/\langle u^e\rangle=\mathbb{F}_{q^m}+u\mathbb{F}_{q^m}+\cdots+u^{e-1}\mathbb{F}_{q^m}\ (u^e=0)$$

其中$e\geq 2$, 则$\mathcal{R}$是一个有限链环。在过去的几十年中, 数学家们一直致力于研究环$\mathcal{R}$上的循环码和常循环码。

当$e=2$, $q=2$且$m=1$时: 环$\mathbb{F}_2+u\mathbb{F}_2$上的编码理论的研究硕果累累。例如: 1997 年, 巴赫（Bachoc）在文献 [93] 中构造了环$\mathbb{F}_2+u\mathbb{F}_2$上的极值自对偶码和格; 1999 年, 乌达（Udaya）等在文献 [89] 中研究了环$\mathbb{F}_2+u\mathbb{F}_2$上的循环码和自对偶码的结构; 同年, 格列佛（Gulliver）和哈拉达（Harada）在文献 [97] 中给出了环$\mathbb{F}_2+u\mathbb{F}_2$上的最优 IV 型自对偶码的构造方法; 2005 年, 霍夫曼（Huffman）在文献 [98] 中讨论了环$\mathbb{F}_2+u\mathbb{F}_2$上小码长自对偶线性码的分类和计数问题; 随后, 钱建发等在文献 [87] 中研究了环 $\mathbb{F}_2+u\mathbb{F}_2$ 上的$(1+u)$-常循环码的结构; 2007 年, 霍夫曼在文献 [99] 中给出了环$\mathbb{F}_2+u\mathbb{F}_2$上具有一个自同构素数阶的自对偶码分解的一般理论; 之后, 在 2009 年, 阿布瓦鲁布（Abualrub）等在文献 [80] 中考虑了环$\mathbb{F}_2+u\mathbb{F}_2$上的常循环码理论。

当$e\geq 3$且$q=2$时: 2011 年, 阿什克（Al-Ashker）等在文献 [101] 中给出了有

限链环$\mathbb{Z}_2+u\mathbb{Z}_2+u^2\mathbb{Z}_2+\cdots+u^{k-1}\mathbb{Z}_2$上码长为$n$的循环码的构造方法和极小生成元集, 其中$n$是一个正整数且$u^k=0$。在此之后, 曹原等在文章 [54] 中研究了环$\mathbb{F}_{2^m}[u]/\langle u^4\rangle$上单偶长循环码的结构, 此外, 他们还给出了环$\mathbb{F}_{2^m}[u]/\langle u^4\rangle$上单偶长$(\delta+\alpha u^2)$-常循环码的完全分类。

当$e\geq 3$且$q\geq 3$时: 环$\mathcal{R}$上的编码理论的研究成果层出不穷，可以参考文献 [56, 83, 84, 86, 88, 91, 102-106]。2010 年, 苏卜哈尼（Sobhani）和埃斯迈利（Esmaeili）在文献 [88] 中研究了环$\mathbb{F}_q[u]/\langle u^{t+1}\rangle$上的一些循环码和常循环码, 其中$t$是一个正整数。同年, 开晓山等在文献 [86] 中研究了环$\mathbb{F}_p[u]/\langle u^m\rangle$上任意码长的$(1+\lambda u)$-常循环码, 其中$\lambda\in\mathbb{F}_p^{\times}$。2015 年, 苏卜哈尼（Sobhani）在文章 [56] 中给出了环$\mathbb{F}_{p^m}+u\mathbb{F}_{p^m}+u^2\mathbb{F}_{p^m}$上码长为$p^k$的$(\delta+\alpha u^2)$-常循环码的结构。随后, 曹原等在文献 [84] 中讨论了环$\mathbb{F}_q[u]/\langle u^4\rangle$上的一类$(\delta+\alpha u^2)$-常循环码。此外, 曹原等在文献 [83] 中还给出了环$\mathbb{F}_{3^m}[u]/\langle u^4\rangle$上码长为$3n$的$(\delta+\alpha u^2)$-常循环码的完全分类。

2015 年, 苏卜哈尼（Sobhani）在文章 [56] 中提出了一个公开问题：如何刻画有限链环$\mathbb{F}_{p^m}[u]/\langle u^e\rangle$ $(e\geq 4)$上码长为p^k的$(\delta+\alpha u^2)$-常循环码？作为它的一个自然推广, 下面的问题更值得研究, 即：如何刻画有限链环$\mathbb{F}_{p^m}[u]/\langle u^e\rangle$ $(e\geq 4)$上任意码长为N的$(\delta+\alpha u^2)$-常循环码, 其中$N=p^k n$, k是一个正整数, $n\in\mathbb{Z}^+$满足$\gcd(p,n)=1$？最近, 曹原等在文献 [84] 中研究了第二个问题的一种特殊情况, 即: $p=2$, $k=1$, n是一个奇正整数且$e=4$, 他们给出了环$R=\mathbb{F}_{2^m}[u]/\langle u^4\rangle$ $=\mathbb{F}_{2^m}+u\mathbb{F}_{2^m}+u^2\mathbb{F}_{2^m}+u^3\mathbb{F}_{2^m}$ $(u^4=0)$上码长为$2n$的$(\delta+\alpha u^2)$-常循环码的一个具体表示和计数。近些年来, 环上的自对偶码理论取得了很多研究成果, 具体内容可以参考文献[89, 96-99, 102]。然而，据我们所知，环$R=\mathbb{F}_{2^m}[u]/\langle u^4\rangle$ $=\mathbb{F}_{2^m}+u\mathbb{F}_{2^m}+u^2\mathbb{F}_{2^m}+u^3\mathbb{F}_{2^m}(u^4=0)$上的$(\delta+\alpha u^2)$-常循环码的对偶码并没有

被任何学者研究, 受曹原等在文献 [81] 中研究的启发, 我们研究了环 R 上的单偶长 $(\delta+\alpha u^2)$-常循环码的对偶码的代数结构, 其中 n 是一个奇正整数, 该文章已经发表在 *Discrete Mathematics* 上。

1.4 量子纠错码的研究意义与进展

量子纠错码是经典纠错码的量子推广与拓展。20 世纪 80 年代以来, 量子计算和量子通信成为物理学、数学和信息领域的研究热点, 其中一个关键问题是量子纠错问题。量子纠错问题是量子计算和量子通信得以实现的必要保障之一。量子纠错码理论是量子纠错问题的一个重要组成部分, 它使得量子计算机在有噪声的环境中能有效地进行计算, 也使得量子消息在带噪声的量子信道上实现可靠的通信。构造性能良好的量子纠错码是量子纠错码理论研究中的一个基本问题。

量子计算是量子信息科学的重要分支之一, 其不仅能够破解密码, 还在生物制药、优化问题、数据检索等众多领域拥有广泛的应用前景, 具体内容可以参考著作 [107]。量子计算机在解决一些特定问题时具有很大的优势, 它能以特定的计算方式有效解决一些经典计算机无法解决的数学问题, 例如大整数质因子分解问题和离散对数问题。近年来, 量子计算机的研制进展迅速。以惠普、谷歌、IBM、英特尔、微软等巨头为代表的企业纷纷投入巨资参与量子计算机的研发。我国政府也高度重视量子计算机的研发, 并投入巨大的人力和资金支持。量子计算机的成功研发将在基础科研、新型材料与医药研发、信息安全与人工智能等经济社会的诸多领域产生颠覆性影响, 其发展与应用对我国科技发展和产业转型升级具有重要的促进作用。本书研究的量子纠错问题是量子计算得以实现的必要保障之一。

量子通信是量子信息科学的另一重要分支, 是利用量子态作为信息载体并进行传递的新型通信技术, 具体内容可以参考著作 [107], 其在量子保密通信、量子云计算、分布式量子测量等方面有着广阔的应用前景。量子通信在金融、政务、数据中心、医疗卫生、关键基础设施等领域也具有重要的应用前景。近年来, 我国在量子通信领域已经形成了很强的理论体系和实验技术储备, 并产生了一批具有重要国际影响的研究成果, 例如全球首颗量子通信试验卫星“墨子号”、全球最长的量子通信“京沪干线”和基于量子城域网的大量政企应用示范等。我国对量子通信技术持续予以支持, 在国家“十三五”规划建议中明确指出“要在量子通信等领域部署体现国家战略意图的重大科技项目”。量子通信具有广泛的应用前景, 是国内外学者们重点研究的课题之一, 具有重要的研究价值。本书研究的量子纠错问题是量子通信得以实现的必要保障之一。

量子纠错码是一种将量子态编码为量子位（双态量子系统）的方法, 使得少量单个量子位中的误差或消相干对编码数据几乎没有影响。量子纠错码用于保护量子通信和量子计算中的信息免受量子退相干或者其他量子噪声的干扰。量子纠错码给出了一种抗量子退相干的有效方法。

令Q是一个码长为n、维数为K(或者$k=\log_2 K$)、最小距离为d的量子纠错码, 表示为$((n,K,d))$或者$[[n,k,d]]$。量子纠错码理论的基本问题之一是构造性能良好的量子纠错码, 即要求码率k/n(信息的传输效率)和反应纠错能力的最小距离d愈大愈好。与经典纠错码的情形一样, 量子纠错码的三个参数n、k和d是相互制约的, 冯克勤教授在著作 [2] 中将量子纠错码三个参数的制约关系总结为量子 Hamming 界和量子 Singleton 界等, 满足或渐近满足这些界的量子纠错码统称为性能良好的量子纠错码。性能良好的纠错码和性能良好的量子纠错码具有很强的纠错能力, 它能提高信息传输的安全性、稳定性和可靠性。在通信工程应用的背景下, 利用数学手段构造性能良好的纠错码和性能良好的量子纠错码具有重要的实际意义。

量子纠错码最早是由肖尔（Shor）于 1995 年在文献 [108] 中提出的。随后, 1997 年, 卡尔德班克（Calderbank ）等在文献 [109] 中给出了一种利用群理论构造量子纠错码的方法。第二年, 卡尔德班克（Calderbank ）等人在文献 [110] 中又讨论了有限域$GF(4)$上的量子纠错码, 在此之后, 利用有限域$\mathbb{F}_q$上的经典循环码构造量子纠错码成为一个研究热点。如果想要更多地了解通过有限域和有限环上的循环码构造量子码的方法的话, 可以参考文献 [51, 52, 111-120]。有限交换环上的编码理论始于 1970 年, 之后, 哈蒙斯（Hammons）等在文献 [34] 中证明了一些非常重要的二元非线性码实际上是环$\mathbb{Z}_4$上的线性码的 Gray 象, 自此有限交换环上的编码理论取得了飞速发展。具体内容可以参考文献 [51, 52, 111, 112, 114, 118, 121-123]。

有限交换环上的码可以用来构造量子码。2009 年, 钱建发等在文献 [120] 中提出了一种由有限链环 $\mathbb{F}_2+u\mathbb{F}_2$ ($u^2=0$) 上的循环码构造量子纠错码的方法。之后, 开晓山和朱士信在文献 [52] 中给出了一种由有限链环 $\mathbb{F}_4+u\mathbb{F}_4$ 上的奇数码长循环码构造量子码的方法。在文献 [123] 中, 钱建发介绍了一种由有限非链环 $\mathbb{F}_2+v\mathbb{F}_2$ ($v^2=v$) 上的循环码构造量子码的新的方法。阿什拉夫（Ashraf）和穆罕默德（Mohammad）受到钱建发在文章 [123] 中研究的启发，在文献 [111] 中给出了一种由有限非链环 $\mathbb{F}_3+v\mathbb{F}_3$ ($v^2=1$) 上的循环码构造量子码的方法。此外, 阿什拉夫（Ashraf）等在文献[112]和文献 [51] 中还研究了利用有限非链环 $\mathbb{F}_p+v\mathbb{F}_p$ 和 $\mathbb{F}_q+u\mathbb{F}_q+v\mathbb{F}_q+uv\mathbb{F}_q$ ($u^2=u, v^2=v, uv=vu$)上的循环码构造量子码的方法。高健在文献 [114] 中研究了由环 $\mathbb{F}_q+v\mathbb{F}_q+v^2\mathbb{F}_q+v^3\mathbb{F}_q$ 上的循环码构造量子码的理论, 其中 $q=p^r$, p 是一个素数, $3\mid(p-1)$ 且 $v^4=v$ 。随后, 高健等在文献 [122] 中介绍了环 $\mathbb{F}_p+u\mathbb{F}_p$ ($u^2=1$) 上的 u -常循环码并且利用这些码构造出新的非二元量子码。最近, 厄曾（Özen）等在文献 [118] 中研究了通过有限非链环 $\mathbb{F}_3+u\mathbb{F}_3+v\mathbb{F}_3+uv\mathbb{F}_3$ ($u^2=1, v^2=1, uv=vu$) 上的循环码构造量子码的方法。同年, 艾伦（Eren）等在文献 [121] 中讨论了有限环 $\mathbb{F}_2+v_1\mathbb{F}_2+\cdots+v_r\mathbb{F}_2$ 上的循环码和拟循环码的结构, 其中 $v_i^2=v_i, v_iv_j=v_jv_i=0$, $1\le i,j\le r$ 且 $r\ge1$ 。受文献 [118] 和文献 [121] 的启发, 我们研究了由有限环 $\mathbb{F}_q+v_1\mathbb{F}_q+\cdots+v_r\mathbb{F}_q$ 上的循环码构造量子码的方法, 其中 $v_i^2=v_i, v_iv_j=v_jv_i=0$, $1\le i,j\le r$ 且 $r\ge1$, 该文章已经发表在 *Applicable Algebra in Engineering, Communication and Computing* 上。

1.5 本书的主要结构

第 2 章为环 $\mathbb{Z}_4[u]/\langle u^2-1\rangle$ 上自对偶循环码的代数理论与应用研究, 我们研究了环 $R=\mathbb{Z}_4[u]/\langle u^2-1\rangle$ 上码长为 n 的自对偶循环码并且给出环 R 上码长为 n 的循环码和自对偶循环码的生成元的结构, 其中 n 是一个奇正整数。作为应用, 我

们给出了一些环 $\mathbb{Z}_4$ 上码长为 $2n$ 的自对偶码的例子。

第 3 章为环 $\mathbb{Z}_4[u]/\langle u^2-1\rangle$ 上 1-生成元拟循环码和广义拟循环码的研究，我们讨论了环 $R=\mathbb{Z}_4[u]/\langle u^2-1\rangle$ 上的1-生成元拟循环码和广义拟循环码，给出它们的生成元的结构和极小生成集并且构造了一些新的 $\mathbb{Z}_4$ 线性码。

第 4 章为指数为 $1\frac{1}{2}$ 的拟循环码的代数结构及应用研究，我们研究了有限域 $\mathbb{F}_q$ 上指数为 $1\frac{1}{2}$ 、余指数为 $2m$ 的拟循环码及其对偶码的代数结构，其中 m 是一个正整数，q 是一个奇素数的方幂且 $\gcd(m,q)=1$ 。此外，我们还构造出一些有限域 $\mathbb{F}_q$ 上的最优和好线性码。

第 5 章为通过环 $\mathbb{F}_q+v_1\mathbb{F}_q+...+v_r\mathbb{F}_q$ 上的循环码构造量子纠错码理论，我们研究了环 $R_q=\mathbb{F}_q+v_1\mathbb{F}_q+\cdots+v_r\mathbb{F}_q$ 上的循环码的代数结构并且给出由环 R_q 上的循环码构造量子码的一种方法，其中 q 是一个素数方幂，$v_i^2=v_i, v_iv_j=v_jv_i=0$ ，$1\le i,j\le r$ 且 $r\ge 1$ 。此外，我们还得到了一些新的非二元量子码。

第 6 章为环 $\mathbb{F}_{2^m}[u]/\langle u^4\rangle$ 上单偶长 $(\delta+\alpha u^2)$-常循环码的对偶码理论研究，我们给出了有限链环 $R=\mathbb{F}_{2^m}[u]/\langle u^4\rangle=\mathbb{F}_{2^m}+u\mathbb{F}_{2^m}+u^2\mathbb{F}_{2^m}+u^3\mathbb{F}_{2^m}$ $(u^4=0)$ 上任意的码长为 $2n$ 的 $(\delta+\alpha u^2)$-常循环码的对偶码的一种具体表示，并且讨论了环 R 上所有不同的码长为 $2n$ 的自对偶 $(1+\alpha u^2)$-常循环码的结构，其中 $\delta,\alpha\in\mathbb{F}_{2^m}^{\times}$ 。

第 7 章为自同态环 $\mathrm{End}(\mathbb{Z}_p[x]_{/\langle\bar{f}(x)\rangle}\times\mathbb{Z}_{p^2}[x]_{/\langle f(x)\rangle})$ 的代数理论研究，我们给出了自同态环 $\mathrm{End}(\mathbb{Z}_p[x]_{/\langle\bar{f}(x)\rangle}\times\mathbb{Z}_{p^2}[x]_{/\langle f(x)\rangle})$ 上的一些结论，并证明了环 $\mathrm{End}(F\times R)$ 与环 $E_{p,f}$ 同构。此外，研究了 $E_{p,f}$ 中每个元素的特征多项式并讨论其应用。

第 8 章为有限域 $\mathbb{F}_{q^2}$ 上的 $\mathbb{F}_q$-线性斜循环码及其在量子纠错码构造中的应用，我们研究了有限域 $\mathbb{F}_{q^2}$ 上的 $\mathbb{F}_q$-线性斜循环码的代数结构，并且构造出一些好的

$\mathbb{F}_q$-线性斜循环码和好的量子纠错码。

第 9 章为最优的循环 $\mathbb{F}_q$-线性 $\mathbb{F}_{q^t}$-码，我们给出了一类码长为 n 的循环 $\mathbb{F}_q$-线性 $\mathbb{F}_{q^t}$-码，其中 n 是与 q 互素的正整数，并且构造出一些最优的循环 $\mathbb{F}_q$-线性 $\mathbb{F}_{q^t}$-码。

第 10 章为总结与展望，简要总结本书的主要内容，并提出几个以后需要考虑的问题。

2 环$\mathbb{Z}_4[u]/\langle u^2-1\rangle$上自对偶循环码的代数理论与应用研究

在本章, 我们研究环$R=\mathbb{Z}_4[u]/\langle u^2-1\rangle$上码长为$n$的自对偶循环码并且构造了一些环$\mathbb{Z}_4$上码长为$2n$的自对偶码, 其中$n$是一个奇正整数。本章对应的内容已经发表于 IEICE 刊物 *Transactions on Fundamentals of Electronics, Communications and Computer Sciences*。

2.1 节回顾了环R上 线性码的基本理论, 并且给出从环R到$\mathbb{Z}_4^2$的一个新的 Gray 映射φ。2.2 节介绍了环R上的一些基本理论, 并且给出环R上码长为奇数n的循环码的构造。2.3 节研究了环R上码长为奇数n的自对偶循环码的构造, 与此同时, 得到一些环$\mathbb{Z}_4$上码长为$2n$的自对偶码。

2.1 预备知识

令 $R=\mathbb{Z}_4[u]/\langle u^2-1\rangle=\{0,1,2,3,u,2u,3u,1+u,2+u,3+u,1+2u,2+2u,3+2u,1+3u,2+3u,3+3u\}$, 其中$u^2=1$。环$R$是特征为4的交换环。易见, 环$R$的所有可逆元组成的集合是$\{1,3,u,3u,2+u,1+2u,3+2u,2+3u\}$。此外, 环$R$有 7 个理想, 它们分别是:

$$\langle 0\rangle$$

$$\langle 2+2u\rangle=\{0,2+2u\}$$

$$\langle 2u\rangle=\{0,2,2u,2+2u\}$$

$$\langle 1+u\rangle=\{0,1+u,2+2u,3+3u\}$$

$$\langle 3+u\rangle=\{0,3+u,1+3u,2+2u\}$$

$$\langle 2u,1+u\rangle=\{0,2,2u,1+u,3+u,1+3u,2+2u,3+3u\}$$

$$R$$

其中，R 是一个局部环具有唯一的极大理想 $\langle 2u,1+u\rangle$（文献 [46]）。

令 R^n 是环 R 上的 n-元数组组成的集合，即：

$$R^n=\{(c_0,c_1,\cdots,c_{n-1})\mid c_i\in R,i=0,1,\cdots,n-1\}$$

其中 n 是一个正整数。R 上一个码长为 n 的线性码被定义为 R^n 的一个 R-子模。令 C 为 R 上码长为 n 的线性码，如果 C 关于循环移位 σ 是封闭的，则称 C 是一个循环码，其中，循环移位 σ 是将 R^n 中的元素 $(c_0,c_1,\cdots,c_{n-1})$ 映射到元素 $(c_{n-1},c_0,\cdots,c_{n-2})$。将 R^n 中的每个元素 $c=(c_0,c_1,\cdots,c_{n-1})$ 和多项式 $c(x)=c_0+c_1x+\cdots+c_{n-1}x^{n-1}\in\mathcal{R}_n=R[x]/\langle x^n-1\rangle$ 等同看待，那么，在环 $\mathcal{R}_n$ 中 $xc(x)$ 对应着元素 c 的一个 σ-循环移位。

令 C 是环 R 上码长为 n 的线性码，它的对偶码 $C^\perp$ 定义为：

$$C^\perp=\{v\in R^n\mid v\cdot c=0,\forall c\in C\}$$

其中 $c=(c_0,c_1,\cdots,c_{n-1}),v=(v_0,v_1,\cdots,v_{n-1})\in R^n$，且 $c\cdot v=c_0v_0+c_1v_1+\cdots+c_{n-1}v_{n-1}$ 是 R 中的运算。此外，如果 $C\subset C^\perp$，则称 C 是自正交的。如果 $C=C^\perp$，则称 C 是自对偶的。

环 R 中的任意元素可以表示为 $a+ub$，其中 $a,b\in\mathbb{Z}_4$ 且 $u^2=1$。我们定义一个新的 Gray 映射如下：

$$\begin{aligned}\varphi:\quad R\quad &\rightarrow\quad \mathbb{Z}_4^2\\ a+ub&\mapsto(-b,a+2b)\end{aligned}$$

不难证明，映射 φ 是 $\mathbb{Z}_4$-线性的并且是双射。对任意元素 $v=(v_0,v_1,\cdots,v_{n-1})\in R^n$，$v_i=a_i+ub_i$，$a_i,b_i\in\mathbb{Z}_4$，$0\le i\le n-1$，有

$$\varphi(v)=(-b_0,-b_1,\cdots,-b_{n-1},a_0+2b_0,a_1+2b_1,\cdots,a_{n-1}+2b_{n-1})$$

下面的引理说明映射 φ 保持自对偶性。

引理 2.1 令 C 是环 R 上码长为 n 的一个线性码。如果 C 在环 R 上是自对偶的，那么 $\varphi(C)$ 在 $\mathbb{Z}_4$ 上也是自对偶的。

证明： 令 C 是环 R 上码长为 n 的一个线性码。对任意元素 $c=(c_0,c_1,\cdots,$

$c_{n-1}), d=(d_0,d_1,\cdots,d_{n-1})\in C$，其中 $c_i=c_{i,1}+uc_{i,2}, d_i=d_{i,1}+ud_{i,2}\in R$，$c_{i,1}$, $c_{i,2}, d_{i,1}, d_{i,2}\in\mathbb{Z}_4$，且 $0\le i\le n-1$，如果 C 在环 R 上是自对偶的，即：$C=C^{\perp}$，那么有

$$\begin{aligned}c\cdot d&=\sum_{i=0}^{n-1}(c_{i,1}+uc_{i,2})\cdot(d_{i,1}+ud_{i,2})\\&=\sum_{i=0}^{n-1}(c_{i,1}d_{i,1}+c_{i,2}d_{i,2}+u(c_{i,1}d_{i,2}+c_{i,2}d_{i,1}))\\&=0\end{aligned}$$

这就推出 $\sum_{i=0}^{n-1}(c_{i,1}d_{i,1}+c_{i,2}d_{i,2})=0$ 且 $\sum_{i=0}^{n-1}(c_{i,1}d_{i,2}+c_{i,2}d_{i,1})=0$。由 Gray 映射 φ 的定义得到

$$\varphi(c)=(-c_{0,2},-c_{1,2},\ldots,-c_{n-1,2},c_{0,1}+2c_{0,2},c_{1,1}+2c_{1,2},\ldots,c_{n-1,1}+2c_{n-1,2})$$

$$\varphi(d)=(-d_{0,2},-d_{1,2},\ldots,-d_{n-1,2},d_{0,1}+2d_{0,2},d_{1,1}+2d_{1,2},\ldots,d_{n-1,1}+2d_{n-1,2})$$

且有

$$\begin{aligned}\varphi(c)\cdot\varphi(d)&=\sum_{i=0}^{n-1}c_{i,2}d_{i,2}+\sum_{i=0}^{n-1}(c_{i,1}+2c_{i,2})\cdot(d_{i,1}+2d_{i,2})\\&=\sum_{i=0}^{n-1}(c_{i,1}d_{i,1}+c_{i,2}d_{i,2}+2(c_{i,1}d_{i,2}+c_{i,2}d_{i,1}))\\&=\sum_{i=0}^{n-1}(c_{i,1}d_{i,1}+c_{i,2}d_{i,2})+2\sum_{i=0}^{n-1}(c_{i,1}d_{i,2}+c_{i,2}d_{i,1})\\&=0\end{aligned}$$

因此得到 $\varphi(C)$ 是自正交的。因为 Gray 映射 φ 是单射，所以有 $|\varphi(C)|=|C|=4^n$，这推出 $\varphi(C)$ 在 $\mathbb{Z}_4$ 上是自对偶的。

在文献 [40] 中，万哲先先生给出 $0,1,2,3\in\mathbb{Z}_4$ 的 Lee 重量的定义，即：$w_L(0)=0$，$w_L(1)=w_L(3)=1$ 且 $w_L(2)=2$，则 $v=(v_0,v_1,\cdots,v_{n-1})$ 的 Lee 重量 $w_L(v)$ 定义为 $w_L(v)=\sum_{i=0}^{n-1}w_L(v_i)$。

对环 R 中的任意元素 $a+ub$，它的 Lee 重量定义为

$$w_L(a+ub)=w_L(\varphi(a+ub))=w_L(-b,a+2b)=w_L(-b)+w_L(a+2b)$$

根据 Lee 重量和 Gray 映射 φ 的定义, 环 R 中元素的 Lee 重量定义如下:

$$w_L(0)=0,\ w_L(u)=3,\ w_L(2u)=2,$$

$$w_L(1)=1,\ w_L(1+u)=2,\ w_L(1+2u)=3,$$

$$w_L(1+3u)=2,\ w_L(2)=2,\ w_L(2+u)=1,$$

$$w_L(2+2u)=4,\ w_L(2+3u)=1,\ w_L(3)=1,$$

$$w_L(3+u)=2,\ w_L(3+2u)=3,\ w_L(3+3u)=2,\ w_L(3u)=3$$

易证, Gray 映射 φ 关于 Lee 重量是一个从 R^n 到 $\mathbb{Z}_4^{2n}$ 上的保距映射。

2.2 环 $\mathbb{Z}_4[u]/\langle u^2-1\rangle$ 上的循环码理论

在这一小节, 我们介绍环 R 上的一些基本结论并讨论环 R 上码长为奇数 n 的循环码的结构性质。

令 C 是环 R 上码长为 n 的一个线性码, 易知 C 是循环码当且仅当 C 是 $\mathcal{R}_n$ 的一个理想。因为 $u+1$ 是 $R[x]$ 中的幂零元, 所以环 R 上码长为奇数 n 的一个循环码 C 的任意码字 $c=a+ub$ 可以表示为

$$c=a+ub=a+(u+1)b-b=a'+(u+1)b$$

其中 $a'=a-b$, 则 $c=c_1+(u+1)c_2$ 也是码字 c 的一种表示方式, 其中 $c_1,c_2\in\mathbb{Z}_4^n$。环 R 上码长为奇数 n 的循环码 C 的任意码字 $c=c_1+(1+u)c_2$ 的多项式表示为

$$c(x)=c_1(x)+(1+u)c_2(x)$$

其中 $c_1=(c_{1,0},c_{1,1},\cdots,c_{1,n-1})$, $c_2=(c_{2,0},c_{2,1},\cdots,c_{2,n-1})\in\mathbb{Z}_4^n$, $c_{i,j}\in\mathbb{Z}_4$, $1\le i\le 2$, $0\le j\le n-1$ 并且 $c_1(x)=c_{1,0}+c_{1,1}x+\cdots+c_{1,n-1}x^{n-1}$, $c_2(x)=c_{2,0}+c_{2,1}x+\cdots+c_{2,n-1}x^{n-1}\in\dfrac{\mathbb{Z}_4[x]}{\langle x^n-1\rangle}$。我们将码字 c 中的元素 $c_i^2=(c_{i,0}^2,c_{i,1}^2,\cdots,c_{i,n-1}^2)\in\mathbb{Z}_2^n$ 与多项式

$$c_i^2(x)=c_{i,0}^2+c_{i,1}^2x+\cdots+c_{i,n-1}^2x^{n-1}\in\frac{\mathbb{Z}_2[x]}{\langle x^n-1\rangle}$$

等同看待, 其中 $1\le i\le 2$。

由上述讨论，我们得到下面的引理。

引理 2.2 令 $c(x)=c_1(x)+(u+1)c_2(x)\in R[x]$，那么 $c(x)$ 是 $R[x]$ 中的一个可逆元当且仅当 $c_1(x)$ 也是 $\mathbb{Z}_4[x]$ 中的一个可逆元。

证明：若 $c(x)$ 是 $R[x]$ 中的一个可逆元，则直接推出 $c_1(x)$ 是 $\mathbb{Z}_4[x]$ 中的一个可逆元。

反过来，若 $c_1(x)$ 是 $\mathbb{Z}_4[x]$ 中的一个可逆元，则存在一个多项式 $h_1(x)\in\mathbb{Z}_4[x]$ 使得在 $\mathbb{Z}_4[x]$ 中有 $c_1(x)h_1(x)=1$。令 $h(x)=h_1(x)(1-(u-1)c_2(x)h_1(x)-2c_2(x)h_1(x))$，我们有

$$\begin{aligned}c(x)h(x)&=(c_1(x)+(u+1)c_2(x))(h_1(x)-(u-1)c_2(x)h_1^2(x)-2c_2(x)h_1^2(x))\\&=c_1(x)h_1(x)-(u-1)c_2(x)c_1(x)h_1^2(x)-2c_2(x)c_1(x)h_1^2(x)\\&\quad+(u+1)c_2(x)h_1(x)-(u^2-1)c_2^2(x)h_1^2(x)-2(u+1)c_2^2(x)h_1^2(x)\\&=c_1(x)h_1(x)-(u-1)c_2(x)h_1(x)+(u-1)c_2(x)h_1(x)\\&=1\end{aligned}$$

这就推出 $c(x)$ 是 $R[x]$ 中的一个可逆元。

令 $f(x)$ 是系数取自环 R (或 $\mathbb{Z}_4$) 的一个多项式。若 $f(x)$ 不是 $R[x]$ (或 $\mathbb{Z}_4[x]$) 中的一个可逆元，则 $f(x)$ 称为不可约的并且它不能分解成 R (或 $\mathbb{Z}_4$) 上的两个非可逆多项式的乘积[44]。在研究环 R 上码长为奇数 n 的循环码的结构之前，需要建立 $R[x]$ 和 $\mathbb{Z}_4[x]$ 中多项式的联系。根据引理 2.2，下面的结论成立。

引理 2.3 令 $f(x)$ 是 $\mathbb{Z}_4[x]$ 中次数为 n 的多项式，则 $f(x)$ 在 $\mathbb{Z}_4[x]$ 中不可约当且仅当 $f(x)$ 在 $R[x]$ 中也不可约。

证明：假设多项式 $f(x)$ 在 $R[x]$ 中可约，那么存在两个多项式 $g(x),h(x)\in R[x]$，使得在 $R[x]$ 中有 $f(x)=g(x)h(x)$，其中 $\deg(g(x))>0$，$\deg(h(x))>0$。不失一般性，假设 $g(x)=g_1(x)+(u+1)g_2(x)$ 且 $h(x)=h_1(x)+(u+1)h_2(x)$，则有

$$
\begin{aligned}
f(x) &= (g_1(x)+(u+1)g_2(x))(h_1(x)+(u+1)h_2(x)) \\
&= g_1(x)h_1(x)+(u+1)g_1(x)h_2(x)+(u+1)h_1(x)g_2(x)+2(u+1)g_2(x)h_2(x) \\
&= g_1(x)h_1(x)+(u+1)(g_1(x)h_2(x)+h_1(x)g_2(x)+2g_2(x)h_2(x))
\end{aligned}
$$

其中 $g_i(x),h_i(x)\in\mathbb{Z}_4[x]$，$i=1,2$。因为 $f(x)$ 在 $\mathbb{Z}_4[x]$ 中不可约，所以有 $g_1(x)h_2(x)+h_1(x)g_2(x)+2g_2(x)h_2(x)=0$，$f(x)=g_1(x)h_1(x)$ 并且 $g_1(x)$ 或者 $h_1(x)$ 是 $\mathbb{Z}_4[x]$ 中的可逆元。根据引理 2.2 可知 $g(x)$ 或者 $h(x)$ 是 $R[x]$ 中的可逆元, 这就推出 $f(x)$ 在 $R[x]$ 中不可约。这与假设相矛盾。

反之, 假设多项式 $f(x)$ 在 $\mathbb{Z}_4[x]$ 中可约, 则存在两个非可逆的多项式 $g'(x),h'(x)\in\mathbb{Z}_4[x]$, 使得 $f(x)=g'(x)h'(x)$。由引理 2.2 得到 $g'(x)$ 和 $h'(x)$ 也是 $R[x]$ 中的非可逆元, 这与 $f(x)$ 在 $R[x]$ 中不可约相矛盾。

在文献 [40] 中, 映射 $^-:\mathbb{Z}_4\to\mathbb{Z}_2$ 定义为 $^-(0)={}^-(2)=0$，$^-(1)={}^-(3)=1$。映射 $^-$ 可以自然推广到从 $\mathbb{Z}_4[x]$ 到 $\mathbb{Z}_2[x]$ 上的映射, 即:

$$
\begin{gathered}
\mathbb{Z}_4[x]\to\mathbb{Z}_2[x] \\
a_0+a_1x+\cdots+a_{n-1}x^{n-1}\mapsto \overline{a}_0+\overline{a}_1x+\cdots+\overline{a}_{n-1}x^{n-1}
\end{gathered}
$$

易证, 推广的映射是 $\mathbb{Z}_4[x]$ 到 $\mathbb{Z}_2[x]$ 上的环同态。我们将这个推广的环同态也记为 $^-$ 且 $f(x)\in\mathbb{Z}_4[x]$ 在映射 $^-$ 下的象记为 $\overline{f}(x)$。令 $f(x)$ 是 $\mathbb{Z}_4[x]$ 中次数为 n 的首一多项式, 如果 $\overline{f}(x)$ 在 $\mathbb{Z}_2$ 上不可约, 那么 $f(x)$ 称为 $\mathbb{Z}_4[x]$ 中次数为 n 的基本不可约多项式。

令 $Z_f=\dfrac{\mathbb{Z}_4[x]}{\langle f(x)\rangle}$, 其中 $f(x)\in\mathbb{Z}_4[x]$。根据文献 [38] 可知 Z_f 是一个有限链环。下面的两个引理对我们的结论是非常有用的。

引理 2.4[38] 若 $f(x)$ 是 $\mathbb{Z}_4[x]$ 中的多项式并且是基本不可约的, 则 $\dfrac{\mathbb{Z}_4[x]}{\langle f(x)\rangle}$ 的理想只有 $\langle 0\rangle$，$\langle 1\rangle$ 和 $\langle 2\rangle$。

引理 2.5[38] 若 $f(x)$ 是一个基本不可约多项式, 则 $f(x)$ 是准素的。

接下来, 我们要研究环 R 上码长为奇数 n 的循环码的生成元的结构。对任意的基本不可约多项式 $f(x)\in\mathbb{Z}_4[x]$, 下面的引理给出扩环 $\frac{R[x]}{\langle f(x)\rangle}$ 的理想的表示。

引理 2.6 若 $f(x)$ 是 $\mathbb{Z}_4[x]$ 中的一个基本不可约多项式, 则 $\frac{R[x]}{\langle f(x)\rangle}$ 的理想的表示只有 $\Omega_f=\{0,2uZ_f,(u+1)Z_f,2(u+1)Z_f,Z_f+2uZ_f,Z_f+(u+1)Z_f,2Z_f+(u+1)Z_f,(2+(u+1)\sum_{i\in A}x^i)Z_f\}$, 其中 A 是 $\{0,1,\cdots,n-1\}$ 的一个子集。

证明: 令 I 是 $\frac{R[x]}{\langle f(x)\rangle}$ 的任意的非平凡理想。若 $I\leqslant(u+1)Z_f$, 由引理 2.4 得到 I 是 $(u+1)Z_f$ 或 $2(u+1)Z_f$。

假设 $I\nleqq(u+1)Z_f$。令

$$I_u=\{a(x)\in Z_f\mid\exists b(x)\in Z_f\text{ 使得 }a(x)+(u+1)b(x)\in I\}$$

根据引理 2.4, 易见 I_u 是环 Z_f 的一个理想。接下来, 我们将证明分为以下几部分:

(i) $I_u=Z_f$。则存在一个多项式 $b(x)\in Z_f$ 使得 $1+(u+1)b(x)\in I$, 因此有 $(u-1)(1+(u+1)b(x))=u-1\in I$, 推出 $(u-1)b(x)\in I$, $1+(u+1)b(x)+(u-1)b(x)=1+2ub(x)\in I$, 故得到 $1+2ub(x)+(u-1)b(x)=1+2ub(x)+(u+1)b(x)-2b(x)=1+(u+1)b(x)+(2u-2)b(x)\in I$, 这就推出 $(2u-2)b(x)\in I$。易证 $(2u-2)b(x)=(2u+2)b(x)\in I$, 则得到 $I=Z_f+(u+1)Z_f$。

(ii) $I_u=2Z_f$。则存在一个多项式 $b(x)\in Z_f$ 使得 $2+(u+1)b(x)\in I$, 这就推出 $(u-1)(2+(u+1)b(x))=2(u-1)\in I$ 并且得到 $2(u-1)Z_f<I$。

若 $b(x)=0$, 则有 $2Z_f<I$, 故得到 $2Z_f+2(u-1)Z_f=2uZ_f<I$。现在我们分两种子情况讨论:

(ii-1) $I=2uZ_f$。

(ii-2) $2uZ_f\lneqq I$。令 $g(x)$ 为环 Z_f 中的一个非零多项式, 由引理 2.5 和映射 $^-$ 得到

$$\gcd(\overline{g}(x),\overline{f}(x))=1 \text{或} \overline{f}(x)$$

因此$g(x)$是环Z_f中的一个可逆元或者环$2Z_f$中的一个元素。因为$2uZ_f \subsetneqq I$，所以存在多项式$\alpha(x)\in I\setminus 2uZ_f$和多项式$a(x),b(x),g(x)\in Z_f$使得$\alpha(x)=2ug(x)+a(x)+(u+1)b(x)\in I$，这意味着$a(x)+(u+1)b(x)\in I$。注意到$\alpha(x)$不在环$2uZ_f$中，推出$a(x)+(u+1)b(x)$不在环$2Z_f$中并且得到$a(x)+(u+1)b(x)$是环$Z_f$中的一个可逆元。根据引理 2.2 得到$\alpha(x)$是环$Z_f$中的可逆元且存在一个多项式$h(x)\in Z_f$使得$1=a(x)h(x)\in I$，故得到$I=Z_f+2uZ_f$。

若$b(x)\neq 0$，则存在$\{0,1,\cdots,n-1\}$的两个子集A和B使得$b(x)=\sum_{i\in A}x^i+2\sum_{j\in B}x^j$。因为

$$2+(u+1)b(x)=2+(u+1)\sum_{i\in A}x^i+2(u+1)\sum_{j\in B}x^j\in I$$

且

$$2(u+1)\sum_{j\in B}x^j=2(u-1)\sum_{j\in B}x^j+4\sum_{j\in B}x^j=2(u-1)\sum_{j\in B}x^j\in I$$

所以得到$2+(u+1)\sum_{i\in A}x^i\in I$。我们再分两种子情况讨论:

(ii-3) $I=\langle 2+(u+1)\sum_{i\in A}x^i\rangle=(2+(u+1)\sum_{i\in A}x^i)Z_f+2(u-1)Z_f$。因为$2(u-1)=(u-1)(2+(u+1)\sum_{i\in A}x^i)$，所以有$I=(2+(u+1)\sum_{i\in A}x^i)Z_f$。

(ii-4) $\langle 2+(u+1)\sum_{i\in A}x^i\rangle\subsetneqq I$。则存在多项式$c(x)\in I\setminus\langle 2+(u+1)\sum_{i\in A}x^i\rangle$和多项式$a(x),b(x)\in Z_f$使得

$$(u+1)b(x)=c(x)-(2+(u+1)\sum_{i\in A}x^i)a(x)\in I$$

因为$c(x)$不在$\langle 2+(u+1)\sum_{i\in A}x^i\rangle$中，所以$b(x)$不在环$2Z_f$中也不在环$(u-1)Z_f$中，这意味着$b(x)$是环$Z_f$中的一个可逆元，故有$u+1\in I$。令$a(x)$是$I$中的任意元素，则对某些多项式$a_1(x),a_2(x)\in Z_f$有

$$\begin{aligned}a(x)&=2a_1(x)+(u+1)a_2(x)=(2+(u+1)\sum_{i\in A}x^i)a_1(x)\\&\quad+(u+1)(a_2(x)-a_1(x)\sum_{i\in A}x^i)\\&\in\left\langle 2+(u+1)\sum_{i\in A}x^i\right\rangle+(u+1)Z_f\end{aligned}$$

故推出$I=\left\langle 2+(u+1)\sum_{i\in A}x^i\right\rangle+(u+1)Z_f=2Z_f+(u+1)Z_f$。

令$f_1(x)f_2(x)\cdots f_m(x)$是$x^n-1$在$\mathbb{Z}_4$上的两两互素的首一不可约多项式的乘积, 这一分解式是唯一的:

$$\begin{aligned}\Omega_{f_i(x)}&=\{0,2uZ_{f_i(x)},(u+1)Z_{f_i(x)},2(u+1)Z_{f_i(x)},Z_{f_i(x)}+2uZ_{f_i(x)},Z_{f_i(x)}+(u+1)Z_{f_i(x)},\\&\quad 2Z_{f_i(x)}+(u+1)Z_{f_i(x)},(2+(u+1)\sum_{i\in A}x^i)Z_{f_i(x)}\}\\&=\left\{\sum\left\langle(2u)^{j_i}(u+1)^{k_i}+\langle f_i(x)\rangle\right\rangle\right\}\bigcup\left\{\left\langle(2+(u+1)\sum_{i\in A}x^i)+\langle f_i(x)\rangle\right\rangle\right\}\end{aligned}$$

其中$\Omega_{f_i(x)}\in\dfrac{R[x]}{\langle f_i(x)\rangle}$, $Z_{f_i(x)}=\dfrac{Z_4[x]}{\langle f_i(x)\rangle}$, $1\le i\le m$且$0\le j_i,k_i\le 2$。

综上所述, 下面的定理给出环$\mathcal{R}_n$的任意理想的表示。

定理 2.7 令$f_1(x),f_2(x),\cdots,f_m(x)$是环$\mathbb{Z}_4$上次数大于1的两两互素的首一多项式且$x^n-1=f_1(x)f_2(x)\cdots f_m(x)$。则环$\mathcal{R}_n$的任意理想$I$是型为

$$\left\langle(2u)^{j_i}(u+1)^{k_i}\hat{f}_i(x)+\langle x^n-1\rangle\right\rangle\text{和}\left\langle(2+(u+1)\sum_{i\in A}x^i)\hat{f}_i(x)+\langle x^n-1\rangle\right\rangle$$

的两个理想表示的组合, 其中$\hat{f}_i(x)=\dfrac{x^n-1}{f_i(x)}$, $1\le i\le m$, $0\le j_i,k_i\le 2$且A是$\{0,1,\cdots,n-1\}$的一个子集。

证明: 因为$\hat{f}_i(x)=\dfrac{x^n-1}{f_i(x)}$, 所以易得$f_i(x)$和$\hat{f}_i(x)$在环$\mathbb{Z}_4$上是互素的, 其中$1\le i\le m$, 故存在多项式$a_i(x),b_i(x)\in\mathbb{Z}_4[x]$使得在$\mathbb{Z}_4[x]$中有$a_i(x)\hat{f}_i(x)+b_i(x)f_i(x)=1$。令$e_i(x)=a_i(x)\hat{f}_i(x)+\langle x^n-1\rangle\in\dfrac{\mathbb{Z}_4[x]}{\langle x^n-1\rangle}$, 由中国剩余定理得到

$$\mathcal{R}_n=\mathcal{R}_ne_1(x)\oplus\mathcal{R}_ne_2(x)\oplus\cdots\oplus\mathcal{R}_ne_m(x)\text{且}$$

$$I=I_1\oplus I_2\oplus\cdots\oplus I_m$$

其中I_i是$\frac{R[x]}{\langle f_i(x)\rangle}$的一个理想, $1\leq i\leq m$。由引理 2.6 得到I_i是

$$\Omega_{f_i(x)}=\left\{\sum\left\langle (2u)^{j_i}(u+1)^{k_i}+\langle f_i(x)\rangle\right\rangle\right\}\bigcup\left\{\left\langle\ (2+(u+1)\sum\nolimits_{i\in A}x^i)+\langle f_i(x)\rangle\right\rangle\right\}$$

中的一个元素, 其中$1\leq i\leq m, 0\leq j_i,k_i\leq 2$, 这就推出$I$是型为

$$\left\langle (2u)^{j_i}(u+1)^{k_i}\hat{f}_i(x)+\langle x^n-1\rangle\right\rangle \text{和} \left\langle\ (2+(u+1)\sum\nolimits_{i\in A}x^i)\hat{f}_i(x)+\langle x^n-1\rangle\right\rangle$$

的理想表示的组合, 其中$1\leq i\leq m, 0\leq j_i,k_i\leq 2$。

根据上述结论, 下面的引理给出环R上码长为奇数n的任意循环码C的结构。

引理 2.8 令C是环R上码长为奇数n的一个循环码。则有

$$C=\left\langle\hat{F}_1\right\rangle\oplus\left\langle 2u\hat{F}_2\right\rangle\oplus\left\langle(1+u)\hat{F}_3\right\rangle\oplus\left\langle(2+2u)\hat{F}_4\right\rangle$$
$$\oplus\left\langle\ (2+(u+1)\sum\nolimits_{i\in A}x^i)\hat{F}_5\right\rangle\oplus(\left\langle 2u\hat{F}_6\right\rangle+\left\langle(1+u)\hat{F}_6\right\rangle)$$

其中A是集合$\{0,1,\cdots,n-1\}$的某个子集且有一族两两互素的首一多项式$F_0,F_1,\cdots,F_6\in\mathbb{Z}_4[x]$使得$x^n-1=F_0F_1\cdots F_6$。

证明: 令$f_1(x)f_2(x)\cdots f_m(x)$是$x^n-1$在$\mathbb{Z}_4[x]$中的两两互素的首一基本不可约多项式的乘积。根据定理 2.7 可知C是型为$\left\langle(2u)^{j_i}(u+1)^{k_i}\hat{f}_i(x)\right\rangle$和$\left\langle(2+(u+1)\sum\nolimits_{i\in A}x^i)\hat{f}_i(x)\right\rangle$的理想的组合, 其中$1\leq i\leq m, 0\leq j_i,k_i\leq 2$。将$C$中的项重新排列得到

$$\begin{aligned}
C=&\langle\hat{f}_{k_1+1}(x)\rangle\oplus\cdots\oplus\langle\hat{f}_{k_1+k_2}(x)\rangle\\
&\oplus\langle 2u\hat{f}_{k_1+k_2+1}(x)\rangle\oplus\cdots\oplus\langle 2u\hat{f}_{k_1+k_2+k_3}(x)\rangle\\
&\oplus\langle(1+u)\hat{f}_{k_1+k_2+k_3+1}(x)\rangle\oplus\cdots\oplus\langle(1+u)\hat{f}_{k_1+k_2+k_3+k_4}(x)\rangle\\
&\oplus\langle(2+2u)\hat{f}_{k_1+k_2+k_3+k_4+1}(x)\rangle\oplus\cdots\oplus\langle(2+2u)\hat{f}_{k_1+k_2+k_3+k_4+k_5}(x)\rangle\\
&\oplus\langle(2+(u+1)\sum\nolimits_{i\in A}x^i)\hat{f}_{k_1+k_2+k_3+k_4+k_5+1}(x)\rangle\oplus\cdots\\
&\oplus\langle(2+(u+1)\sum\nolimits_{i\in A}x^i)\hat{f}_{k_1+k_2+k_3+k_4+k_5+k_6}(x)\rangle\\
&\oplus(\langle 2u\hat{f}_{k_1+k_2+k_3+k_4+k_5+k_6+1}(x)\rangle+\langle(1+u)\hat{f}_{k_1+k_2+k_3+k_4+k_5+k_6+1}(x)\rangle)\\
&\oplus\cdots\oplus(\langle 2u\hat{f}_m(x)\rangle+\langle(1+u)\hat{f}_m(x)\rangle)
\end{aligned}$$

其中$k_1,k_2,\cdots,k_6$是正整数且满足$k_1+k_2+\cdots+k_6+1\le m$。令$k_0=0$, k_7是一个非负整数使得$k_1+k_2+\cdots+k_7=m$。定义

$$F_0=f_{k_0+1}(x)\cdots f_{k_0+k_1}(x)$$

$$F_1=f_{k_0+k_1+1}(x)\cdots f_{k_0+k_1+k_2}(x)$$

$$F_2=f_{k_0+k_1+k_2+1}(x)\cdots f_{k_0+k_1+k_2+k_3}(x)$$

$$F_3=f_{k_0+k_1+k_2+k_3+1}(x)\cdots f_{k_0+k_1+k_2+k_3+k_4}(x)$$

$$F_4=f_{k_0+k_1+k_2+k_3+k_4+1}(x)\cdots f_{k_0+k_1+k_2+k_3+k_4+k_5}(x)$$

$$F_5=f_{k_0+k_1+k_2+k_3+k_4+k_5+1}(x)\cdots f_{k_0+k_1+k_2+k_3+k_4+k_5+k_6}(x)$$

$$F_6=f_{k_0+k_1+k_2+k_3+k_4+k_5+k_6+1}(x)\cdots f_m(x)$$

容易证明, $F_0,F_1,\cdots,F_6$是两两互素的且满足$x^n-1=F_0F_1\cdots F_6$, 故得到

$$C=\langle\hat{F}_1\rangle\oplus\langle 2u\hat{F}_2\rangle\oplus\langle(1+u)\hat{F}_3\rangle\oplus\langle(2+2u)\hat{F}_4\rangle$$
$$\oplus\langle\ (2+(u+1)\sum\nolimits_{i\in A}x^i)\hat{F}_5\rangle\oplus(\langle 2u\hat{F}_6\rangle+\langle(1+u)\hat{F}_6\rangle)$$

2.3 环$\mathbb{Z}_4[u]/\langle u^2-1\rangle$上的自对偶循环码理论

在本小节, 我们研究环R上码长为奇数n的自对偶循环码的结构。对环R上码长为奇数n的任意线性码C, 若$|C|=2^k$, 则有$|C^{\perp}|=2^{4n-k}$, 其中k是一个整数且$0\le k\le 4n$。对任意次数为n的多项式$f(x)\in\mathbb{Z}_4[x]$, $f(x)$的互反多项式定义为$f^*(x)=x^nf(\frac{1}{x})$。综上所述, 因为$\sum_{i\in A}x^i$是环Z_f中的一个可逆元, 所以不失一般性, 我们假设$\sum_{i\in A}x^i=1$, 其中A是$\{0,1,\cdots,n-1\}$的一个子集, 那么由引理2.8得到

$$C=\langle\hat{F}_1\rangle\oplus\langle 2u\hat{F}_2\rangle\oplus\langle(1+u)\hat{F}_3\rangle\oplus\langle(2+2u)\hat{F}_4\rangle$$
$$\oplus\langle\ (3+u)\hat{F}_5\rangle\oplus(\langle 2u\hat{F}_6\rangle+\langle(1+u)\hat{F}_6\rangle)$$

定理 2.9 令

$$C=\langle\hat{F}_1\rangle\oplus\langle 2u\hat{F}_2\rangle\oplus\langle(1+u)\hat{F}_3\rangle\oplus\langle(2+2u)\hat{F}_4\rangle$$
$$\oplus\langle(3+u)\hat{F}_5\rangle\oplus(\langle 2u\hat{F}_6\rangle+\langle(1+u)\hat{F}_6\rangle)$$

是环R上码长为奇数n的一个循环码。那么

$$C^{\perp}=\langle\hat{F}_0^*\rangle\oplus\langle 2u\hat{F}_2^*\rangle\oplus\langle(3+u)\hat{F}_3^*\rangle\oplus\left(\langle 2u\hat{F}_4^*\rangle+\langle(1+u)\hat{F}_4^*\rangle\right)$$
$$\oplus\langle(1+u)\hat{F}_5^*\rangle\oplus\langle(2+2u)\hat{F}_6^*\rangle$$

证明：根据码C的定义和环R的理想的势, 我们有

$$|C|=4^{2\deg(F_1)}4^{\deg(F_2)}4^{\deg(F_3)}2^{\deg(F_4)}4^{\deg(F_5)}4^{\deg(F_6)}2^{\deg(F_6)}$$

其中$|C|$表示C中包含码子的个数。令

$$k=4\deg(F_1)+2\deg(F_2)+2\deg(F_3)+\deg(F_4)+2\deg(F_5)+3\deg(F_6)$$

则有$|C|=2^k$。令$C^{\perp}$是C的对偶码且$|C^{\perp}|=2^l$。由于$|C|\cdot|C^{\perp}|=2^{4n}$, 故得到$k+l=4n$。不失一般性, 可以记

$$C^*=\langle\hat{F}_0^*\rangle\oplus\langle 2u\hat{F}_2^*\rangle\oplus\langle(3+u)\hat{F}_3^*\rangle\oplus\left(\langle 2u\hat{F}_4^*\rangle+\langle(1+u)\hat{F}_4^*\rangle\right)$$
$$\oplus\langle(1+u)\hat{F}_5^*\rangle\oplus\langle(2+2u)\hat{F}_6^*\rangle$$

容易验证对$0\le i,j\le 6$, 若$i\neq j$, 则有$\hat{F}_i(\hat{F}_j^*)^*\equiv 0\ (\bmod\ x^n-1)$, 这意味着在环$\mathcal{R}_n$中当$i\neq j$时有$\hat{F}_i(\hat{F}_j^*)^*=0$。此外, 不难发现对任意的$c'\in C^*$和任意的$c\in C$, 在环$\mathcal{R}_n$中有$(c')^*\cdot c=0$, 故得到$C^*\subseteq C^{\perp}$。

因为$F_0,F_1,\cdots,F_6$是$\mathbb{Z}_4[x]$中两两互素的首一多项式且$\gcd(x,x^n-1)=1$, 所以得到$x\nmid F_i$且$\deg(F_i)=\deg(F_i^*)$, 其中$0\le i\le 6$, 故有

$$|C^*|=4^{2\deg(F_0)}4^{\deg(F_2)}4^{\deg(F_3)}4^{\deg(F_4)}2^{\deg(F_4)}4^{\deg(F_5)}2^{\deg(F_6)}$$

令$l'=4\deg(F_0)+2\deg(F_2)+2\deg(F_3)+3\deg(F_4)+2\deg(F_5)+\deg(F_6)$, 则有$k+l'=4n$, 这推出$l'=l$且$|C^*|=|C^{\perp}|$, 因此得到$C^{\perp}=C^*$。

下面的定理给出环R上自对偶循环码存在性的一个充分必要条件。

定理 2.10 令

$$C=\langle \hat{F}_1\rangle\oplus\langle 2u\hat{F}_2\rangle\oplus\langle (1+u)\hat{F}_3\rangle\oplus\langle (2+2u)\hat{F}_4\rangle$$
$$\oplus\langle (3+u)\hat{F}_5\rangle\oplus(\langle 2u\hat{F}_6\rangle+\langle (1+u)\hat{F}_6\rangle)$$

是环 R 上码长为奇数 n 的一个循环码。那么 C 是自对偶的当且仅当 $\langle F_1\rangle=\langle F_0^*\rangle$, $\langle F_2\rangle=\langle F_2^*\rangle$, $\langle F_3\rangle=\langle F_5^*\rangle$ 且 $\langle F_4\rangle=\langle F_6^*\rangle$。

证明： 根据 $C=C^{\perp}$, 可直接得出结论。

令 $\mathcal{Z}=\dfrac{Z_4[x]}{\langle x^n-1\rangle}$, $\langle a\rangle_{\mathcal{Z}}$ 是 $\mathcal{Z}$ 的由 a 生成的理想。根据上面的讨论, 我们给出环 $\mathbb{Z}_4$ 上码长为奇数 n 的循环码的表示。

引理 2.11　令 C 是环 R 上码长为奇数 n 的一个循环码。则存在（x^n-1）的因式 $F,G,H,L\in\mathbb{Z}_4[x]$, 使得

$$C=\langle F\rangle_{\mathcal{Z}}\oplus u\langle G\rangle_{\mathcal{Z}}\oplus(1+u)\langle H\rangle_{\mathcal{Z}}\oplus(3+u)\langle L\rangle_{\mathcal{Z}}$$

证明： 由定理 2.9 可知

$$C=\langle \hat{F}_1\rangle\oplus\langle 2u\hat{F}_2\rangle\oplus\langle (1+u)\hat{F}_3\rangle\oplus\langle (2+2u)\hat{F}_4\rangle$$
$$\oplus\langle (3+u)\hat{F}_5\rangle\oplus(\langle 2u\hat{F}_6\rangle+\langle (1+u)\hat{F}_6\rangle)$$

因为环 R 中的任意元素 c 可以表示为 c_1+uc_2, 所以有 $\left\langle \hat{F}_i\right\rangle=\left\langle \hat{F}_i\right\rangle_{\mathcal{Z}}+u\left\langle \hat{F}_i\right\rangle_{\mathcal{Z}}$, 其中 $c_1,c_2\in\mathbb{Z}_4$, 故得到

$$C=\left\langle \hat{F}_1\right\rangle_{\mathcal{Z}}+u\left\langle \hat{F}_1\right\rangle_{\mathcal{Z}}+2u\left\langle \hat{F}_2\right\rangle_{\mathcal{Z}}+(1+u)\left\langle \hat{F}_3\right\rangle_{\mathcal{Z}}+(2+2u)\left\langle \hat{F}_4\right\rangle_{\mathcal{Z}}$$
$$+(3+u)\left\langle \hat{F}_5\right\rangle_{\mathcal{Z}}+2u\left\langle \hat{F}_6\right\rangle_{\mathcal{Z}}+(1+u)\left\langle \hat{F}_6\right\rangle_{\mathcal{Z}}$$

$$=\left\langle \hat{F}_1\right\rangle_{\mathcal{Z}}+u(\left\langle \hat{F}_1\right\rangle_{\mathcal{Z}}+2\left\langle \hat{F}_2\right\rangle_{\mathcal{Z}}+2\left\langle \hat{F}_6\right\rangle_{\mathcal{Z}})+(1+u)(\left\langle \hat{F}_3\right\rangle_{\mathcal{Z}}$$

$$+2\left\langle \hat{F}_4\right\rangle_{\mathcal{Z}}+\left\langle \hat{F}_6\right\rangle_{\mathcal{Z}})+(3+u)\left\langle \hat{F}_5\right\rangle_{\mathcal{Z}}$$

令

$$F=\hat{F}_1, G=\widehat{F_1}+2\hat{F}_2+2\hat{F}_6, H=\hat{F}_3+2\hat{F}_4+\hat{F}_6, L=\hat{F}_5$$

对任意的$0\le i,j\le 6$,若$i\neq j$,则在环$\mathcal{R}_n$中有$\hat{F}_i\hat{F}_j=0$。显然

$$\gcd(F_2F_3\cdots F_6,\hat{F}_2F_3\cdots F_6,\cdots,F_2F_3\cdots \hat{F}_6)=1$$

因此存在多项式$w_1(x),w_2(x),w_3(x),w_4(x),w_5(x),w_6(x)\in \mathbb{Z}_4[x]$使得

$$w_1(x)F_2F_3\cdots F_6+w_2(x)\hat{F}_2F_3\cdots F_6+\cdots+w_6(x)F_2F_3\cdots \hat{F}_6=1$$

将上面的等式两边同时乘以$\hat{F}_1$,得到$\hat{F}_1=w_1(x)\hat{F}_1F_2F_3\cdots F_6$。因为$F=\hat{F}_1$,所以有

$$Fw_1(x)F_2F_3\cdots F_6=w_1(x)\hat{F}_1F_2F_3\cdots F_6=\hat{F}_1$$

这推出$\hat{F}_1\subset\langle F\rangle$。继续重复上述过程, 我们得到$\widehat{F_1},2\hat{F}_2,2\widehat{F_6}\subset\langle G\rangle$, $\hat{F}_3,2\hat{F}_4$, $\hat{F}_6\subset\langle H\rangle$且$\hat{F}_5\subset\langle L\rangle$,因此推出

$$C=\langle F,uG,(1+u)H,(3+u)L\rangle$$

定理 2.12 令C是环R上码长为奇数 n 的一个循环码且C的表示由引理2.11给出。那么C是环R上的自对偶码当且仅当$\langle F\rangle_{\mathbb{Z}},\langle G\rangle_{\mathbb{Z}},\langle H\rangle_{\mathbb{Z}}$和$\langle L\rangle_{\mathbb{Z}}$都是$\mathbb{Z}_4$上的自对偶码。

证明: 由引理 2.11 可知

$$C=\langle F\rangle_{\mathbb{Z}}\oplus u\langle G\rangle_{\mathbb{Z}}\oplus(1+u)\langle H\rangle_{\mathbb{Z}}\oplus(3+u)\langle L\rangle_{\mathbb{Z}}$$

利用引理 2.11 的证明得到

$$F=\langle\hat{F}_1\rangle_{\mathbb{Z}},G=\langle\hat{F}_1\rangle_{\mathbb{Z}}+2\langle\hat{F}_2\rangle_{\mathbb{Z}}+2\langle\hat{F}_6\rangle_{\mathbb{Z}},$$

$$H=\langle\hat{F}_3\rangle_{\mathbb{Z}}+2\langle\hat{F}_4\rangle_{\mathbb{Z}}+\langle\hat{F}_6\rangle_{\mathbb{Z}},L=\langle\hat{F}_5\rangle_{\mathbb{Z}}$$

此外, 根据定理 2.9 有

$$\begin{aligned}C^{\perp}&=\langle\hat{F}_0^*\rangle\oplus\langle 2u\hat{F}_2^*\rangle\oplus\langle(3+u)\hat{F}_3^*\rangle\oplus(\langle 2u\hat{F}_4^*\rangle+\langle(1+u)\hat{F}_4^*\rangle)\\&\quad\oplus\langle(1+u)\hat{F}_5^*\rangle\oplus\langle(2+2u)\hat{F}_6^*\rangle\\&=\langle\hat{F}_0^*\rangle_Z+u\langle\hat{F}_0^*\rangle_Z+2u\langle\hat{F}_2^*\rangle_Z+(3+u)\langle\hat{F}_3^*\rangle_Z+(2u\langle\hat{F}_4^*\rangle_Z+(1+u)\langle\hat{F}_4^*\rangle_Z)\\&\quad+(1+u)\langle\hat{F}_5^*\rangle_Z+(2+2u)\langle\hat{F}_6^*\rangle_Z\end{aligned}$$

$$=\left\langle \hat{F}_0^*\right\rangle_Z \oplus u(\left\langle \hat{F}_0^*\right\rangle_Z+2\left\langle \hat{F}_2^*\right\rangle_Z+2\left\langle \hat{F}_4^*\right\rangle_Z)\oplus(1+u)(\left\langle \hat{F}_5^*\right\rangle_Z+2\left\langle \hat{F}_6^*\right\rangle_Z+\left\langle \hat{F}_4^*\right\rangle_Z)$$
$$\oplus(3+u)\left\langle \hat{F}_3^*\right\rangle_Z$$

利用码C和$C^{\perp}$的表示以及码C是自对偶的这一事实得到$C=C^{\perp}$，这意味着$\left\langle \hat{F}_1\right\rangle=\left\langle \hat{F}_0^*\right\rangle,\left\langle \hat{F}_2\right\rangle=\left\langle \hat{F}_2^*\right\rangle,\left\langle \hat{F}_3\right\rangle=\left\langle \hat{F}_5^*\right\rangle$且$\left\langle \hat{F}_4\right\rangle=\left\langle \hat{F}_6^*\right\rangle$。

在本章最后，我们利用 Gray 映射φ得到了一些环$\mathbb{Z}_4$上码长为$2n$的自对偶码。由于涉及的计算过于复杂，为了搜索的简便和实用性我们只列出了环$\mathbb{Z}_4$上码长为 14 的自对偶码的参数。

例 2.13 令$n=7$，则在环$\mathbb{Z}_4$上有

$$x^7-1=f_1(x)f_2(x)f_3(x)$$

其中$f_1(x)=x+3$，$f_2(x)=x^3+2x^2+x+3$，$f_3(x)=x^3+3x^2+2x+3$。容易验证$f_1^*(x)=f_1(x)$且$f_2^*(x)=f_3(x)$。假设$F_1=f_2(x)$且$F_2=f_1(x)$，根据定理 2.9 得到

$$C=\left\langle \hat{F}_1\right\rangle\oplus\left\langle 2u\hat{F}_2\right\rangle=\langle A,B\rangle$$

其中$A=x^4+2x^3+3x^2+x+1$，$B=2u(x^6+x^5+x^4+x^3+x^2+x+1)$。由定理 2.10 得到$C$是环$R$上码长为 7 的自对偶循环码，$C$的势为$16^{3}4^{1}$，极小 Lee 距离为$d_L(C)=4$。利用引理 2.1 可得$\varphi(C)$是环$\mathbb{Z}_4$上参数为$(14,4^7,4)$的自对偶码，$\varphi(C)$的 Lee 重量计数器为

$$W_C(X,Y)=X^{28}+28X^{24}Y^4+98X^{22}Y^6+294X^{20}Y^8+1400X^{18}Y^{10}+3773X^{16}Y^{12}+$$
$$5196X^{14}Y^{14}+3773X^{12}Y^{16}+1400X^{10}Y^{18}+294X^8Y^{20}+98X^6Y^{22}+28X^4Y^{24}+Y^{28}$$

继续上述过程，我们在表 2.1 中列出一些环$\mathbb{Z}_4$上的码长为 14 的自对偶码。

表 2.1　环 $\mathbb{Z}_4$ 上的码长为 14 的自对偶码

生成元	$d_L C$	$\varphi(C)$
$\langle f_1(x)f_3(x), 2uf_2(x)f_3(x)\rangle$	4	$(14,4^7,4)$
$\langle f_1(x)f_2(x), 2uf_2(x)f_3(x)\rangle$	4	$(14,4^7,4)$
$\langle (2+2u)f_1(x)f_3(x), 2uf_2(x)f_3(x), 2uf_1(x)f_2(x), (1+u)f_1(x)f_2(x)\rangle$	4	$(14,4^7,4)$
$\langle (2+2u)f_1(x)f_2(x), 2uf_2(x)f_3(x), 2uf_1(x)f_3(x), (1+u)f_1(x)f_3(x)\rangle$	4	$(14,4^7,4)$
$\langle (1+u)f_1(x)f_3(x), 2uf_2(x)f_3(x), (3+u)f_1(x)f_2(x)\rangle$	4	$(14,4^7,4)$
$\langle (1+u)f_1(x)f_2(x), 2uf_2(x)f_3(x), (3+u)f_1(x)f_3(x)\rangle$	4	$(14,4^7,4)$

注意：本章中所有的例子都是通过计算机软件 Magma[124] 和 Maple 算出来的。

2.4　本章小结

本章研究了环 $R=\mathbb{Z}_4[u]/\langle u^2-1\rangle$ 上码长为奇数 n 的循环码和自对偶循环码的生成元的结构, 定义了一个从环 R 到 $\mathbb{Z}_4^2$ 上的新的 Gray 映射 φ 并得到环 $\mathbb{Z}_4$ 上的一些码长为 $2n$ 的自对偶码。

3　环 $\mathbb{Z}_4[u]/\langle u^2-1\rangle$ 上 1-生成元拟循环码和广义拟循环码的研究

在这一章，我们将研究环 $\mathbb{Z}_4[u]/\langle u^2-1\rangle$ 的 1-生成元拟循环码和广义拟循环码的生成元的结构和极小生成集，此外，我们还构造了一些环 $\mathbb{Z}_4$ 上的新的线性码。本章对应的内容已经发表于 *Applicable Algebra in Engineering, Communication and Computing*。

本章的结构如下。3.1 节介绍了一些本章用到的基本概念和性质。3.2 节首先给出环 R 上的 1-生成元拟循环码的结构和极小生成集，然后给出环 R 上的自由的 1-生成元拟循环码的极小距离的一个下界。3.3 节研究了环 R 上的 1-生成元广义拟循环码的结构和极小生成集，并且给出环 R 上自由的 1-生成元广义拟循环码的极小距离的一个下界。3.4 节在表 3.1 中列出了一些由环 R 上的 1-生成元拟循环码和广义拟循环码构造的环 $\mathbb{Z}_4$ 上的新的线性码，这些新的线性码的参数要优于已知最好的四元线性码的参数。

3.1　预备知识

本书 2.1 节已经给出环 $R=\mathbb{Z}_4[u]/\langle u^2-1\rangle\cong\mathbb{Z}_4+u\mathbb{Z}_4$ 的结构及码的一些基本介绍，故此处不再赘述。

令 C 是环 R 上的一个码长为 m 的线性码，若码 C 有一组 R-基，则称 C 是一个自由的 R-模。我们将 R^m 的任意元素 $\mathbf{d}=(d_0,d_1,\cdots,d_{m-1})$ 与多项式 $\phi'(\mathbf{d})=d_0+d_1x+\cdots+d_{m-1}x^{m-1}\in R'=R[x]/\langle x^m-1\rangle$ 等同看待。容易验证，ϕ' 是从 R^m 到 R' 上的一个 R-模同构并且 C 是环 R 上的码长为 m 的循环码当且仅当 $\phi'(C)$ 是环 R' 的一个理想。接下来，我们将循环码 C 和 $\phi'(C)$ 等同看待。

由文献 [78] 可知，环 R 的任意元素 z 可以记为 $z=b+(a-b)u$，其中

$a,b\in\mathbb{Z}_4$。定义 Gray 映射 $\varphi':R\to\mathbb{Z}_4^2$ 为 $\varphi'(z)=(b,a+b)$。现在我们将映射 φ' 自然的推广到从 R^n 到 $\mathbb{Z}_4^{2n}$ 上的映射, 即: 对任意的

$$\mathbf{v}=(v_0,v_1,\cdots,v_{n-1})=(b_0+u(a_0-b_0),\cdots,b_{n-1}+u(a_{n-1}-b_{n-1}))\in R^n$$

有

$$\varphi'(\mathbf{v})=(b_0,b_1,\cdots,b_{n-1},a_0+b_0,\cdots,a_{n-1}+b_{n-1})$$

在文献 [40] 中, 环 $\mathbb{Z}_4$ 中的元素的 Lee 重量定义为:

$$w_L(0)=0,\ w_L(1)=w_L(3)=1,\ w_L(2)=2$$

类似的, $\mathbf{x}=(x_1,x_2,\cdots,x_n)$ 的 Lee 重量定义为 $w_L(\mathbf{x})=\sum_{i=1}^{n}w_L(x_i)$。故环 R 的任意元素 $z=b+(a-b)u$ 的 Lee 重量定义为

$$w_L(b+(a-b)u)=w_L(\varphi'(z))=w_L(b,a+b)=w_L(b)+w_L(a+b)$$

容易证明, Gray 映射 φ' 关于 Lee 重量是从 R^n 到 $\mathbb{Z}_4^{2n}$ 上的一个保距映射。

下面我们给出环 R 上码长为奇数的循环码的基本理论。

引理 3.1[78] 令 n 是一个奇正整数且 C 是环 R 上的一个码长为 n 的循环码。则

$$C=\langle g_1(x)+(1+u)g_2(x),(1+u)g_3(x)\rangle$$

其中 $g_1(x)$ 和 $g_3(x)$ 是环 $\mathbb{Z}_4$ 上的循环码的生成多项式, $g_2(x)$ 是环 R 上的一个多项式。

3.2 环 $\mathbb{Z}_4[u]/\langle u^2-1\rangle$ 上的 1-生成元拟循环码理论

在本小节, 我们给出环 $R=\mathbb{Z}_4[u]/\langle u^2-1\rangle$ 上的 1-生成元拟循环码的结构和极小生成集, 与此同时, 我们得到了环 R 上自由的 1-生成元拟循环码的极小距离的一个下界。根据伊尔迪兹（Yildiz）等在文献 [50] 中的定义, 我们在下面的定义中给出环 R 上的 1-生成元拟循环码的定义。

定义 3.2 令 C 是码长为 n 的一个线性码。若存在一个最小的正整数 l 使得 C 在循环移位 σ^l 下是不变量, 则称 C 是一个拟循环码, 其中 σ^l 表示循环移位 σ

的 l 次复合。显然, l 是 n 的一个因子且这个最小的正整数 l 叫作 C 的指数。

令 $n=lm$, 则环 R 上的一个码长为 n 指数为 l 的拟循环码是 $\mathcal{R}=R'^l$ 的一个 R'-子模, 其中 $R'=R[x]/\langle x^m-1\rangle$。一个 r-生成元拟循环码是一个具有 r 个生成元的子模。这一节,我们只研究环 R 上的1-生成元拟循环码。根据斯来朴(Siap)等在文献[50]中的定义,我们得到环 R 上的由 $(a_1(x),a_2(x),\cdots,a_l(x))\in\mathcal{R}$ 生成的1-生成元拟循环码 C 表示为

$$C=\{f(x)(a_1(x),\cdots,a_l(x))=(f(x)a_1(x),\cdots,f(x)a_l(x))\mid f(x)\in R[x]\}$$

下面,我们给出环 R 上的1-生成元拟循环码的结构。

引理3.3 令 C 是一个码长为 $n=ml$ 的1-生成元拟循环码,且

$$F(x)=(F_1(x),F_2(x),\cdots,F_l(x))\in\mathcal{R}[x]$$

是 C 的一个生成元, 其中 $F_i(x)\in R'$, $1\le i\le l$。则 $F_i(x)\in C_i$, 其中 C_i 是环 R 上的一个码长为 m 的循环码。因此, 若 m 是奇数, 则 $F_i(x)$ 的型可以记为 $F_i(x)=f_{i1}(x)+(1+u)f_{i2}(x)$, 其中 $f_{i1}(x)$ 和 $f_{i2}(x)$ 是 $R[x]$ 中的首一多项式, $1\le i\le l$。

证明:对任意的 $1\le i\le l$,定义映射 $\psi_i:\mathcal{R}\to R'$,使得

$$\psi_i(f_1(x),f_2(x),\cdots,f_l(x))=f_i(x)$$

容易证明,集合 $\psi_i(C)$ 是 环 R 上的一个循环码。由引理 3.1 可知,存在多项式 $g_{i1}(x),g_{i3}(x)\in\mathbb{Z}_4[x]$ 和多项式 $g_{i2}(x)\in R[x]$,使得

$$\psi_i(C)=\langle g_{i1}(x)+(1+u)g_{i2}(x),(1+u)g_{i3}(x)\rangle$$

其中 $g_{i1}(x)$ 和 $g_{i3}(x)$ 都是环 $\mathbb{Z}_4$ 上的循环码的生成多项式。因为 $F_i(x)\in\psi_i(C)$, 所以存在一个多项式 $f_i(x)\in R[x]$,使得

$$F_i(x)=f_i(x)(g_{i1}(x)+(1+u)g_{i2}(x))=f_{i1}(x)+(1+u)f_{i2}(x)$$

其中 $f_{i1}(x)$ 和 $f_{i2}(x)$ 都是 $R[x]$ 中的首一多项式, $1\le i\le l$。

由上述两个引理,我们给出环 R 上的1-生成元拟循环码的极小生成集。

定理 3.4 令C是环R上的一个由

$$G=(G_1(x),G_2(x),\cdots,G_l(x))$$

生成的码长为$n=ml$的 1-生成元拟循环码，其中m是一个奇数，$G_i(x)=f_{i1}(x)+(1+u)f_{i2}(x)$且$f_{i1}(x),f_{i2}(x)$是$R[x]$中的首一多项式，$1\leq i\leq l$。假设对任意的$1\leq i\leq l$，有$\deg(f_{i1}(x))>\deg(f_{i2}(x))$且$f_{i1}(x)+(1+u)f_{i2}(x)$不是$R'$的零因子。令

$$g(x)=\gcd\{f_{11}(x),f_{21}(x),\cdots,f_{l1}(x),x^m-1\}$$

其中$g(x)h(x)=x^m-1$，$\deg h(x)=r$且

$$q(x)=\gcd\{f_{12}(x),f_{22}(x),\cdots,f_{l2}(x),x^m-1\}$$

其中$q(x)\delta(x)=x^m-1$，$\deg\delta(x)=t$。那么C有一个由$S_1=\{G,xG,\cdots,x^{r-1}G\}$和$S_2=\{N,xN,\cdots,x^{t-1}N\}$给出的极小生成集，使得$|C|=16^r4^t$，其中

$$N=((1+u)h(x)f_{12}(x),(1+u)h(x)f_{22}(x),\cdots,(1+u)h(x)f_{l2}(x))$$

证明：令$c(x)=f(x)G$是C的一个码字，由带余除法，我们可以找到两个唯一的多项式$Q_1(x),R_1(x)\in R[x]$使得$f(x)=h(x)Q_1(x)+R_1(x)$，其中$R_1(x)=0$或者$\deg(R_1(x))<r$。因为

$$g(x)=\gcd\{f_{11}(x),f_{21}(x),\cdots,f_{l1}(x),x^m-1\}$$

所以存在一个多项式$a_i(x)\in\mathbb{Z}_4[x]$使得在R'中对所有的$1\leq i\leq l$有$h(x)f_{i1}(x)=h(x)g(x)a_i(x)=0$，因此有

$$\begin{aligned}c&=f(x)G\\&=(h(x)Q_1(x)+R_1(x))(f_{11}(x)+(1+u)f_{12}(x),\cdots,f_{l1}(x)+(1+u)f_{l2}(x))\\&=Q_1(x)((1+u)h(x)f_{12}(x),\cdots,(1+u)h(x)f_{l2}(x))+R_1(x)(f_{11}(x)\\&\quad+(1+u)f_{12}(x),\cdots,f_{l1}(x)+(1+u)f_{l2}(x))\end{aligned}$$

不难证明，

$$R_1(x)(f_{11}(x)+(1+u)f_{12}(x),\cdots,f_{l1}(x)+(1+u)f_{l2}(x))\in \mathrm{Span}(S_1)$$

再用带余除法, 我们得到两个唯一的多项式$Q_2(x), R_2(x)\in R[x]$, 使得$Q_1(x)=\delta(x)Q_2(x)+R_2(x)$, 其中$R_2(x)=0$或者$\deg(R_2(x))<t$。因为

$$q(x)=\gcd\{f_{12}(x),f_{22}(x),\cdots,f_{l2}(x),x^m-1\}$$

所以存在一个多项式$b_i(x)\in\mathbb{Z}_4[x]$, 使得在R'中对所有的$1\leq i\leq l$有$\delta(x)Q_2(x)(1+u)h(x)f_{i2}(x)=(1+u)Q_2(x)q(x)\delta(x)b_i(x)=0$。故有

$$\begin{aligned}&Q_1(x)((1+u)h(x)f_{12}(x),\cdots,(1+u)h(x)f_{l2}(x))\\&=R_2(x)((1+u)h(x)f_{12}(x),\cdots,(1+u)h(x)f_{l2}(x))\in \mathrm{Span}(S_2)\end{aligned}$$

因此得到$S_1\bigcup S_2$是C的一个张成集。

为了证明$S_1\bigcap S_2=\{0\}$, 我们回忆到

$$h(x)G=((1+u)h(x)f_{12}(x),(1+u)h(x)f_{22}(x),\cdots,(1+u)h(x)f_{l2}(x))$$

令$e\in S_1\bigcap S_2$。因为$e\in S_1$, 所以有$e=(e_1,e_2,\cdots,e_l)$, 其中

$$e_i=(f_{i1}(x)+(1+u)f_{i2}(x))(\alpha_0+\alpha_1x+\cdots+\alpha_{r-1}x^{r-1})$$

不失一般性, 因为对任意的$1\leq i\leq l$我们考虑的运算都是在R'上进行的, 所以可以假设$\deg(x^{r-1}f_{i1}(x))<m$, 故得到

$$\deg(\alpha_0f_{i1}(x)+\alpha_1f_{i1}(x)x+\cdots+\alpha_{r-1}f_{i1}(x)x^{r-1})<m$$

另一方面, 因为$e\in S_2$, 所以有$e_i=(\beta_0+\beta_1x+\cdots+\beta_{t-1}x^{t-1})(1+u)h(x)f_{i2}(x)$, 故有$(u-1)e_i=0$。利用$e_i$之前的表示, 我们得到

$$\begin{aligned}&(u-1)(f_{i1}(x)+(1+u)f_{i2}(x))(\alpha_0+\alpha_1x+\cdots+\alpha_{r-1}x^{r-1})\\&=(u-1)(\alpha_0+\alpha_1x+\cdots+\alpha_{r-1}x^{r-1})f_{i1}(x)=0\end{aligned}$$

因为$\deg((\alpha_0+\alpha_1x+\cdots+\alpha_{r-1}x^{r-1})f_{i1}(x))<m$, 所以推出对所有的$0\leq k\leq r-1$有$\alpha_k=0$或者$(u+1)$。现在令$M_1=\alpha_0+\alpha_1x+\cdots+\alpha_{r-1}x^{r-1}$满足$\alpha_k=0$或者

$(u+1)$ 且令 $M_2=\beta_0+\beta_1 x+\cdots+\beta_{t-1}x^{t-1}$ 满足对所有的 $0\le j\le t-1$ 有 $\beta_j\in\mathbb{Z}_4$。由之前的假设得到

$$f_{i1}(x)M_1+(1+u)f_{i2}(x)M_1=(1+u)h(x)f_{i2}(x)M_2$$

由于对所有的 $1\le i\le l$ 有 $h(x)f_{i1}(x)=0$ 且 $M_2\in\mathbb{Z}_4[x]$, 所以有

$$\begin{aligned}
&(f_{i1}(x)+(1+u)f_{i2}(x))(M_1+3h(x)M_2)\\
&=f_{i1}(x)M_1+3h(x)f_{i1}(x)M_2+M_1(1+u)f_{i2}(x)+3h(x)(1+u)f_{i2}(x)M_2\\
&=4h(x)(1+u)f_{i2}(x)M_2\\
&=0
\end{aligned}$$

因为 $f_{i1}(x)+(1+u)f_{i2}(x)$ 不是 R' 的零因子且 $h(x)$ 是 $R[x]$ 中的首一多项式, 所以必有 $M_1+3h(x)M_2=0$, 这意味着对所有的 k,j 有 $\alpha_k=0$ 且 $\beta_j=0$。这就证明了 $S_1\bigcap S_2=\{0\}$。

推论 3.5 若在环 R 中有 $f_{i2}(x)=x^m-1$, $1\le i\le l$, 则 C 是环 R 上的一个秩为 r 的自由的拟循环码且它的极小生成集是 $S_1=\{G,xG,\cdots,x^{r-1}G\}$。此外, C 含有 16^r 个码字。

证明: 由定理 3.4 可知, 若在环 R 上有 $f_{i2}(x)=x^m-1$, 则有

$$q(x)=\gcd\{f_{12}(x),\cdots,f_{l2}(x),x^m-1\}=x^m-1$$

且 $\delta=1$, 因此得到 $t=0$ 且 $S_2=\phi$。根据自由模的定义, 我们得到 C 是一个秩为 r 的自由的拟循环码且它的极小生成集是 $S_1=\{G,xG,\cdots,x^{r-1}G\}$, 故有 $|C|=16^r$。

下面, 我们给出环 R 上的码长为 $n=ml$ 的自由的 1-生成元拟循环码的极小距离的一个下界。

定理 3.6 令 C 是由推论 3.5 给出的环 R 上的一个码长为 $n=ml$ 的自由的 1-生成元拟循环码。假设 $h_i(x)=\dfrac{x^m-1}{f_{i1}(x)}$ 且 $h(x)=\mathrm{lcm}\{h_1(x),h_2(x),\cdots,h_l(x)\}$, 其中 $1\le i\le l$。则

(i) $d_{\min}(C)\geq\sum_{i\notin K}d_i$，其中$K$是满足$\mathrm{lcm}\{h_i(x),i\in K\}\neq h(x)$的含有最多元素个数的$\{1,2,\cdots,l\}$的子集且$d_i=d_{\min}(\psi_i(C))$；

(ii) 若$h_1(x)=h_2(x)=\cdots=h_l(x)$，则有$d_{\min}(C)\geq\sum_{i=1}^{l}d_i$。

证明：根据上述给出的记号，令$c(x)$是码C的一个非零码字，则存在一个多项式$f(x)\in R[x]$使得$c(x)=f(x)G$。因为在R'中有$f_{i2}(x)=x^m-1$，所以$c(x)$的第i个分量为零当且仅当$(x^m-1)\big|f(x)f_{i1}(x)$，即：当且仅当对所有的$1\leq i\leq l$有$h_i(x)\big|f(x)$，故$c(x)=0$当且仅当$h(x)\big|f(x)$，所以$c(x)\neq 0$当且仅当$h(x)\nmid f(x)$。推出当$h(x)\neq\mathrm{lcm}\{h_i(x),i\in K\}$，$\mathrm{lcm}\{h_i(x),i\in K\}\mid f(x)$时，非零码字$c(x)$具有最多的全零分块并且$K$是满足这些性质的$\{1,2,\cdots,l\}$的最大子集，因此有$d_{\min}(C)\geq\sum_{i\notin K}d_i$，其中$d_i=d_{\min}(\psi_i(C))$。不难发现，$K=\phi$当且仅当$h_1(x)=h_2(x)=\cdots=h_l(x)$，推出$d_{\min}(C)\geq\sum_{i=1}^{l}d_i$。

在下面的例子中，我们考虑环R上的码长为$n=ml$的1-生成元拟循环码，其中$m=7$，$l=2$。

例 3.7 令C是环R上的一个由

$$G=(f_{11}(x)+(1+u)f_{12}(x),f_{21}(x)+(1+u)f_{22}(x))$$

生成的码长为$n=2\cdot 7=14$的1-生成元拟循环码，其中

$$f_{11}(x)=f_{21}(x)=x^7-1$$

$$f_{12}(x)=f_{22}(x)=x^4+x^3+3x^2+2x+1$$

由定理 3.4 可得到$g(x)=x^7-1$，$h(x)=1$，$q(x)=x^4+x^3+3x^2+2x+1$，$\delta(x)=x^3+3x^2+2x+3$，$r=0$且$t=3$，因此有$|C|=16^0 4^3=64$。不难发现，$\psi_1(C)$和$\psi_2(C)$都是由$x^7-1+(1+u)(x^4+x^3+3x^2+2x+1)$生成的循环码，它们具有相同的极小 Lee 距离$d_{\min}(\psi_1(C))=d_{\min}(\psi_2(C))=12$。根据定理 3.6 (ii),

我们有

$$d_{\min}(C) \geq d_{\min}(\psi_1(C)) + d_{\min}(\psi_2(C)) = 24$$

实际上, C是环R上的一个参数为$(14, 4^3, 24)$的线性码。如果我们把 Gray 映射φ'应用到C上的话可以得到一个新的$\mathbb{Z}_4$-线性码, 它的参数为$(28, 4^3, 24)$, 其中 24 是C的极小 Lee 距离, 这个新的线性码的参数要优于已知最好的$\mathbb{Z}_4$-线性码$(28, 4^3, 23)$ [125]的参数。

我们总结这一节的内容并给出下面的推论。

推论 3.8 令C是环R上的一个由

$$G = (f_{11}(x) + (1+u)f_{12}(x), \cdots, f_{l1}(x) + (1+u)f_{l2}(x))$$

生成的码长为$n = ml$的 1-生成元拟循环码, 其中m是一个奇数且对每个$i = 1, 2, \cdots, l$有$f_{i2}(x) = x^m - 1$。假设$h_i(x) = \dfrac{x^m - 1}{f_{i1}(x)}$且$h(x) = \mathrm{lcm}\{h_1(x), h_2(x), \cdots, h_l(x)\}$, 其中$1 \leq i \leq l$, 则:

(i) C是一个秩为$\deg(h(x))$的自由码且$|C| = 16^{\deg(h(x))}$;

(ii) $d_{\min}(C) \geq \sum_{i \notin K} d_i$, 其中$K$是满足$\mathrm{lcm}\{h_i(x), i \in K\} \neq h(x)$的含有最多元素个数的$\{1, 2, \cdots, l\}$的子集且$d_i = d_{\min}(\psi_i(C))$;

(iii) 若$h_1(x) = h_2(x) = \cdots = h_l(x)$, 则$d_{\min}(C) \geq \sum_{i=1}^{l} d_i$。

3.3 环$\mathbb{Z}_4[u]/\langle u^2 - 1 \rangle$上的 1-生成元广义拟循环码理论

这一节, 我们研究环R上的 1-生成元广义拟循环码的结构和极小生成集并且给出环R上自由的 1-生成元广义拟循环码的极小距离的一个下界。根据吴婷婷等在文献 [42] 中的研究方法, 我们给出环R上的 1-生成元广义拟循环码的定义。

定义 3.9[42] 令$m_1, m_2, \cdots, m_l$是正整数且$R_i = R[x]/(x^{m_i} - 1)$, 其中$1 \leq i \leq l$。

$\mathcal{R}'=R_1\times R_2\times\cdots\times R_l$ 的任意的 $R[x]$ -子模被称为环 R 上的一个指数为 l 码长为 $(m_1,m_2,\cdots,m_l)$ 的广义拟循环码。

正如我们所预期的那样, 若 C 是一个码长为 $(m_1,m_2,\cdots,m_l)$ 的广义拟循环码且对任意的 $1\le i\le l$ 有 $m=m_i$, 那么 C 是一个码长为 ml 的拟循环码。由文献 [42] 可知, 令 C 是一个码长为 $(m_1,m_2,\cdots,m_l)$ 的广义拟循环码, 若对某个 $F(x)\in\mathcal{R}'$ 有 $C=R[x]F(x)$, 则称 C 是 1-生成元的。

引理 3.10　令 C 是一个码长为 $(m_1,m_2,\cdots,m_l)$ 的 1-生成元广义拟循环码且

$$F'(x)=(F_1'(x),F_2'(x),\cdots,F_l'(x))\in\mathcal{R}'[x]$$

是 C 的一个生成元, 其中 $F_i'(x)\in R_i$, $1\le i\le l$。则 $F_i'(x)\in C_i$, 其中 C_i 是环 R 上的一个码长为 m_i 的循环码。因此, 若 m_i 是奇数, 则 $F_i'(x)$ 的型可以表示为 $F_i'(x)=f_{i1}(x)+(1+u)f_{i2}(x)$, 其中 $f_{i1}(x)$ 和 $f_{i2}(x)$ 是 $R[x]$ 中的首一多项式, $1\le i\le l$。

证明：根据引理 3.3 的证明, 我们定义一个新的映射 $\psi_i':\mathcal{R}'\to R_i$ 使得

$$\psi_i'(f_1(x),f_2(x),\cdots,f_l(x))=f_i(x)\quad 1\le i\le l$$

本引理剩下部分的证明可按照引理 3.3 的证明方法得到。

下面的定理给出环 R 上的 1-生成元广义拟循环码的极小生成集。

定理 3.11　令 C 是环 R 上的一个由

$$G'=(G_1'(x),G_2'(x),\cdots,G_l'(x))$$

生成的码长为 $(m_1,m_2,\cdots,m_l)$ 的 1-生成元广义拟循环码, 其中 m_i 是一个奇数, $G_i'(x)=f_{i1}(x)+(1+u)f_{i2}(x)$ 且 $f_{i1}(x),f_{i2}(x)$ 是 $R[x]$ 中的首一多项式, $1\le i\le l$。假设对任意的 $1\le i\le l$ 有 $\deg(f_{i1}(x))>\deg(f_{i2}(x))$ 且 $f_{i1}(x)+(1+u)f_{i2}(x)$ 不是 R_i 的零因子。令 $h_i(x)=\dfrac{x^{m_i}-1}{\gcd(f_{i1}(x),x^{m_i}-1)}$, $h(x)=\operatorname{lcm}(h_1(x),h_2(x),\cdots,h_l(x))$

且 $\deg(h(x))=r$。令

$$\delta_i(x)=\frac{x^{m_i}-1}{\gcd(h(x)f_{i2}(x),x^{m_i}-1)}$$

$\delta(x)=\mathrm{lcm}(\delta_1(\mathrm{x}),\delta_2(\mathrm{x}),\cdots,\delta_1(\mathrm{x}))$ 且 $\deg(\delta(x))=t$。令

$$N'=((1+u)h(x)f_{12}(x),(1+u)h(x)f_{22}(x),\cdots,(1+u)h(x)f_{l2}(x))$$

则 C 的极小生成集是 $S_1\bigcup S_2$，其中 $S_1=\{G',xG',\cdots,x^{r-1}G'\}$，$S_2=\{N',xN'\cdots,x^{t-1}N'\}$，因此有 $|C|=16^r4^t$。

证明： 本定理的证明过程类似于定理 3.4, 故不再赘述。

根据定理 3.11, 我们直接得到下面的推论。

推论 3.12 若在环 R 中有 $f_{i2}(x)=x^{m_i}-1$，其中 $1\le i\le l$，则 C 是环 R 上的一个秩为 r 的自由的广义拟循环码且它的极小生成集为 $S_1=\{G',xG',\cdots,x^{r-1}G'\}$。此外 C 含有 16^r 个码字。

接下来, 我们给出环 R 上的自由的 1-生成元广义拟循环码的极小距离的一个下界。

定理 3.13 令 C 是由推论 3.12 给出的环 R 上的一个码长为 $(m_1,m_2,\cdots,m_l)$ 的自由的 1-生成元广义拟循环码。假设 $h_i(x)=\dfrac{x^{m_i}-1}{f_{i1}(x)}$ 且 $h(x)=\mathrm{lcm}\{h_1(x),h_2(x),\cdots,h_l(x)\}$, $1\le i\le l$，则

(i) $d_{\min}(C)\ge\sum_{i\notin K}d_i$，其中 K 是满足 $\mathrm{lcm}\{h_i(x),i\in K\}\ne h(x)$ 的含有最多元素个数的 $\{1,2,\cdots,l\}$ 的子集且 $d_i=d_{\min}(\psi_i(C))$；

(ii) 若 $h_1(x)=h_2(x)=\cdots=h_l(x)$，则 $d_{\min}(C)\ge\sum_{i=1}^{l}d_i$。

证明： 本定理的证明过程类似于定理 3.6。

在下面的例子中, 我们将要讨论环 R 上的码长为 (m_1,m_2) 的 1-生成元广义拟

循环码, 其中 $m_1=7$, $m_2=21$。

例 3.14 令 C 是环 R 上的一个由

$$G'=(f_{11}(x)+(1+u)f_{12}(x), f_{21}(x)+(1+u)f_{22}(x))$$

生成的码长为 $(7,21)$ 的 1-生成元广义拟循环码, 其中

$$f_{11}(x)=x^7-1$$

$$f_{12}(x)=x^4+x^3+3x^2+2x+1$$

$$f_{21}(x)=x^{21}-1$$

$$f_{22}(x)=x^{18}+x^{17}+3x^{16}+2x^{15}+x^{14}+x^{11}+x^{10}+3x^9+2x^8+x^7+x^4+x^3+3x^2+2x+1$$

根据定理 3.11 得到

$$h_1(x)=1, h_2(x)=1, h(x)=\mathrm{lcm}(h_1(x),h_2(x))=1,$$

$$\delta_1(x)=x^3+3x^2+2x+3, \delta_2(x)=x^3+3x^2+2x+3,$$

$$\delta(x)=\mathrm{lcm}(\delta_1(\mathrm{x}),\delta_2(\mathrm{x}))=x^3+3x^2+2x+3$$

故有 $r=0$ 且 $t=3$, 因此得到 $|C|=16^0 4^3=64$。由于 $\psi_1(C)$ 是一个由

$$x^7-1+(1+u)(x^4+x^3+3x^2+2x+1)$$

生成的循环码具有极小 Lee 距离 $d_{\min}(\psi_1(C))=12$。并且 $\psi_2(C)$ 是一个由

$$x^{21}-1+(1+u)(x^{18}+x^{17}+3x^{16}+2x^{15}+x^{14}+x^{11}+x^{10}+3x^9+2x^8+x^7+x^4+x^3+3x^2+2x+1)$$

生成的循环码具有极小 Lee 距离 $d_{\min}(\psi_2(C))=36$, 所以, 根据定理 3.13 (ii) 得到

$$d_{\min}(C)\geq d_{\min}(\psi_1(C))+d_{\min}(\psi_2(C))=48$$

事实上, C 是环 R 上的一个参数为 $(28,4^3,48)$ 的线性码且 C 的 Gray 象是环 $\mathbb{Z}_4$ 上的一个参数为 $(56,4^3,48)$ 的新的线性码, 其中 48 是 C 的极小 Lee 距离。这个新的线性码的参数比已知最好的 $\mathbb{Z}_4$-线性码 $(56,4^3,47)$ [125] 的参数更好。

由推论 3.8 和定理 3.13 可以直接得出下面的结论。

推论 3.15 令 C 是环 R 上的一个由

$$G' = (f_{11}(x) + (1+u)f_{12}(x), \cdots, f_{l1}(x) + (1+u)f_{l2}(x))$$

生成的码长为 $(m_1, m_2, \cdots, m_l)$ 的 1-生成元广义拟循环码, 其中 m_i 是一个奇数且对每个 $i = 1, 2, \cdots, l$ 有 $f_{i2}(x) = x^{m_i} - 1$。假设 $h_i(x) = \dfrac{x^{m_i} - 1}{f_{i1}(x)}$ 且 $h(x) = \mathrm{lcm}\{h_1(x), h_2(x), \cdots, h_l(x)\}$, 其中 $1 \le i \le l$, 则

(i) C 是一个秩为 $\deg(h(x))$ 的自由码且 $|C| = 16^{\deg(h(x))}$;

(ii) $d_{\min}(C) \ge \sum_{i \notin K} d_i$, 其中 K 是满足 $\mathrm{lcm}\{h_i(x), i \in K\} \ne h(x)$ 的含有最多元素个数的 $\{1, 2, \cdots, l\}$ 的子集且 $d_i = d_{\min}(\psi_i(C))$;

(iii) 若 $h_1(x) = h_2(x) = \cdots = h_l(x)$, 则 $d_{\min}(C) \ge \sum_{i=1}^{l} d_i$。

3.4 环 $\mathbb{Z}_4$ 上新的线性码

在这一小节, 我们构造了一些环 R 上的指数为 2 的拟循环码和广义拟循环码, 这些码在映射 φ' 下的 Gray 象都是环 $\mathbb{Z}_4$ 上的新的线性码且它们的参数要优于数据库 [125] 中给出的已知最好的 $\mathbb{Z}_4$-线性码的参数。

不难发现, 环 R 上的 1-生成元拟循环码和广义拟循环码的极小生成集是由生成多项式 $f_{i1}(x) + (1+u)f_{i2}(x)$ 决定的, 其中 $1 \le i \le 2$, 因此, 在下面的表 3.1 中我们只列出 $f_{i1}(x)$ 和 $f_{i2}(x)$, 其中 $1 \le i \le 2$。在表 3.1 中, 根据定理 3.4 和定理 3.11, 我们列出了 20 个由环 R 上的 1-生成元拟循环码和广义拟循环码构造出来的新的 $\mathbb{Z}_4$-线性码。为表达简单, 我们将多项式 $f_{i1}(x)$ 和 $f_{i2}(x)$ 的系数降序排列, 例如: 将多项式 $x^6 + x^5 + x^4 + 2x + 3$ 记为 1110023, 为了方便记法, 我们把 1110023 缩写为 $1^3 0^2 23$。

表3.1 由环R上的1-生成元拟循环码和广义拟循环码构造的新的$\mathbb{Z}_4$-线性码

$f_{11}(x)$	$f_{12}(x)$	$f_{21}(x)$	$f_{22}(x)$	分组长度	参数
10^63	1^2321	10^63	c_1	(7,7)	$(28,4^3,24)_Q$
$10^{14}3$	$1^23123013203$	$10^{14}3$	c_2	(15,15)	$(60,4^4,48)_Q$
$10^{16}3$	102313201	$10^{16}3$	c_3	(17,17)	$(68,4^9,28)_Q$
$10^{16}3$	13212^23213	$10^{16}3$	c_4	(17,17)	$(68,4^8,32)_Q$
$10^{20}3$	$123^2121^23^2$	$10^{20}3$	c_5	(21,21)	$(84,4^{12},24)_Q$
$10^{20}3$	$12102^2031203$	$10^{20}3$	c_6	(21,21)	$(84,4^{10},32)_Q$
$10^{20}3$	$1321201^22^2320323$	$10^{20}3$	c_7	(21,21)	$(84,4^6,48)_Q$
$10^{20}3$	$1020310^21230131^3$	$10^{20}3$	c_8	(21,21)	$(84,4^5,55)_Q$
$10^{20}3$	$1^23210^21^23210^21^2321$	$10^{20}3$	c_9	(21,21)	$(84,4^3,72)_Q$
$10^{22}3$	130^221^30123	$10^{22}3$	c_{10}	(23,23)	$(92,4^{12},40)_Q$
$10^{22}3$	1210230^231^4	$10^{22}3$	c_{11}	(23,23)	$(92,4^{11},48)_Q$
$10^{30}3$	$102^23132320^22121312^203$	$10^{30}3$	c_{12}	(31,31)	$(124,4^{10},64)_Q$
$10^{30}3$	$102^23^3012102303^2132^231013$	$10^{30}3$	c_{13}	(31,31)	$(124,4^6,104)_Q$
$10^{30}3$	$1321032^21202323 1^330310^21^3$	$10^{30}3$	c_{14}	(31,31)	$(124,4^5,112)_Q$
10^63	1^2321	$10^{20}3$	c_{15}	(7,21)	$(56,4^3,48)_Q$
$10^{14}3$	$1^23123013203$	$10^{44}3$	c_{16}	(15,45)	$(120,4^4,96)_Q$
$10^{16}3$	102313201	$10^{50}3$	c_{17}	(17,51)	$(136,4^9,56)_Q$
$10^{16}3$	13212^23213	$10^{50}3$	c_{18}	(17,51)	$(136,4^8,64)_Q$
$10^{20}3$	$1210212^23^2023213$	$10^{62}3$	c_{19}	(21,63)	$(168,4^6,96)_Q$
$10^{20}3$	$1231^20^21231^20^21231^2$	$10^{62}3$	c_{20}	(21,63)	$(168,4^3,144)_Q$

注意 1：在表 3.1 中

$c_1 = 1^2 321$,

$c_2 = 1^2 3123013203$,

$c_3 = 102313201$,

$c_4 = 13212^2 3213$,

$c_5 = 123^2 121^2 3^2$,

$c_6 = 12102^2 031203$,

$c_7 = 1321201^2 2^2 320323$,

$c_8 = 1020310^2 1230131^3$,

$c_9 = 1^2 3210^2 1^2 3210^2 1^2 321$,

$c_{10} = 130^2 21^3 0123$,

$c_{11} = 1210230^2 31^4$,

$c_{12} = 102^2 3132320^2 2121312^2 03$,

$c_{13} = 102^2 3^3 012102303^2 132^2 31013$,

$c_{14} = 1321032^2 12023231^3 30310^2 1^3$,

$c_{15} = 1^2 3210^2 1^2 3210^2 1^2 321$,

$c_{16} = 1^2 312301320 30^3 1^2 31230132030^3 1^2 3123013203$,

$c_{17} = 1023132010^8 1023132010^8 102312301$,

$c_{18} = 13212^2 32130^7 13212^2 32130^7 13212^2 3213$,

$c_{19} = 1210212^2 3^2 0232130^5 1210212^2 3^2 0232130^5 1210212^2 3^2 023213$,

$c_{20} = 1231^2 0^2 1231^2 0^2 1231^2 0^2 1231^2 0^2 1231^2 0^2 1231^2 0^2 0231^2 0^2 0231^2 0^2 0231^2$。

注意 2：在表 3.1 中, 记号 $(n, 4^k, d)_Q$ 表示由环 R 上的 1-生成元拟循环码构造出来的新的$\mathbb{Z}_4$-线性码。记号$(n,4^k,d)_G$表示由环R上的 1-生成元广义拟循环码构造出来的新的$\mathbb{Z}_4$-线性码, 其中n是码长, k是维数, d是极小 Lee 距离。

表 3.1 中列出的由环R上的 1-生成元拟循环码和广义拟循环码构造出来的新的$\mathbb{Z}_4$-线性码是通过计算机软件 Maple 和 Magma 得到的。

3.5 本章小结

本章讨论了环$R=\mathbb{Z}_4[u]/\langle u^2-1\rangle$上的 1-生成元拟循环码和广义拟循环码的生成元的结构和极小生成集, 并且分别给出环R上自由的 1-生成元拟循环码和广义拟循环码的极小距离的一个下界。此外, 通过 Gray 映射得到一些新的$\mathbb{Z}_4$-线性码。

4　指数为$1\frac{1}{2}$的拟循环码的代数结构及应用研究

在这一章, 我们研究有限域$\mathbb{F}_q$上的指数为$1\frac{1}{2}$、余指数为$2m$的拟循环码及其对偶码的代数结构, 其中m是一个正整数, q是一个奇素数的方幂且$\gcd(m, q)=1$。本章对应的内容已经发表于*Cryptography and Communications*。

4.1 节介绍了本章用到的基本理论并且给出了一些映射的定义。4.2 节给出了有限域$\mathbb{F}_q$上的指数为$1\frac{1}{2}$、余指数为$2m$的拟循环码的代数结构和极小生成集并且构造了有限域$\mathbb{F}_q$上的一些最优和好线性码。4.3 节考虑了有限域$\mathbb{F}_q$上的指数为$1\frac{1}{2}$、余指数为$2m$的拟循环码的对偶码的代数结构。

4.1　预备知识

令$\mathbb{F}_q$是一个元素个数为q的有限域, 其中q是一个奇素数的方幂。令R_m和R_{2m}分别表示群代数

$$\mathbb{F}_q[x]/\langle x^m-1\rangle \text{ 和 } \mathbb{F}_q[x]/\langle x^{2m}-1\rangle$$

其中x是一个不定元且m是一个与q互素的正整数。有限域$\mathbb{F}_q$上的一个码长为$n=ml$的l-拟循环码可以看作$\left(\mathbb{F}_q[x]/\langle x^m-1\rangle\right)^l$的一个$\mathbb{F}_q[x]/\langle x^m-1\rangle$子模, 其中$l$和$m$都是正整数。一个$r$-生成元拟循环码是由$\left(\mathbb{F}_q[x]/\langle x^m-1\rangle\right)^l$的$r$个元素生成的。

本章中, 我们考虑环$\mathcal{R}=R_m\times R_{2m}$。樊恽等在文献 [74] 中指出环$\mathcal{R}$是

一个$\mathbb{F}_q[x]$-模且它的$\mathbb{F}_q[x]$-子模恰好是指数为$1\frac{1}{2}$、余指数为$2m$的拟循环码。此外，由文献 [74] 可知，环$\mathcal{R}$的每个元素可以唯一表示为$(a(x),b(x))$，其中$a(x)=\sum_{j=0}^{m-1}a_jx^j\in\mathbb{F}_q[x], b(x)=\sum_{j=0}^{2m-1}b_jx^j$。我们将元素$(a(x),b(x))\in\mathcal{R}$和向量$(a_0,a_1,\cdots,a_{m-2},a_{m-1},b_0,b_1,\cdots,b_{2m-2},b_{2m-1})\in\mathbb{F}_q^m\times\mathbb{F}_q^{2m}$等同看待。

令ξ是定义在集合$\mathbb{F}_q^m\times\mathbb{F}_q^{2m}$上的一个置换, 即:

$$\begin{aligned}&\xi(a_0,a_1,\cdots,a_{m-2},a_{m-1},b_0,b_1,\cdots,b_{2m-2},b_{2m-1})\\&=(a_{m-1},a_0,a_1,\cdots,a_{m-2},b_{2m-1},b_0,b_1,\cdots,b_{2m-2})\end{aligned}$$

容易证明, $\mathbb{F}_q^m\times\mathbb{F}_q^{2m}$的置换$\xi$对应到环$\mathcal{R}$中是乘以$x$的运算, 即:

$$x(a(x),b(x))=(xa(x)(\bmod\ x^m-1),xb(x)(\bmod\ x^{2m}-1))$$

令$\mathcal{C}$是环$\mathcal{R}$的一个线性子空间, 若$\mathcal{C}$在置换ξ下是不变量, 即:

$$x(a(x),b(x))\in\mathcal{C},\forall\ (a(x),b(x))\in\mathcal{C}$$

则称$\mathcal{C}$是有限域$\mathbb{F}_q$上的一个指数为$1\frac{1}{2}$、余指数为$2m$的拟循环码。对任意的

$f(x)\in\mathbb{F}_q[x]$和任意的$(a(x),b(x))\in\mathcal{R}$, 我们有

$$f(x)(a(x),b(x))=(f(x)a(x)(\bmod\ x^m-1),f(x)b(x)(\bmod\ x^{2m}-1))$$

环$\mathcal{R}$的一个线性子空间$\mathcal{C}$被称为一个指数为$1\frac{1}{2}$、余指数为$2m$的拟循环码当且仅当它在乘以任意的$f(x)\in\mathbb{F}_q[x]$后是不变量。

引理 4.1[126] (中国剩余定理)　令R是一个特征为p^s、势为p^{sm}的 *Galois* 环, 其中p是一个奇素数且s,m都是正整数。令$f_1(x),f_2(x),\cdots,f_r(x)$是环$R$

上的次数≥ 1的两两互素的首一多项式，$f(x)=f_1(x)\cdots f_r(x)$且$\mathcal{R}_f=R[x]/\langle f(x)\rangle$。则存在$b_i(x),c_i(x)\in R[x]$使得$b_i(x)\hat{f}_i(x)+c_i(x)f_i(x)=1$，其中$\hat{f}_i(x)=\dfrac{f(x)}{f_i(x)}$。令$e_i(x)=b_i(x)\hat{f}_i(x)+\langle f(x)\rangle$，则

(i) $e_1(x),e_2(x),\cdots,e_r(x)$是$\mathcal{R}_f$中的两两正交的非零幂等元；

(ii) 在$\mathcal{R}_f$中有$1=e_1(x)+\cdots+e_r(x)$；

(iii) 令$\mathcal{R}_f e_i(x)=\langle e_i(x)\rangle$是$\mathcal{R}_f$的由$e_i(x)$生成的主理想，则$e_i(x)$是$\mathcal{R}_f e_i(x)$的单位元且$\mathcal{R}_f e_i(x)=\langle \hat{f}_i(x)+\langle f(x)\rangle\rangle$；

(iv) $\mathcal{R}_f=\mathcal{R}_f e_1(x)\dotplus\cdots\dotplus\mathcal{R}_f e_r(x)$；

(v) 映射$R[x]/\langle f_i(x)\rangle\to\mathcal{R}_f e_i(x)$定义为

$$g(x)+\langle f_i(x)\rangle\mapsto\langle g(x)+\langle f(x)\rangle\rangle e_i(x)$$

是一个环同构；

(vi) $\mathcal{R}_f=R[x]/\langle f(x)\rangle\cong R[x]/\langle f_1(x)\rangle\dotplus\cdots\dotplus R[x]/\langle f_r(x)\rangle$。

因为在$\mathbb{F}_q[x]$中有$x^{2m}-1=(x^m-1)(x^m+1)$，所以由引理 4.1 中国剩余定理 (CRT) 可得

$$\begin{aligned}\phi:\mathbb{F}_q[x]\big/\big\langle x^{2m}-1\big\rangle &\xrightarrow{\cong}\mathbb{F}_q[x]\big/\big\langle x^m-1\big\rangle\times\mathbb{F}_q[x]\big/\big\langle x^m-1\big\rangle\\ b(x)&\mapsto(b(x)(\bmod\ x^m-1),b(x)(\bmod\ x^m+1))\end{aligned}$$

易见，ϕ是一个环同构且它的逆映射ϕ^{-1}定义为

$$\phi^{-1}(b_1(x),b_2(x))=(2^{-1}(x^m+1)b_1(x)-2^{-1}(x^m-1)b_2(x))(\bmod\ x^{2m}-1)$$

其中$b_1(x)\in R_m$, $b_2(x)\in\mathbb{F}_q[x]\big/\big\langle x^m+1\big\rangle$且$2^{-1}$是 2 在有限域$\mathbb{F}_q$中的逆。

根据上述讨论，我们定义映射

$$\psi:\mathcal{R}\xrightarrow{\cong}\left(\mathbb{F}_q[x]/\langle x^m-1\rangle\right)^2\times\mathbb{F}_q[x]/\langle x^m-1\rangle$$
$$(a(x),b(x))\mapsto(a(x)(\bmod\ x^m-1),b(x)(\bmod\ x^m-1),b(x)(\bmod\ x^m+1))$$

显然, 映射ψ是一个环同构且它的逆映射ψ^{-1}定义为

$$\psi^{-1}(a(x),b_1(x),b_2(x))$$
$$=(a(x),(2^{-1}(x^m+1)b_1(x)-2^{-1}(x^m-1)b_2(x))(\bmod\ x^{2m}-1))$$

其中$a(x),b_1(x)\in R_m,b_2(x)\in\mathbb{F}_q[x]/\langle x^m+1\rangle$且$2^{-1}$是2在有限域$\mathbb{F}_q$中的逆。

令$\mathcal{R}'=\left(\mathbb{F}_q[x]/\langle x^m-1\rangle\right)^2\times\mathbb{F}_q[x]/\langle x^m-1\rangle$。有限域$\mathbb{F}_q$上的一个指数为$1\frac{1}{2}$、余指数为$2m$的拟循环码可以看作$\mathcal{R}'$的一个$\mathbb{F}_q[x]$-子模。令$C$是$\mathcal{R}'$的一个$\mathbb{F}_q[x]$-子模，其中$\gcd(m,q)=1$。令$R_1=\left(\mathbb{F}_q[x]/\langle x^m-1\rangle\right)^2$且$R_2=\mathbb{F}_q[x]/\langle x^m+1\rangle$。我们定义另一个映射

$$\pi:\mathcal{R}'\to R_1$$
$$(a(x),b_1(x),b_2(x))\mapsto(a(x),b_1(x))$$

其中$a(x),b_1(x)\in R_m$且$b_2(x)\in R_2$。显然, π是一个$\mathbb{F}_q[x]$-模满同态且$\ker(\pi)=\{(0,0,b_3(x))|b_3(x)\in R_2\}$。

不难验证, $\ker(\pi)$是$\mathcal{R}'$的一个$\mathbb{F}_q[x]$-子模且

$$\ker(\pi)\cap C=\{(0,0,b_3(x))|(0,0,b_3(x))\in C\}$$

则$K=\{b_3(x)\mid(0;0;b_3(x))\in C\}$是$R_2$的一个理想, 换句话说, K是有限域$\mathbb{F}_q$上的一个码长为m的负循环码, 因此, 存在一个首一多项式$c(x)\in\mathbb{F}_q[x]$, $c(x)|(x^m+1)$使得$K=(c(x))$。此外, 我们有$|C|=|\pi(C)|\cdot|\ker(\pi)\cap C|$。

因为$\pi(C)$是R_1的一个R_m-子模, 所以$\pi(C)$是有限域$\mathbb{F}_q$上的一个码长为$2m$的2-拟循环码。根据拉利（Lally）等在文献 [76] 中的研究结果可知, $\pi(C)$的生成矩阵为

$$G' = \begin{pmatrix} g_{11}(x) & g_{12}(x) \\ 0 & g_{22}(x) \end{pmatrix}$$

其中 $g_{11}(x), g_{22}(x)$ 都是有限域 $\mathbb{F}_q$ 上的首一多项式，$g_{ii}(x) \mid (x^m - 1)$，$i = 1,2$，$g_{12}(x) \in \mathbb{F}_q[x]$，$\deg(g_{12}(x)) < \deg(g_{22}(x))$ 且

$$g_{11}(x) \cdot g_{22}(x) \big| (x^m - 1) g_{12}(x)$$

不难证明，G' 有以下几种分类：

(i) 若 $g_{11}(x) = x^m - 1$，则 $g_{22}(x) \big| g_{12}(x)$ 且 $G' = \begin{pmatrix} 0 & g_{22}(x) \end{pmatrix}$。

(ii) 若 $g_{22}(x) = x^m - 1$，则 $g_{11}(x) \big| g_{12}(x)$，故存在一个多项式 $u(x) \in \mathbb{F}_q[x]$，$\deg(u(x)) < \deg(\dfrac{x^m - 1}{g_{11}(x)})$，使得 $g_{12}(x) = u(x) g_{11}(x)$。在这种情况下，我们有

$$G' = \begin{pmatrix} g_{11}(x) & u(x) g_{11}(x) \end{pmatrix}$$

(iii) 若 $\gcd(g_{11}(x), g_{22}(x)) = 1$，则 $g_{11}(x) \cdot g_{22}(x) \big| (x^m - 1)$。故得到

$$G' = \begin{pmatrix} g_{11}(x) & g_{12}(x) \\ 0 & g_{22}(x) \end{pmatrix}$$

其中 $g_{ii}(x) \mid (x^m - 1)$，$i = 1,2$，$g_{12}(x) \in \mathbb{F}_q[x]$ 且 $\deg(g_{12}(x)) < \deg(g_{22}(x))$。

(iv) 当 $\gcd(g_{11}(x), g_{22}(x)) \neq 1$ 时，令 $\gcd(g_{11}(x), g_{22}(x)) = d(x)$，其中 $d(x)$ 是 $\mathbb{F}_q[x]$ 中的某个多项式且 $\deg(d(x)) > 0$，则

$$d(x) \cdot \mathrm{lcm}(g_{11}(x), g_{22}(x)) \big| (x^m - 1) g_{12}(x)$$

其中 $\deg(g_{11}(x)), \deg(g_{22}(x)) < m$。因为 $\gcd(m, q) = 1$，所以（$x^m - 1$）在有限域 $\mathbb{F}_q$ 上没有重根，故得到 $d(x) \big| g_{12}(x)$。因此，存在一个多项式 $v(x) \in \mathbb{F}_q[x]$ 使得 $g_{12}(x) = v(x) d(x), \deg(v(x)) < \deg(g_{22}(x)) - \deg(d(x))$，故得到

$$G'=\begin{pmatrix} g_{11}(x) & v(x)d(x) \\ 0 & g_{22}(x) \end{pmatrix}$$

根据上述讨论，我们得到下面的引理。

引理 4.2　令C'是有限域$\mathbb{F}_q$上的一个码长为$2m$的 2-拟循环码，其中$\gcd(m,q)=1$。则C'的生成矩阵G'分为以下几类：

(i) $G'=\begin{pmatrix} 0 & g_{22}(x) \end{pmatrix}$，其中$g_{22}(x)$是有限域$\mathbb{F}_q$上的一个首一多项式且$g_{22}(x)\mid(x^m-1)$；

(ii) $G'=\begin{pmatrix} g_{11}(x) & u(x)g_{11}(x) \end{pmatrix}$，其中$g_{11}(x)$是有限域$\mathbb{F}_q$上的一个首一多项式，$u(x)\in\mathbb{F}_q[x]$，$g_{11}(x)\mid(x^m-1)$且$\deg(u(x))<m-\deg(g_{11}(x))$；

(iii) $G'=\begin{pmatrix} g_{11}(x) & g_{12}(x) \\ 0 & g_{22}(x) \end{pmatrix}$，其中$g_{11}(x)$和$g_{22}(x)$都是有限域$\mathbb{F}_q$上的首一多项式，$g_{ii}(x)\mid(x^m-1)$，$i=1,2$，$\gcd(g_{11}(x),g_{22}(x))=1$，$g_{12}(x)\in\mathbb{F}_q[x]$且$\deg(g_{12}(x))<\deg(g_{22}(x))$；

(iv) $G'=\begin{pmatrix} g_{11}(x) & v(x)d(x) \\ 0 & g_{22}(x) \end{pmatrix}$，其中$g_{11}(x)$和$g_{22}(x)$都是有限域$\mathbb{F}_q$上的首一多项式，$g_{ii}(x)\mid(x^m-1)$，$i=1,2$，$\deg(g_{11}(x)),\deg(g_{22}(x))<m$，$v(x)\in\mathbb{F}_q[x]$，$\gcd(g_{11}(x),g_{22}(x))=d(x)$且$\deg(v(x))<\deg(g_{22}(x))-\deg(d(x))$。

4.2　指数为$1\frac{1}{2}$的拟循环码的代数结构和极小生成集理论

本小节，我们研究有限域$\mathbb{F}_q$上的指数为$1\frac{1}{2}$、指数为$2m$的拟循环码的代数结构和极小生成集。此外，我们还构造了有限域$\mathbb{F}_q$上的一些最优和好线性码。

令C是$\mathcal{R}'$的一个$\mathbb{F}_q[x]$-子模，则C可以看作有限域$\mathbb{F}_q$上的一个指数为$1\frac{1}{2}$、

余指数为$2m$的拟循环码。令C_1是C的典范投射的前m个坐标组成的码字，C_2是中间m个坐标组成的码字，C_3是最后m个坐标组成的码字。不难发现，C_1和C_2都是有限域$\mathbb{F}_q$上的码长为m的循环码并且C_3是有限域$\mathbb{F}_q$上的一个码长为m的负循环码。若$C=C_1\times C_2\times C_3$，则称$C$是可分的。根据引理 4.2 和上述记号，我们给出下面的定理。

定理 4.3 令C是$\mathcal{R}'$的一个$\mathbb{F}_q[x]$-子模。则

$$C=((g_{11}(x),g_{12}(x),b_1(x)),(0,g_{22}(x),b_2(x)),(0,0,b_3(x)))$$

其中$g_{11}(x),g_{12}(x),g_{22}(x)\in R_m, b_1(x),b_2(x),b_3(x)\in R_2, g_{11}(x),g_{22}(x),b_3(x)$都是首一多项式，$g_{ii}(x)\mid(x^m-1)$，$i=1,2$，$g_{11}(x)\cdot g_{22}(x)\Big|(x^m-1)g_{12}(x)$，$\deg(g_{12}(x))<\deg(g_{22}(x))$，$b_3(x)\Big|\left(x^m+1\right)$，$\deg(b_1(x))<\deg(b_3(x))$且$\deg(b_2(x))<\deg(b_3(x))$。

证明：因为$\pi(C)$是R_1的一个R_m-子模，所以$\pi(C)$是有限域$\mathbb{F}_q$上的一个码长为$2m$的 2-拟循环码。由引理 4.2 可知$\pi(C)=((g_{11}(x),g_{12}(x)),(0,g_{22}(x)))$，其中$g_{11}(x),g_{12}(x),g_{22}(x)\in R_m$，$g_{11}(x)$和$g_{22}(x)$都是首一多项式，$i=1,2$ $g_{ii}(x)\mid(x^m-1)$，$g_{11}(x)\cdot g_{22}(x)\Big|(x^m-1)g_{12}(x)$且$\deg(g_{12}(x))<\deg(g_{22}(x))$，则对任意的$c\in C$有

$$\pi(c)=u_1(x)(g_{11}(x),g_{12}(x))+u_2(x)(0,g_{22}(x))$$

其中$u_1(x),u_2(x)\in\mathbb{F}_q[x]$。令

$$\eta_1=(g_{11}(x),g_{12}(x),b_1(x)),\eta_2=(0,g_{22}(x),b_2(x))\in C$$

其中$b_1(x),b_2(x)\in R_2$使得$\pi(\eta_1)=(g_{11}(x),g_{12}(x))$且$\pi(\eta_2)=(0,g_{22}(x))$。我们有

$$
\begin{aligned}
&\pi(c-u_1(x)\eta_1-u_2(x)\eta_2)\\
&=\pi(c)-u_1(x)\pi(\eta_1)-u_2(x)\pi(\eta_2)\\
&=u_1(x)(g_{11}(x),g_{12}(x))+u_2(x)(0,g_{22}(x))-u_1(x)(g_{11}(x),g_{12}(x))-u_2(x)(0,g_{22}(x))\\
&=0
\end{aligned}
$$

故得到$c-u_1(x)\eta_1-u_2(x)\eta_2\in\ker(\pi)$。因为$c,\eta_1,\eta_2\in C$，所以有$c-u_1(x)\eta_1-u_2(x)\eta_2\in C$。故有

$$c-u_1(x)\eta_1-u_2(x)\eta_2\in\ker(\pi)\cap C=\{(0,0,b_3(x))\mid b_3(x)\in C\}$$

其中$b_3(x)\mid(x^m+1)$且对某个多项式$u_3(x)\in\mathbb{F}_q[x]$有$c-u_1(x)\eta_1-u_2(x)\eta_2=u_3(x)(0,0,b_3(x))$，这就推出

$$c=u_1(x)(g_{11}(x),g_{12}(x),b_1(x))+u_2(x)(0,g_{22}(x),b_2(x))+u_3(x)(0,0,b_3(x))$$

其中，$u_1(x),u_2(x),u_3(x)\in\mathbb{F}_q[x]$。

不失一般性，我们可以假设$\deg(b_1(x))<\deg(b_3(x))$且$\deg(b_2(x))<\deg(b_3(x))$。否则，利用带余除法我们计算$b_1(x)=q_1(x)b_3(x)+r_1(x)$和$b_2(x)=q_2(x)b_3(x)+r_2(x)$, 其中$q_i(x),\ r_i(x)\in\mathbb{F}_q[x],\deg(r_i(x))<\deg(b_3(x))$，$i=1,2$，故有

$$
\begin{aligned}
c&=u_1(x)(g_{11}(x),g_{12}(x),q_1(x)b_3(x)+r_1(x))+u_2(x)(0,g_{22}(x),q_2(x)b_3(x)\\
&\qquad+r_2(x))+u_3(x)(0,0,b_3(x))\\
&=u_1(x)(g_{11}(x),g_{12}(x),r_1(x))+u_1(x)(0,0,q_1(x)b_3(x))+u_2(x)(0,g_{22}(x),r_2(x))\\
&\qquad+u_2(x)(0,0,q_2(x)b_3(x))+u_3(x)(0,0,b_3(x))\\
&=u_1(x)(g_{11}(x),g_{12}(x),r_1(x))+u_2(x)(0,g_{22}(x),r_2(x))+u_4(x)(0,0,b_3(x))
\end{aligned}
$$

其中$u_4(x)=u_1(x)q_1(x)+u_2(x)q_2(x)+u_3(x)\in\mathbb{F}_q[x]$。

反过来, 令

$$c=u_1(x)(g_{11}(x),g_{12}(x),b_1(x))+u_2(x)(0,g_{22}(x),b_2(x))+u_3(x)(0,0,b_3(x))$$

其中$u_1(x),u_2(x),u_3(x)\in\mathbb{F}_q[x]$。由$(g_{11}(x),g_{12}(x),b_1(x))$，$(0,g_{22}(x),b_2(x))$, $(0,0,b_3(x))\in C$这一事实, 我们得到$c\in C$。

引理 4.4 若

$$C=((g_{11}(x),g_{12}(x),b_1(x)),(0,g_{22}(x),b_2(x)),(0,0,b_3(x)))$$

是$\mathcal{R}'$的一个$\mathbb{F}_q[x]$-子模,则可以假设

$$b_3(x)\left|\gcd(\frac{x^m-1}{\gcd(g_{11}(x),g_{12}(x))}b_1(x),\frac{x^m-1}{g_{22}(x)}b_2(x))\right.$$

证明: 根据映射ψ和π的定义, 由

$$\frac{x^m-1}{\gcd(g_{11}(x),g_{12}(x))}*(g_{11}(x),g_{12}(x),b_1(x))=(0,0,\frac{x^m-1}{\gcd(g_{11}(x),g_{12}(x))}b_1(x))$$

可推出

$$\pi(\frac{x^m-1}{\gcd(g_{11}(x),g_{12}(x))}*(g_{11}(x),g_{12}(x),b_1(x)))=(0,0)$$

因此有$(0,0,\frac{x^m-1}{\gcd(g_{11}(x),g_{12}(x))}b_1(x))\in\ker(\pi)\cap C$, 根据定理 4.3 的证明过程可得到

$$b_3(x)\left|\frac{x^m-1}{\gcd(g_{11}(x),g_{12}(x))}b_1(x)\right.$$

类似地, 我们有$b_3(x)\left|\frac{x^m-1}{g_{22}(x)}b_2(x)\right.$, 故推出

$$b_3(x)\left|\gcd(\frac{x^m-1}{\gcd(g_{11}(x),g_{12}(x))}b_1(x),\frac{x^m-1}{g_{22}(x)}b_2(x))\right.$$

接下来, 我们给出C在$\mathcal{R}'$中的生成集, 这些生成集用来确定C的码子个数和生成矩阵。

定理 4.5 令$C=((g_{11}(x),g_{12}(x),b_1(x)),(0,g_{22}(x),b_2(x)),(0,0,b_3(x)))$是$\mathcal{R}'$的一个$\mathbb{F}_q[x]$-子模, 其中$g_{11}(x)|g_{12}(x)$, $\deg(g_{11}(x))=k$, $\deg(g_{22}(x))=r$, $\deg(b_3(x))=t$, $h_1(x)=\frac{x^m+1}{b_3(x)}$, $h_2(x)=\frac{x^m-1}{g_{22}(x)}$且$h_3(x)=\frac{x^m-1}{g_{11}(x)}$。令

$$S_1=\bigcup_{i=0}^{m-t-1}\{x^i*(0,0,b_3(x))\}$$

$$S_2=\bigcup_{i=0}^{m-r-1}\{x^i*(0,g_{22}(x),b_2(x))\}$$

$$S_3=\bigcup_{i=0}^{m-k-1}\{x^i*(g_{11}(x),g_{12}(x),b_1(x))\}$$

则$S_1\bigcup S_2\bigcup S_3$构成$C$的一个极小生成集。此外，$C$含有$q^{t+r+k}$个码字。

证明：令c是C的一个码字，则存在多项式$p_1(x), p_2(x), p_3(x)\in\mathbb{F}_q[x]$使得

$$c=p_1(x)*(g_{11}(x),g_{12}(x),b_1(x))+p_2(x)*(0,g_{22}(x),b_2(x))+p_3(x)*(0,0,b_3(x))$$

若$\deg(p_3(x))\le m-t-1$，则$p_3(x)*(0,0,b_3(x))\in\mathrm{Span}(S_1)$。否则，由带余除法，存在两个多项式$q_1(x),r_1(x)\in\mathbb{F}_q[x]$使得$p_3(x)=q_1(x)h_1(x)+r_1(x)$，其中$\deg(r_1(x))\le m-t-1$，因此得到

$$\begin{aligned}&p_3(x)*(0,0,b_3(x))\\&=(q_1(x)h_1(x)+r_1(x))*(0,0,b_3(x))\\&=(0,0,0)+r_1(x)*(0,0,b_3(x))\in\mathrm{Span}(S_1)\end{aligned}$$

若$\deg(p_2(x))\le m-r-1$，则$p_2(x)*(0,g_{22}(x),b_2(x))\in\mathrm{Span}(S_1\bigcup S_2)$。否则，存在两个多项式$q_2(x),r_2(x)\in\mathbb{F}_q[x]$使得$p_2(x)=q_2(x)h_2(x)+r_2(x)$，其中$\deg(r_2(x))\le m-r-1$，故得到

$$\begin{aligned}&p_2(x)*(0,g_{22}(x),b_2(x))\\&=(q_2(x)h_2(x)+r_2(x))*(0,g_{22}(x),b_2(x))\\&=(0,0,q_2(x)h_2(x)b_2(x))+r_2(x)*(0,g_{22}(x),b_2(x))\end{aligned}$$

易见$r_2(x)*(0,g_{22}(x),b_2(x))\in\mathrm{Span}(S_2)$。由引理 4.4 我们有$b_3(x)\mid h_2(x)b_2(x)$，因此对某个$u(x)\in\mathbb{F}_q[x]$有$q_2(x)h_2(x)b_2(x)=u(x)b_3(x)$。使用上述类似的方法，我们得到$u(x)*(0,0,b_3(x))\in\mathrm{Span}(S_1)$，所以，在这种情况下我们有

$$p_2(x)*(0,g_{22}(x),b_2(x))\in \mathrm{Span}(S_1\bigcup S_2)$$

若 $\deg(p_1(x))\leq m-k-1$ 则 $p_1(x)*(g_{11}(x),g_{12}(x),b_1(x))\in \mathrm{Span}(S_1\bigcup S_3)$。否则，存在两个多项式 $q_3(x),r_3(x)\in \mathbb{F}_q[x]$ 使得 $p_1(x)=q_3(x)h_3(x)+r_3(x)$, 其中 $\deg(r_3(x))\leq m-k-1$。因为 $g_{11}(x)|g_{12}(x)$，所以有

$$\begin{aligned}&p_1(x)*(g_{11}(x),g_{12}(x),b_1(x))\\&=(q_3(x)h_3(x)+r_3(x))*(g_{11}(x),g_{12}(x),b_1(x))\\&=(0,0,q_3(x)h_3(x)b_1(x))+r_3(x)*(g_{11}(x),g_{12}(x),b_1(x))\end{aligned}$$

显然，$r_3(x)*(g_{11}(x),g_{12}(x),b_1(x))\in \mathrm{Span}(S_3)$。由引理 4.4 可知对某个 $u'(x)\in \mathbb{F}_q[x]$ 有 $q_3(x)h_3(x)b_1(x)=u'(x)b_3(x)$，故得到 $u'(x)*(0,0,b_3(x))\in \mathrm{Span}(S_1)$。因此，我们有 $p_1(x)*(g_{11}(x),g_{12}(x),b_1(x))\in \mathrm{Span}(S_1\bigcup S_3)$。

由上述讨论可知，我们已经证明了集合 $S_1\bigcup S_2\bigcup S_3$ 是 C 的一个生成集。不难说明集合 $S_1\bigcup S_2\bigcup S_3$ 是极小的，因为集合 $S_1\bigcup S_2\bigcup S_3$ 中不存在一个元素是其他元素的线性组合。注意到，集合 S_1、S_2 和 S_3 分别贡献了 q^t 个码字、q^r 个码字和 q^k 个码字。

根据定理 4.5 和上述给出的记号，我们直接得出下面的推论。

推论 4.6 令

$$C=((g_{11}(x),f(x)g_{11}(x),b_1(x)),(0,g_{22}(x),b_2(x)),(0,0,b_3(x)))$$

是 $\mathcal{R}'$ 的一个 $\mathbb{F}_q[x]$-子模满足 $f(x)\in R_m,\gcd(f(x),\frac{x^m-1}{g_{11}(x)})=1$ 且 $S_1\bigcup S_2\bigcup S_3$ 是 C 的一个极小生成集，其中 $\deg(g_{11}(x))=k,\deg(g_{22}(x))=r$ 且 $\deg(b_3(x))=t$。则 C 的任意码字 c 可以表示为

$$c=a(x)*(0,0,b_3(x))+b(x)*(0,g_{22}(x),b_2(x))+c(x)*(g_{11}(x),f(x)g_{11}(x),b_1(x))$$

其中 $a(x),b(x),c(x)\in \mathbb{F}_q[x]$ 分别是次数为 $(m-t-1)$、$(m-r-1)$ 和 $(m-k$

$-1)$的多项式。

令$\mathcal{C}$是有限域$\mathbb{F}_q$上的一个指数为$1\frac{1}{2}$、余指数为$2m$的拟循环码，即：$\mathcal{C}$是$\mathcal{R}$的一个$\mathbb{F}_q[x]$-子模。根据映射ψ^{-1}的定义和上述给出的定理、引理、推论，我们直接给出下面的结论。

定理 4.7　令$\mathcal{C}$是有限域$\mathbb{F}_q$上的一个指数为$1\frac{1}{2}$、余指数为$2m$的拟循环码。则

$$\begin{aligned}\mathcal{C}=(&(g_{11}(x),(2^{-1}(x^m+1)g_{12}(x)-2^{-1}(x^m-1)b_1(x))(\bmod x^{2m}-1)),\\&(0,(2^{-1}(x^m+1)g_{22}(x)-2^{-1}(x^m-1)b_2(x))(\bmod x^{2m}-1)),\\&(0,-2^{-1}(x^m-1)b_3(x)(\bmod x^{2m}-1)))\end{aligned}$$

其中$g_{11}(x),g_{12}(x),g_{22}(x)\in R_m,b_1(x),b_2(x),b_3(x)\in R_2,g_{11}(x),g_{22}(x),b_3(x)$都是首一多项式，$g_{ii}(x)\mid(x^m-1)$，$b_3(x)\Big|\left(x^m+1\right)$，$g_{11}(x)\cdot g_{22}(x)\Big|(x^m-1)g_{12}(x)$，

$b_3(x)\Big|\gcd(\frac{x^m-1}{\gcd(g_{11}(x),g_{12}(x))}b_1(x),\frac{x^m-1}{g_{22}(x)}b_2(x))$，$\deg(g_{12}(x))<\deg(g_{22}(x))$，

$\deg(b_1(x))<\deg(b_3(x)),\deg(b_2(x))<\deg(b_3(x))$，$i=1,2$，且$2^{-1}$是2在有限域$\mathbb{F}_q$中的逆。

定理 4.8　令

$$\begin{aligned}\mathcal{C}=(&(g_{11}(x),(2^{-1}(x^m+1)f(x)g_{11}(x)-2^{-1}(x^m-1)b_1(x))(\bmod x^{2m}-1)),\\&(0,(2^{-1}(x^m+1)g_{22}(x)-2^{-1}(x^m-1)b_2(x))(\bmod x^{2m}-1)),\\&(0,-2^{-1}(x^m-1)b_3(x)(\bmod x^{2m}-1)))\end{aligned}$$

是有限域$\mathbb{F}_q$上的一个指数为$1\frac{1}{2}$、余指数为$2m$的拟循环码满足$\deg(g_{11}(x))=k$，$\deg(g_{22}(x))=r$，$\deg(b_3(x))=t$，$\gcd(f(x),\frac{x^m-1}{g_{11}(x)})=1$，$h_1(x)=\frac{x^m+1}{b_3(x)}$，

$h_2(x)=\frac{x^m-1}{g_{22}(x)}$，$h_3(x)=\frac{x^m-1}{g_{11}(x)}$且$2^{-1}$是2在有限域$\mathbb{F}_q$中的逆。令

$$S_1=\bigcup_{i=0}^{m-t-1}\{x^i*(0,-2^{-1}(x^m-1)b_3(x)(\bmod x^{2m}-1))\}$$

$$S_2=\bigcup_{i=0}^{m-r-1}\{x^i*(0,(2^{-1}(x^m+1)g_{22}(x)-2^{-1}(x^m-1)b_2(x))(\bmod x^{2m}-1))\}$$

$$S_3=\bigcup_{i=0}^{m-k-1}\{x^i*((g_{11}(x),(2^{-1}(x^m+1)f(x)g_{11}(x)-2^{-1}(x^m-1)b_1(x))(\bmod x^{2m}-1))\}$$

则 $S_1\bigcup S_2\bigcup S_3$ 是 $\mathcal{C}$ 的一个极小生成集。此外，$\mathcal{C}$ 含有 q^{t+r+k} 个码字。

推论 4.9 令

$$\begin{aligned}\mathcal{C}=((&g_{11}(x),(2^{-1}(x^m+1)f(x)g_{11}(x)-2^{-1}(x^m-1)b_1(x))(\bmod x^{2m}-1)),\\&(0,(2^{-1}(x^m+1)g_{22}(x)-2^{-1}(x^m-1)b_2(x))(\bmod x^{2m}-1)),\\&(0,-2^{-1}(x^m-1)b_3(x)(\bmod x^{2m}-1)))\end{aligned}$$

是有限域 $\mathbb{F}_q$ 上的一个指数为 $1\frac{1}{2}$、余指数为 $2m$ 的拟循环码满足 $\deg(g_{11}(x))=k$，$\deg(g_{22}(x))=r$，$\deg(b_3(x))=t$，$\gcd(f(x),\frac{x^m-1}{g_{11}(x)})=1$ 且 2^{-1} 是 2 在有限域 $\mathbb{F}_q$ 中的逆。则 $\mathcal{C}$ 的任意码字 c 可以表示为

$$\begin{aligned}c=&a(x)*(0,-2^{-1}(x^m-1)b_3(x)(\bmod x^{2m}-1))+b(x)*(0,(2^{-1}(x^m+1)g_{22}(x)\\&-2^{-1}(x^m-1)b_2(x))(\bmod x^{2m}-1))+c(x)*(g_{11}(x),(2^{-1}(x^m+1)f(x)g_{11}(x)\\&-2^{-1}(x^m-1)b_1(x))(\bmod x^{2m}-1))\end{aligned}$$

其中 $a(x),b(x),c(x)\in\mathbb{F}_q[x]$ 分别是次数为 $(m-t-1)$、$(m-r-1)$ 和 $(m-k-1)$ 的多项式。

根据定理 4.7、定理 4.8 和推论 4.9，我们给出下面的例子。

例 4.10 令

$$\mathcal{C}=(g_{11}(x),(2^{-1}(x^4+1)g_{12}(x)-2^{-1}(x^4-1)b_1(x))(\bmod x^8-1))$$

是有限域 $\mathbb{F}_5$ 上的一个指数为 $1\frac{1}{2}$、余指数为 8 的拟循环码，其中 $g_{11}(x)=x+3$，

$g_{12}(x)=x+3$ 且 $b_1(x)=x^2+3x$。因为在有限域 $\mathbb{F}_5$ 中 $2^{-1}=3$，所以

$$S_3=\bigcup_{i=0}^{2}\{x^i*(x+3,2x^6+4x^5+4x^4+3x^2+2x+4)\}$$

是 $\mathcal{C}$ 的一个生成集且 $\mathcal{C}$ 含有 5^3 个码字。因此，作为 $\mathcal{R}=\mathbb{F}_5[x]/\langle x^4-1\rangle\times\mathbb{F}_5[x]/\langle x^8-1\rangle$ 的一个 $\mathbb{F}_5[x]$-子模，$\mathcal{C}$ 的生成矩阵为

$$G=\begin{pmatrix}3&1&0&0&4&2&3&0&4&4&2&0\\0&3&1&0&0&4&2&3&0&4&4&2\\0&0&3&1&2&0&4&2&3&0&4&4\end{pmatrix}$$

利用 Maple 和 Magma[124]，我们得到 $\mathcal{C}$ 是有限域 $\mathbb{F}_5$ 上的一个参数为 $[12,3,8]$ 的线性码。此外，$\mathcal{C}$ 是一个最优码，因为它和码表[127]中列出的已知最好的有限域 $\mathbb{F}_5$ 上的线性码 $[12,3,8]$ 的参数相同。$\mathcal{C}$ 的 Hamming 重量计数器为

$$W_{\mathcal{C}}(X,Y)=X^{12}+24X^4Y^8+16X^3Y^9+72X^2Y^{10}+12Y^{12}$$

例 4.11　令

$$\mathcal{C}=(g_{11}(x),(2^{-1}(x^6+1)g_{12}(x)-2^{-1}(x^6-1)b_1(x))(\bmod\ x^{12}-1))$$

是有限域 $\mathbb{F}_5$ 上的一个指数为 $1\frac{1}{2}$、余指数为 12 的拟循环码，其中 $g_{11}(x)=x^3+3x^2+2x+4$，$g_{12}(x)=x^3+3x^2+2x+4$ 且 $b_1(x)=x^5+3x^3+3x^2+x+2$。因为在有限域 $\mathbb{F}_5$ 中 $2^{-1}=3$，所以

$$S_3=\bigcup_{i=0}^{2}\{x^i*(x^3+3x^2+2x+4,2x^{11}+4x^9+3x^7+x^6+3x^5+2x^3+3x^2+4x+3)\}$$

是 $\mathcal{C}$ 的一个生成集且 $\mathcal{C}$ 含有 5^3 个码字。因此，作为 $\mathcal{R}=\mathbb{F}_5[x]/\langle x^6-1\rangle\times\mathbb{F}_5[x]/\langle x^{12}-1\rangle$ 的一个 $\mathbb{F}_5[x]$-子模，$\mathcal{C}$ 的生成矩阵为

$$G=\begin{pmatrix}4&2&3&1&0&0&3&4&3&2&0&3&1&3&0&4&0&2\\0&4&2&3&1&0&2&3&4&3&2&0&3&1&3&0&4&0\\0&0&4&2&3&1&0&2&3&4&3&2&0&3&1&3&0&4\end{pmatrix}$$

由计算机代数系统 Maple 和 Magma[124], 我们得到有限域 $\mathbb{F}_5$ 上的一个参数为 $[18,3,13]$ 的线性码, 与码表[127]中已知最好的线性码的参数相比可知 $\mathcal{C}$ 是一个最优码。$\mathcal{C}$ 的 Hamming 重量计数器为

$$W_{\mathcal{C}}(X,Y)=X^{18}+32X^5Y^{13}+32X^4Y^{14}+36X^3Y^{15}+12X^2Y^{16}+12XY^{17}$$

例 4.12 令

$$\mathcal{C}=(g_{11}(x),(2^{-1}(x^5+1)g_{12}(x)-2^{-1}(x^5-1)b_1(x))(\bmod\ x^{10}-1))$$

是有限域 $\mathbb{F}_7$ 上的一个指数为 $1\frac{1}{2}$、余指数为10的拟循环码, 其中 $g_{11}(x)=x+6$, $g_{12}(x)=x^2+2x+4$ 且 $b_1(x)=3x^4+x^3+5x^2$。因为在有限域 $\mathbb{F}_7$ 中 $2^{-1}=4$, 所以

$$S_3=\bigcup_{i=0}^{3}\{x^i*(x+6,2x^9+3x^8+5x^7+x^6+2x^5+5x^4+4x^3+3x^2+x+2)\}$$

是 $\mathcal{C}$ 的一个生成集且 $\mathcal{C}$ 含有 7^4 个码字。因此, 作为 $\mathcal{R}=\mathbb{F}_7[x]/\langle x^5-1\rangle\times\mathbb{F}_7[x]/\langle x^{10}-1\rangle$ 的一个 $\mathbb{F}_7[x]$-子模, $\mathcal{C}$ 的生成矩阵为

$$G=\begin{pmatrix}6&1&0&0&0&2&1&3&4&5&2&1&5&3&2\\0&6&1&0&0&2&2&1&3&4&5&2&1&5&3\\0&0&6&1&0&3&2&2&1&3&4&5&2&1&5\\0&0&0&6&1&5&3&2&2&1&3&4&5&2&1\end{pmatrix}$$

利用计算机软件 Maple 和 Magma[124], 我们得到有限域 $\mathbb{F}_7$ 上的一个参数为 $[15,4,10]$ 的线性码。根据码表[127]可知, $\mathcal{C}$ 是一个最优码, 它的 Hamming 重量计数器为

$$W_{\mathcal{C}}(X,Y)=X^{15}+138X^5Y^{10}+258X^4Y^{11}+486X^3Y^{12}+654X^2Y^{13}+642XY^{14}+222Y^{15}$$

令 $\mathcal{C}$ 是有限域 $\mathbb{F}_q$ 上的一个线性码且它的参数 $[n,k,d]$ 与码表[70]、[71]和[127]中给出的参数相同。令 $\mathcal{C}'$ 是有限域 $\mathbb{F}_q$ 上的参数为 $[n,k,d-1]$ 的线性码, 则称 $\mathcal{C}'$ 是有限域 $\mathbb{F}_q$ 上的一个好的线性码。

在本小节最后,根据例4.10、例4.11、例4.12给出的方法和码表[70]、[71]、[127],我们列出了一些由这类拟循环码构造的有限域$\mathbb{F}_q$上的最优和好的线性码。为表达简单,我们将表4.1中的多项式系数降序排列,例如将多项式$x^6+x^5+x^4+2x+3$缩写为1110023。

表4.1 有限域$\mathbb{F}_q$上的最优和好的线性码

q	m	$\langle g_{11},g_{12},b_1\rangle$	$[n,k,d]$	备注	$[n',k',d']$
5	4	$\langle 13,13,130\rangle$	[12,3,8]	最优	
5	6	$\langle 1324,1324,103312\rangle$	[18,3,13]	最优	
5	7	$\langle 14,14,1321000\rangle$	[21,6,11]	好	[21,6,12][127]
7	5	$\langle 16,124,31500\rangle$	[15,4,10]	最优	
7	6	$\langle 15,245,105600\rangle$	[18,5,11]	好	[18,5,12][127]
11	5	$\langle 129,129,17070\rangle$	[15,3,11]	好	[15,3,12][70]
11	5	$\langle 17,17,87900\rangle$	[15,4,10]	好	[15,4,11][70]
11	6	$\langle 192(10),12577,307100\rangle$	[18,3,14]	好	[18,3,15][70]
11	7	$\langle 176(10),176(10),3121700\rangle$	[21,4,15]	好	[21,4,16][70]
13	5	$\langle 1(12),1(12),45700\rangle$	[15,4,10]	好	[15,4,11][71]
13	6	$\langle 13(10)4,13(10)4,717(11)90\rangle$	[18,3,14]	好	[18,3,15][71]

4.3 对偶码

本小节,我们介绍有限域$\mathbb{F}_q$上的指数为$1\frac{1}{2}$、余指数为$2m$的拟循环码的对偶码的代数结构。

令C是$\mathcal{R}'$的一个$\mathbb{F}_q[x]$-子模。C的对偶码定义为

$$C^{\perp}=\{u\in\mathcal{R}'\,|\,u\cdot v=0,\forall v\in C\}$$

其中,

$$u\cdot v=\sum_{i=0}^{m-1}u_{1,i}v_{1,i}+\sum_{i=0}^{m-1}u_{2,i}v_{2,i}+\sum_{i=0}^{m-1}u_{3,i}v_{3,i}$$

$u=(u_{1,0},\cdots,u_{1,m-1},u_{2,0},\cdots,u_{2,m-1},u_{3,0},\cdots,u_{3,m-1})\in\mathbb{F}_q^m\times\mathbb{F}_q^m\times\mathbb{F}_q^m$ 且 $v=(v_{1,0},\cdots,v_{1,m-1},v_{2,0},\cdots,v_{2,m-1},v_{3,0},\cdots,v_{3,m-1})\in C$。令$\xi$是定义在$\mathbb{F}_q^m\times\mathbb{F}_q^m\times\mathbb{F}_q^m$上的一个循环移位操作, 即:

$$\begin{aligned}&\xi'(v_{1,0},\cdots,v_{1,m-1},v_{2,0},\cdots,v_{2,m-1},v_{3,0},\cdots,v_{3,m-1})\\&=(v_{1,m-1},v_{1,0},\cdots,v_{1,m-2},v_{2,m-1},v_{2,0},\cdots,v_{2,m-2},-v_{3,m-1},v_{3,0},\cdots,v_{3,m-2})\end{aligned}$$

则对任意的$v\in C$, 有$\xi'(v)\in C$。对任意的$v\in C$, $u\in C^{\perp}$, 有$u\cdot v=0$。因为v属于C, 所以$\xi'^{(-1)}(v)$也是C的一个码字, 故有

$$v\cdot\xi'(u)=\xi'(\xi'^{(-1)}(v)\cdot u)=\xi'(0)=0$$

这推出$\xi'(u)\in C^{\perp}$且$C^{\perp}$也是$\mathcal{R}'$的一个$\mathbb{F}_q[x]$-子模, 即: $C^{\perp}$是有限域$\mathbb{F}_q$上的一个指数为$1\frac{1}{2}$、余指数为$2m$的拟循环码。

对任意的次数为n的多项式$f(x)\in\mathbb{F}_q[x]$, 它的互反多项式定义为$f^*(x)=x^n f(\frac{1}{x})$。尽管下面的引理在文献[128]中是定义在环$\mathbb{Z}_2$上的, 但它在一般有限域$\mathbb{F}_q$上也是成立的。

引理 4.13[128] 令$f(x)$和$g(x)$是有限域$\mathbb{F}_q$上的两个多项式使得$\deg(f(x))\geq\deg(g(x))$。则

(i) $\deg(f(x))\geq\deg(f^*(x))$且等号成立当且仅当$x\nmid f(x)$;

(ii) $(f(x)g(x))^*=f^*(x)g^*(x)$;

(iii) $(f(x)+g(x))^*=f^*(x)+x^{\deg(f(x))-\deg(g(x))}g^*(x)$;

(iv) $g(x)\,|\,f(x) \Rightarrow g^*(x)\,|\,f^*(x)$;

(v) $\gcd(f^*(x), g^*(x)) = \gcd(f(x), g(x))^*$。

令 $u(x)=(u_1(x),u_2(x),u_3(x)),\ v(x)=(v_1(x),v_2(x),v_3(x))\in\mathcal{R}'$。我们定义映射 $\theta:\mathcal{R}'\times\mathcal{R}'\to\mathbb{F}_q[x]/\langle x^{2m}-1\rangle$ 使得

$$\theta(u(x),v(x))=u_1(x)(x^m+1)x^{2m-\deg(v_1(x))-1}v_1^*(x)+u_2(x)(x^m+1)x^{2m-\deg(v_2(x))-1}v_2^*(x)+u_3(x)(x^m-1)x^{2m-\deg(v_3(x))-1}v_3^*(x)\pmod{x^{2m}-1}$$

映射 θ 是这三个 $\mathbb{F}_q[x]$-模之间的一个双线性映射。

引理 4.14　令 $u=(u_1,u_2,u_3), v=(v_1,v_2,v_3)\in\mathbb{F}_q^m\times\mathbb{F}_q^m\times\mathbb{F}_q^m$。将 u 和 v 分别与多项式 $u(x)=(u_1(x),u_2(x),u_3(x))\in\mathcal{R}'$ 和 $v(x)=(v_1(x),v_2(x),v_3(x))\in\mathcal{R}'$ 等同看待。则 u 和 v 以及它的所有循环移位 $\xi'^{(k)}(v)$ 正交当且仅当 $\theta(u,v)\doteq 0$，其中 $0\le k\le m-1$。

证明：令

$$u=(u_{1,0},\cdots,u_{1,m-1},u_{2,0},\cdots,u_{2,m-1},u_{3,0},\cdots,u_{3,m-1})$$

$$v=(v_{1,0},\cdots,v_{1,m-1},v_{2,0},\cdots,v_{2,m-1},v_{3,0},\cdots,v_{3,m-1})\in\mathbb{F}_q^m\times\mathbb{F}_q^m\times\mathbb{F}_q^m$$

令 $\xi'^{(i)}(v)$ 是 v 的第 i 次循环移位, 即:

$$\xi'^{(i)}(v)=(v_{1,0+i},v_{1,1+i},\cdots,v_{1,i-1},v_{2,0+i},v_{2,1+i},\cdots,v_{2,i-1},v_{3,0+i},v_{3,1+i},\cdots,v_{3,m-1},-v_{3,0},\cdots,-v_{3,i-1})$$

其中 $0\le i\le m-1$, 则

$$\theta(u,\xi'^{(i)}(v))=\sum_{p=0}^{m-1}\left((x^m+1)\sum_{j=0}^{m-1}u_{1,j}v_{1,p+j}x^{2m-1-p}\right)$$
$$+\sum_{q=0}^{m-1}\left((x^m+1)\sum_{k=0}^{m-1}u_{2,k}v_{2,q+k}x^{2m-1-q}\right)$$
$$+\sum_{l=0}^{m-1}\left((x^m-1)\left(\sum_{\substack{w=0\\ i\le l+w\le m-1}}^{m-1}u_{3,w}v_{3,l+w}x^{2m-1-l}\right.\right.$$

$$-\sum_{\substack{w=0\\0\le l+w\le i-1}}^{m-1} u_{3,w}v_{3,l+w}x^{2m-1-l}\Bigg)\Bigg)$$

不难发现，

$$\theta(u,\xi'^{(i)}(v))=\sum_{i=0}^{m-1}S_i x^{2m-1-i}\ (\mathrm{mod}\ x^{2m}-1)$$

其中

$$S_i=\sum_{j=0}^{m-1}u_{1,j}v_{1,i+j}+\sum_{k=0}^{m-1}u_{2,k}v_{2,i+k}+\sum_{\substack{w=0\\i\le i+w\le m-1}}^{m-1}u_{3,w}v_{3,i+w}-\sum_{\substack{w=0\\0\le i+w\le i-1}}^{m-1}u_{3,w}v_{3,i+w}$$

此外，易见 $u\cdot\xi'^{(i)}(v)=S_i$，故 $\theta(u,\xi'^{(i)}(v))=0$ 当且仅当对所有的 $0\le i\le m-1$ 有 $S_i=0$。

引理 4.15 令 $u(x)=(u_1(x),u_2(x),u_3(x))$, $v(x)=(v_1(x),v_2(x),v_3(x))\in\mathcal{R}'$ 使得 $\theta(u(x),v(x))=0$。则

(i) 若 $u_2(x)=0$ 或者 $v_2(x)=0$ 且 $u_3(x)=0$ 或者 $v_3(x)=0$，则 $u_1(x)v_1^*(x)\equiv 0\ (\mathrm{mod}\ x^m-1)$;

(ii) 若 $u_1(x)=0$ 或者 $v_1(x)=0$ 且 $u_3(x)=0$ 或者 $v_3(x)=0$，则 $u_2(x)v_2^*(x)\equiv 0\ (\mathrm{mod}\ x^m-1)$;

(iii) 若 $u_1(x)=0$ 或者 $v_1(x)=0$ 且 $u_2(x)=0$ 或者 $v_2(x)=0$，则 $u_3(x)v_3^*(x)\equiv 0\ (\mathrm{mod}\ x^m+1)$。

证明： 令 $u_2(x)=0$ 或者 $v_2(x)=0$ 且 $u_3(x)=0$ 或者 $v_3(x)=0$。则

$$\theta(u(x),v(x))=u_1(x)(x^m+1)x^{2m-\deg(v_1(x))-1}v_1^*(x)+0+0\equiv 0\ (\mathrm{mod}\ x^{2m}-1)$$

所以对某个多项式 $\mu'(x)\in\mathbb{F}_q[x]$ 有 $u_1(x)(x^m+1)x^{2m-\deg(v_1(x))-1}v_1^*(x)=\mu'(x)(x^{2m}-1)$。令 $\mu(x)=x^{\deg(v_1(x))+1}\mu'(x)$，我们得到 $u_1(x)x^{2m}v_1^*(x)=\mu(x)(x^m-1)$，故推出 $u_1(x)v_1^*(x)\equiv 0\ (\mathrm{mod}\ x^m-1)$。其他结论可以用类似的方法证明。

定理 4.16　令

$$C=((g_{11}(x),g_{12}(x),b_1(x)),(0,g_{22}(x),b_2(x)),(0,0,b_3(x)))$$

是$\mathcal{R}'$的一个$\mathbb{F}_q[x]$-子模。则

$$C^{\perp}=((\overline{g}_{11}(x),\overline{g}_{12}(x),\overline{b}_1(x)),(0,\overline{g}_{22}(x),\overline{b}_2(x)),(0,0,\overline{b}_3(x)))$$

是 C 的对偶码，其中 $\overline{g}_{11}(x),\overline{g}_{12}(x),\overline{g}_{22}(x)\in R_m$，$\overline{b}_1(x),\overline{b}_2(x),\overline{b}_3(x)\in R_2$，$\overline{g}_{11}(x),\overline{g}_{22}(x),\overline{b}_3(x)$都是首一多项式，$\overline{g}_{ii}(x)\mid(x^m-1),i=1,2,\overline{b}_3(x)\Big|(x^m+1)$，$\overline{g}_{11}(x)\cdot\overline{g}_{22}(x)\Big|(x^m-1)\overline{g}_{12}(x)$，　$\deg(\overline{g}_{12}(x))<\deg(\overline{g}_{22}(x))$，　$\deg(\overline{b}_1(x))<\deg(\overline{b}_3(x))$，$\overline{b}_3(x)\Bigg|\gcd(\frac{x^m-1}{\gcd(\overline{g}_{11}(x),\overline{g}_{12}(x))}\overline{b}_1(x),\frac{x^m-1}{\overline{g}_{22}(x)}\overline{b}_2(x))$，且$\deg(\overline{b}_2(x))<\deg(\overline{b}_3(x))$。则

(i) $\overline{b}_3(x)=\dfrac{x^m+1}{\gcd(b_1(x),b_2(x),b_3(x))^*}$;

(ii) $\overline{b}_2(x)b_3^*(x)=\lambda_1(x)(x^m+1)$, 其中$\lambda_1(x)\in\mathbb{F}_q[x]$;

(iii) $\overline{b}_1(x)b_3^*(x)=\lambda_2(x)(x^m+1)$, 其中$\lambda_2(x)\in\mathbb{F}_q[x]$;

(iv) $\overline{g}_{22}(x)\gcd(\dfrac{x^m+1}{\gcd(b_1(x),b_3(x))}g_{12}(x),\dfrac{x^m+1}{\gcd(b_2(x),b_3(x))}g_{22}(x))^*=\lambda_3(x)$ (x^m-1),其中$\lambda_3(x)\in\mathbb{F}_q[x]$;

(v) $\overline{g}_{12}(x)\gcd(\dfrac{x^{2m}-1}{g_{11}(x)\cdot\gcd(b_1(x),b_3(x))}g_{12}(x),\dfrac{x^m+1}{\gcd(b_2(x),b_3(x))}g_{22}(x))^*=\lambda_4(x)$ (x^m-1), 其中$\lambda_4(x)\in\mathbb{F}_q[x]$;

(vi) $\overline{g}_{11}(x)\dfrac{(x^{2m}-1)^*}{\gcd(g_{12}(x),g_{22}(x))^*\cdot\gcd(b_1(x),b_3(x))^*}g^*_{11(x)}=\lambda_5(x)(x^m-1)$, 其中$\lambda_5(x)\in\mathbb{F}_q[x]$。

证明：(i) 因为 $(0,0,\overline{b}_3(x))\in C^{\perp}$，所以由映射 θ 的定义和引理 4.15 可得

$$\begin{aligned}&\theta((0,0,\overline{b}_3(x)),(g_{11}(x),g_{12}(x),b_1(x)))\\&=\theta((0,0,\overline{b}_3(x)),(0,g_{22}(x),b_2(x)))\\&=\theta((0,0,\overline{b}_3(x)),(0,0,b_3(x)))\\&\equiv 0\ (\bmod mu\ x^{2m}-1)\end{aligned}$$

这推出 $\overline{b}_3(x)b_1^*(x)=\overline{b}_3(x)b_2^*(x)=\overline{b}_3(x)b_3^*(x)\equiv 0\ (\bmod\ x^m+1)$, 因此得到

$$\overline{b}_3(x)\gcd(b_1^*(x),b_2^*(x),b_3^*(x))\equiv 0\ (\bmod\ x^m+1)$$

根据引理 4.13, 我们有 $\gcd(b_1^*(x),b_2^*(x),b_3^*(x))=\gcd(b_1(x),b_2(x),b_3(x))^*$，故得到 $\overline{b}_3(x)\gcd(b_1(x),b_2(x),b_3(x))^*=\lambda(x)(x^m+1)$ 对某个多项式 $0\neq\lambda(x)\in\mathbb{F}_q[x]$ 成立且 $\deg(\overline{b}_3(x))\geq m-\deg(\gcd(b_1(x),b_2(x),b_3(x))^*)$。

另一方面, 根据映射 θ 的定义和引理 4.15 可知

$$\theta((0,0,\frac{x^m+1}{\gcd(b_1(x),b_2(x),b_3(x))^*}),(g_{11}(x),g_{12}(x),b_1(x)))$$

$$=\theta((0,0,\frac{x^m+1}{\gcd(b_1(x),b_{22}(x),b_3(x))^*}),(0,g_{22}(x),b_2(x)))$$

$$=\theta((0,0,\frac{x^m+1}{\gcd(b_1(x),b_2(x),b_3(x))^*}),(0,0,b_3(x)))$$

$$\equiv 0\ (\bmod x^{2m}-1)$$

故得到 $(0,0,\frac{x^m+1}{\gcd(b_1(x),b_2(x),b_3(x))^*})\in C^{\perp}$ 且 $(0,0,\frac{x^m+1}{\gcd(b_1(x),b_2(x),b_3(x))^*})$ $\in((0,0,\overline{b}_3(x)))$, 推出 $\overline{b}_3(x)\left|\frac{x^m+1}{\gcd(b_1(x),b_2(x),b_3(x))^*}\right.$。

(ii) 因为 $(g_{11}(x),g_{12}(x),b_1(x)),(0,g_{22}(x),b_2(x))\in C$，所以有

$$\frac{x^m-1}{g_{22}(x)}(0,g_{22}(x),b_2(x))=(0,0,\frac{x^m-1}{g_{22}(x)}b_2(x))\in C$$

且

$$\frac{x^m-1}{\gcd(g_{11}(x),g_{12}(x))}(g_{11}(x),g_{12}(x),b_1(x))=(0,0,\frac{x^m-1}{\gcd(g_{11}(x),g_{12}(x))}b_1(x))\in C$$

由映射θ的定义可知

$$\begin{aligned}&\theta((0,\overline{g}_{22}(x),\overline{b}_2(x)),(0,0,\frac{x^m-1}{\gcd(g_{11}(x),g_{12}(x))}b_1(x)))\\&=\theta((0,\overline{g}_{22}(x),\overline{b}_2(x)),(0,0,\frac{x^m-1}{g_{22}(x)}b_2(x)))\\&=\theta((0,\overline{g}_{22}(x),\overline{b}_2(x)),(0,0,b_3(x)))\\&\equiv 0\ (\bmod\ x^{2m}-1)\end{aligned}$$

故得到

$$\overline{b}_2(x)\frac{(x^m-1)^*}{\gcd(g_{11}(x),g_{12}(x))^*}b_1^*(x)=\overline{b}_2(x)\frac{(x^m-1)^*}{g_{22}^*(x)}b_2^*(x)=\overline{b}_2(x)b_3^*(x)\equiv 0\ (\bmod\ x^m+1)$$

且$\overline{b}_2(x)\gcd(\frac{(x^m-1)^*}{\gcd(g_{11}(x),g_{12}(x))^*}b_1^*(x),\frac{(x^m-1)^*}{g_{22}^*(x)}b_2^*(x),b_3^*(x))\equiv 0\ (\bmod\ x^m+1)$。

由引理 4.4 和引理 4.13 可知$b_3^*(x)\,\Big|\,\gcd(\frac{x^m-1}{\gcd(g_{11}(x),g_{12}(x))}b_1(x),\frac{x^m-1}{g_{22}(x)}b_2(x))^*$,

故有 $\gcd(\frac{x^m-1}{\gcd(g_{11}(x),g_{12}(x))}b_1(x),\frac{x^m-1}{g_{22}(x)}b_2(x),b_3(x))^*=b_3^*(x)$ 且 $\overline{b}_2(x)b_3^*(x)$ $=\lambda_1(x)(x^m+1)$, 其中$\lambda_1(x)\in\mathbb{F}_q[x]$。

(iii) 本结论的证明与 (ii) 的证明方法相同, 故不再赘述。

(iv) 利用类似的方法, 我们有

$$\begin{aligned}&\frac{x^m+1}{\gcd(b_1(x),b_3(x))}(g_{11}(x),g_{12}(x),b_1(x))\\&=(\frac{x^m+1}{\gcd(b_1(x),b_3(x))}g_{11}(x),\frac{x^m+1}{\gcd(b_1(x),b_3(x))}g_{12}(x),0)\in C\end{aligned}$$

且

$$\frac{x^m+1}{\gcd(b_2(x),b_3(x))}(0,g_{22}(x),b_2(x))=(0,\frac{x^m+1}{\gcd(b_2(x),b_3(x))}g_{22}(x),0)\in C$$

由映射θ的定义可知

$$\theta((0,\bar{g}_{22}(x),\bar{b}_2(x)),(\frac{x^m+1}{\gcd(b_1(x),b_3(x))}g_{11}(x),\frac{x^m+1}{\gcd(b_1(x),b_3(x))}g_{12}(x),0))$$
$$=\theta((0,\bar{g}_{22}(x),\bar{b}_2(x)),(0,\frac{x^m+1}{\gcd(b_2(x),b_3(x))}g_{22}(x),0))$$
$$\equiv 0\ (\bmod\ x^{2m}-1)$$

故得到

$$\bar{g}_{22}(x)\frac{x^m+1}{\gcd(b_1(x),b_3(x))^*}g_{12}^*(x)=\bar{g}_{22}(x)\frac{x^m+1}{\gcd(b_2(x),b_3(x))^*}g_{22}^*(x)\equiv 0\ (\bmod\ x^m-1)$$

推出 $\bar{g}_{22}(x)\gcd(\frac{x^m+1}{\gcd(b_1(x),b_3(x))^*}g_{12}^*(x),\frac{x^m+1}{\gcd(b_2(x),b_3(x))^*}g_{22}^*(x))=\lambda_3(x)$ (x^m-1) 对某个多项式 $\lambda_3(x)\in\mathbb{F}_q[x]$ 成立。根据引理 4.13, 我们得到

$$\bar{g}_{22}(x)\gcd(\frac{x^m+1}{\gcd(b_1(x),b_3(x))}g_{12}(x),\frac{x^m+1}{\gcd(b_2(x),b_3(x))}g_{22}(x))^*=\lambda_3(x)(x^m-1)$$

对某个多项式 $\lambda_3(x)\in\mathbb{F}_q[x]$ 成立。

(v) 因为

$$\frac{x^m+1}{\gcd(b_1(x),b_3(x))}(g_{11}(x),g_{12}(x),b_1(x))$$
$$=(\frac{x^m+1}{\gcd(b_1(x),b_3(x))}g_{11}(x),\frac{x^m+1}{\gcd(b_1(x),b_3(x))}g_{12}(x),0)\in C$$

所以有

$$\frac{x^m-1}{g_{11}(x)}(\frac{x^m+1}{\gcd(b_1(x),b_3(x))}g_{11}(x),\frac{x^m+1}{\gcd(b_1(x),b_3(x))}g_{12}(x),0)$$
$$=(0,\frac{x^{2m}-1}{g_{11}(x)\cdot\gcd(b_1(x),b_3(x))}g_{12}(x),0)\in C$$

此外, 我们有

$$\frac{x^m+1}{\gcd(b_2(x),b_3(x))}(0,g_{22}(x),b_2(x))=(0,\frac{x^m+1}{\gcd(b_2(x),b_3(x))}g_{22}(x),0)\in C$$

根据映射θ的定义和引理 4.15, 我们有

$$\theta((\overline{g}_{11}(x),\overline{g}_{12}(x),\overline{b}_1(x)),(0,\frac{x^{2m}-1}{g_{11}(x)\cdot\gcd(b_1(x),b_3(x))}g_{12}(x),0))$$
$$=\theta((\overline{g}_{11}(x),\overline{g}_{12}(x),\overline{b}_1(x)),(0,\frac{x^m+1}{\gcd(b_2(x),b_3(x))}g_{22}(x),0))$$
$$\equiv 0\ (\bmod\ x^{2m}-1)$$

这意味着

$$\overline{g}_{12}(x)\frac{(x^{2m}-1)^*}{g_{11}^*(x)\cdot\gcd(b_1(x),b_3(x))^*}g_{12}^*=\overline{g}_{12}(x)\frac{x^m+1}{\gcd(b_2(x),b_3(x))^*}g_{22}^*(x)\equiv 0\ (\bmod\ x^m-1)$$

故得到

$$\overline{g}_{12}(x)\gcd(\frac{x^{2m}-1}{g_{11}(x)\cdot\gcd(b_1(x),b_3(x))}g_{12}(x),\frac{x^m+1}{\gcd(b_2(x),b_3(x))}g_{22}(x))^*=\lambda_4(x)(x^m-1)$$

对某个多项式$\lambda_4(x)\in\mathbb{F}_q[x]$成立。

(vi) 利用 (v) 的证明方法, 我们有

$$(\frac{x^m+1}{\gcd(b_1(x),b_3(x))}g_{11}(x),\frac{x^m+1}{\gcd(b_1(x),b_3(x))}g_{12}(x),0)\in C$$

且

$$\frac{x^m-1}{\gcd(g_{12}(x),g_{22}(x))}(\frac{x^m+1}{\gcd(b_1(x),b_3(x))}g_{11}(x),\frac{x^m+1}{\gcd(b_1(x),b_3(x))}g_{12}(x),0)$$
$$=(\frac{x^{2m}-1}{\gcd(g_{12}(x),g_{22}(x))\cdot\gcd(b_1(x),b_3(x))}g_{11}(x),0,0)\in C$$

故有

$$\theta((\overline{g}_{11}(x),\overline{g}_{12}(x),\overline{b}_1(x)),(\frac{x^{2m}-1}{\gcd(g_{12}(x),g_{22}(x))\cdot\gcd(b_1(x),b_3(x))}g_{11}(x),0,0))$$
$$\equiv 0\ (\bmod\ x^{2m}-1)$$

因此得到 $\overline{g}_{11}(x)\frac{(x^{2m}-1)^*}{\gcd(g_{12}(x),g_{22}(x))^*\cdot\gcd(b_1(x),b_3(x))^*}g_{11}^*(x)=\lambda_5(x)(x^m-1)$

对某个多项式$\lambda_5(x)\in\mathbb{F}_q[x]$成立。

作为定理 4.16 的一种特殊情况，我们在下面的定理 4.18、定理 4.20 和定理 4.22 中给出 C 在可分的情况下 λ_i 的具体参数。

根据对偶码的定义，我们有 $|C|\cdot|C^{\perp}|=q^{3m}$，其中 $|C|$ 表示 C 中包含码子的个数。由引理 4.2、定理 4.5 和定理 4.16，我们直接得出下面的结论。

定理 4.17　令

$$C=((g_{11}(x),g_{12}(x),b_1(x)),(0,g_{22}(x),b_2(x)),(0,0,b_3(x)))$$

是 $\mathcal{R}'$ 的一个 $\mathbb{F}_q[x]$-子模且

$$C^{\perp}=((\bar{g}_{11}(x),\bar{g}_{12}(x),\bar{b}_1(x)),(0,\bar{g}_{22}(x),\bar{b}_2(x)),(0,0,\bar{b}_3(x)))$$

是 C 的对偶码。则 C 和 $C^{\perp}$ 的生成矩阵 G 和 $G^{\perp}$ 的分类如下：

(i) 若 $G=\begin{pmatrix}0 & g_{22}(x) & b_2(x)\\ 0 & 0 & b_3(x)\end{pmatrix}$，其中 $b_3(x)\mid x^m+1$ 且 $\deg(b_3(x))\le m$，则

$$G^{\perp}=\begin{pmatrix}I_{\deg(g_{11}(x))} & 0 & 0\\ 0 & \bar{g}_{22}(x) & \bar{b}_2(x)\\ 0 & 0 & \bar{b}_3(x)\end{pmatrix}$$

(ii) 若 $G=\begin{pmatrix}g_{11}(x) & u(x)g_{11}(x) & b_1(x)\\ 0 & 0 & b_3(x)\end{pmatrix}$，其中 $b_3(x)\mid x^m+1$ 且 $\deg(b_3(x))\le m$，则

$$G^{\perp}=\begin{pmatrix}\bar{g}_{11}(x) & \overline{(u(x)g_{11}(x))} & \bar{b}_1(x)\\ 0 & I_{\deg(g_{22}(x))} & 0\\ 0 & 0 & \bar{b}_3(x)\end{pmatrix}$$

(iii) 若 $G=\begin{pmatrix}g_{11}(x) & g_{12}(x) & b_1(x)\\ 0 & g_{22}(x) & b_2(x)\\ 0 & 0 & b_3(x)\end{pmatrix}$，其中 $b_3(x)\mid x^m+1$ 且 $\deg(b_3(x))\le m$，则

$$G^{\perp}=\begin{pmatrix} \bar{g}_{11}(x) & \bar{g}_{12}(x) & \bar{b}_1(x) \\ 0 & \bar{g}_{22}(x) & \bar{b}_2(x) \\ 0 & 0 & \bar{b}_3(x) \end{pmatrix}$$

(iv) 若 $G=\begin{pmatrix} g_{11}(x) & v(x)d(x) & b_1(x) \\ 0 & g_{22}(x) & b_2(x) \\ 0 & 0 & b_3(x) \end{pmatrix}$，其中 $b_3(x)\mid x^m+1$ 且 $\deg(b_3(x))$ $\leq m$，则

$$G^{\perp}=\begin{pmatrix} \bar{g}_{11}(x) & \overline{(v(x)d(x))} & \bar{b}_1(x) \\ 0 & \bar{g}_{22}(x) & \bar{b}_2(x) \\ 0 & 0 & \bar{b}_3(x) \end{pmatrix}$$

令 $C=((g_{11}(x),g_{12}(x),b_1(x)),(0,g_{22}(x),b_2(x)),(0,0,b_3(x)))$ 是 $\mathcal{R}'$ 的一个 $\mathbb{F}_q[x]$-子模。若 $b_3(x)\big|b_1(x)$, $b_3(x)\big|b_2(x)$ 且 $g_{22}(x)\big|g_{12}(x)$，则有

$$C=((g_{11}(x),0,0),(0,g_{22}(x),0),(0,0,b_3(x)))$$

故得到 $C_1=(g_{11}(x)),C_2=(g_{22}(x)),C_3=(b_3(x))$ 且 $C=C_1\times C_2\times C_3$，这意味着 C 是可分的并且具有下面的结论。

定理 4.18　令 $C=((g_{11}(x),g_{12}(x),b_1(x)),(0,g_{22}(x),b_2(x)),(0,0,b_3(x)))$ 是 $\mathcal{R}'$ 的一个 $\mathbb{F}_q[x]$-子模。若 $b_3(x)\big|b_1(x)$, $b_3(x)\big|b_2(x)$ 且 $g_{22}(x)\big|g_{12}(x)$，则

$$C=((g_{11}(x),0,0),(0,g_{22}(x),0),(0,0,b_3(x)))$$

是可分的。此外，

(i) $C_1=(g_{11}(x)),C_2=(g_{22}(x))$ 且 $C_3=(b_3(x))$；

(ii) $(C_1)^{\perp}=(\left(\frac{x^m-1}{g_{11}(x)}\right)^*),(C_2)^{\perp}=(\left(\frac{x^m-1}{g_{22}(x)}\right)^*)$ 且 $(C_3)^{\perp}=(\left(\frac{x^m+1}{b_3(x)}\right)^*)$。

证明：(i) 证明省略。

(ii) 证明可以参考文献 [32] 中定理 4.2.7 的证明过程。

下面的结论是定理 4.5 和定理 4.18 的直接推广。

定理 4.19 令 $C=((g_{11}(x),0,0),(0,g_{22}(x),0),(0,0,b_3(x)))$ 是 $\mathcal{R}'$ 的一个可分的 $\mathbb{F}_q[x]$-子模。则

$$|C_1|=q^{m-\deg(g_{11}(x))},|C_2|=q^{m-\deg(g_{22}(x))},|C_3|=q^{m-\deg(b_3(x))},$$
$$|(C_1)^{\perp}|=q^{\deg(g_{11}(x))},|(C_2)^{\perp}|=q^{\deg(g_{22}(x))},|(C_3)^{\perp}|=q^{\deg(b_3(x))}$$

定理 4.20 令 $C=((g_{11}(x),0,0),(0,g_{22}(x),0),(0,0,b_3(x)))$ 是 $\mathcal{R}'$ 的一个可分的 $\mathbb{F}_q[x]$-子模且 $C^{\perp}$ 是 C 的对偶码。则

(i) $C^{\perp}$ 也是 $\mathcal{R}'$ 的一个可分的 $\mathbb{F}_q[x]$-子模;

(ii) $C^{\perp}=((\left(\frac{x^m-1}{g_{11}(x)}\right)^*,0,0),(0,\left(\frac{x^m-1}{g_{22}(x)}\right)^*,0),(0,0,\left(\frac{x^m+1}{b_3}\right)^*))$;

(iii) $d(C)=\min\{d(C_1),d(C_2),d(C_3)\}$,其中 $d(C)$ 表示 C 的极小 Hamming 距离。

令 $\mathcal{C}$ 是有限域 $\mathbb{F}_q$ 上的一个指数为 $1\frac{1}{2}$、余指数为 $2m$ 的拟循环码且 $\mathcal{C}^{\perp}=\{u\in\mathcal{R}\mid u\cdot v=0,\forall v\in\mathcal{C}\}$ 是 $\mathcal{C}$ 的对偶码。容易验证, $\mathcal{C}^{\perp}$ 也是有限域 $\mathbb{F}_q$ 上的一个指数为 $1\frac{1}{2}$、余指数为 $2m$ 的拟循环码。根据映射 ψ^{-1} 的定义和上述结论, 我们直接得到下面的定理。

定理 4.21 令

$$\begin{aligned}\mathcal{C}=((&g_{11}(x),(2^{-1}(x^m+1)g_{12}(x)-2^{-1}(x^m-1)b_1(x))(\bmod\ x^{2m}-1)),\\&(0,(2^{-1}(x^m+1)g_{22}(x)-2^{-1}(x^m-1)b_2(x))(\bmod\ x^{2m}-1)),\\&(0,-2^{-1}(x^m-1)b_3(x)(\bmod\ x^{2m}-1)))\end{aligned}$$

是有限域 $\mathbb{F}_q$ 上的一个指数为 $1\frac{1}{2}$、余指数为 $2m$ 的拟循环码。则

$$\begin{aligned}\mathcal{C}^{\perp}=((&\overline{g}_{11}(x),(2^{-1}(x^m+1)\overline{g}_{12}(x)-2^{-1}(x^m-1)\overline{b}_1(x))(\bmod\ x^{2m}-1)),\\&(0,(2^{-1}(x^m+1)\overline{g}_{22}(x)-2^{-1}(x^m-1)\overline{b}_2(x))(\bmod\ x^{2m}-1)),\\&(0,-2^{-1}(x^m-1)\overline{b}_3(x)(\bmod\ x^{2m}-1)))\end{aligned}$$

是$\mathcal{C}$的对偶码，其中

(i) $\bar{b}_3(x)=\dfrac{x^m+1}{\gcd(b_1(x),b_2(x),b_3(x))^*}$;

(ii) $\bar{b}_2(x)b_3^*(x)=\lambda_1(x)(x^m+1)$，其中$\lambda_1(x)\in\mathbb{F}_q[x]$;

(iii) $\bar{\bar{b}}_1(x)b_3^*(x)=\lambda_2(x)(x^m+1)$，其中$\lambda_2(x)\in\mathbb{F}_q[x]$;

(iv) $\bar{g}_{22}(x)\gcd(\dfrac{x^m+1}{\gcd(b_1(x),b_3(x))}g_{12}(x),\dfrac{x^m+1}{\gcd(b_2(x),b_3(x))}g_{22}(x))^*=\lambda_3(x)$ (x^m-1)，其中$\lambda_3(x)\in\mathbb{F}_q[x]$;

(v) $\bar{g}_{12}(x)\gcd(\dfrac{x^{2m}-1}{g_{11}(x)\cdot\gcd(b_1(x),b_3(x))}g_{12}(x),\dfrac{x^m+1}{\gcd(b_2(x),b_3(x))}g_{22}(x))^*=$ $\lambda_4(x)(x^m-1)$，其中$\lambda_4(x)\in\mathbb{F}_q[x]$;

(vi) $\bar{g}_{11}(x)\dfrac{(x^{2m}-1)^*}{\gcd(g_{12}(x),g_{22}(x))^*\cdot\gcd(b_1(x),b_3(x))^*}g_{11}^*=\lambda_5(x)(x^m-1)$，其中$\lambda_5(x)\in\mathbb{F}_q[x]$。

若$b_3(x)\big|b_1(x),b_3(x)\big|b_2(x)$且$g_{22}(x)\big|g_{12}(x)$，则

$\mathcal{C}=((g_{11}(x),0),(0,2^{-1}(x^m+1)g_{22}(x)(\bmod\ x^{2m}-1)),(0,-2^{-1}(x^m-1)b_3(x)(\bmod\ x^{2m}-1)))$

且具有下面的结论。

定理 4.22　令

$\mathcal{C}=((g_{11}(x),0),(0,2^{-1}(x^m+1)g_{22}(x)(\bmod\ x^{2m}-1)),(0,-2^{-1}(x^m-1)b_3(x)(\bmod\ x^{2m}-1)))$

是有限域$\mathbb{F}_q$上的一个指数为$1\frac{1}{2}$、余指数为$2m$的拟循环码。则

$$\mathcal{C}^{\perp}=((\left(\frac{x^m-1}{g_{11}(x)}\right)^*,0),(0,2^{-1}(x^m+1)\left(\frac{x^m-1}{g_{22}(x)}\right)^*(\bmod\ x^{2m}-1)),$$
$$(0,-2^{-1}(x^m-1)\left(\frac{x^m+1}{b_3(x)}\right)^*(\bmod\ x^{2m}-1)))$$

是$\mathcal{C}$的对偶码，其中2^{-1}是2在有限域$\mathbb{F}_q$中的逆。

在本小节最后，根据上述结论和记号，我们给出下面的例子。

例 4.23 令

$\mathcal{C}=((g_{11}(x),0),(0,4(x^4+1)g_{22}(x)(\bmod\ x^8-1)),(0,3(x^4-1)b_3(x)(\bmod\ x^8-1)))$

是有限域 $\mathbb{F}_7$ 上的一个指数为 $1\frac{1}{2}$、余指数为 8 的拟循环码，其中 $g_{11}(x)=x^2+1$, $g_{22}(x)=x^3+6x^2+x+6$ 且 $b_3(x)=x^2+3x+1$。由定理 4.8 可知

$$S_1=\bigcup_{i=0}^{1}\{x^i*(0,3x^6+2x^5+3x^4+4x^2+5x+4)\}$$

$$S_2=\{(0,4x^7+3x^6+4x^5+3x^4+4x^3+3x^2+4x+3)\}$$

且 $S_3=\bigcup_{i=0}^{1}\{x^i*(x^2+1,0)\}$，则 $S_1\cup S_2\cup S_3$ 是 $\mathcal{C}$ 的一个极小生成集且 $\mathcal{C}$ 含有 7^5 个码字。根据定理 4.20 (iii)，不难验证

$$d(\mathcal{C})=d(C)=\min\{d(C_1),d(C_2),d(C_3)\}=2$$

其中 $C_1=(g_{11}(x)),C_2=(g_{22}(x))$ 且 $C_3=(b_3(x))$。故得到 $\mathcal{C}$ 是有限域 $\mathbb{F}_7$ 上的一个参数为 $[12,5,2]$ 的线性码，它的 Hamming 重量计数器为

$$\begin{aligned}W_{\mathcal{C}}(X,Y)=&X^{12}+12X^{10}Y^2+36X^8Y^4+168X^6Y^6+48X^5Y^7+2142X^4Y^8+576X^3Y^9\\&+7560X^2Y^{10}+1728XY^{11}+4536Y^{12}\end{aligned}$$

由定理 4.22 可知

$$\begin{aligned}C^{\perp}=&((x^2+6,0),(0,4(x^4+1)(x+1)(\bmod\ x^8-1)),\\&(0,3(x^4-1)(x^2+4x+1)(\bmod\ x^8-1)))\end{aligned}$$

并且

$$S_1=\bigcup_{i=0}^{1}\{x^i*(0,3x^6+5x^5+3x^4+4x^2+2x+4)\}$$

$$S_2=\bigcup_{i=0}^{2}\{x^i*(0,4x^5+4x^4+4x+4)\}$$

$$S_3=\bigcup_{i=0}^{1}\{x^i*(x^2+6,0)\}$$

构成$\mathcal{C}^{\perp}$的一个极小生成集, 故得到$\mathcal{C}^{\perp}$是有限域$\mathbb{F}_7$上的一个参数为$[12,7,2]$的线性码, 它的Hamming重量计数器为

$$W_{\mathcal{C}^{\perp}}(X,Y)=X^{12}+12X^{10}Y^{2}+456X^{8}Y^{4}+1008X^{7}Y^{5}+9072X^{6}Y^{6}+18528X^{5}Y^{7}+68418X^{4}Y^{8}+113472X^{3}Y^{9}+204120X^{2}Y^{10}+231552XY^{11}+176904Y^{12}$$

4.4　本章小结

本章研究了有限域$\mathbb{F}_q$上的指数为$1\frac{1}{2}$、余指数为$2m$的拟循环码的代数结构和极小生成集, 并且从这类码中得到一些有限域$\mathbb{F}_q$上的最优和好线性码, 其中m是一个正整数, q是一个奇素数的方幂且$\gcd(m,q)=1$。此外, 还讨论了这类码的对偶码的代数结构。

5 通过环 $\mathbb{F}_q+v_1\mathbb{F}_q+\cdots+v_r\mathbb{F}_q$ 上的循环码构造量子纠错码理论

本章, 我们给出通过环 $R_q=\mathbb{F}_q+v_1\mathbb{F}_q+\cdots+v_r\mathbb{F}_q$ 上的循环码构造量子码的一种方法，并得到了一些新的非二元量子码。本章对应的内容已经发表于 *Applicable Algebra in Engineering, Communication and Computing*。

本章的结构如下。5.1 节介绍了环 R_q 上的循环码 $\mathbf{C}$ 的结构并且给出一个从 R_q^n 到 $\mathbb{F}_q^{(r+1)n}$ 上的 Gray 映射 ϕ 。此外, 还研究了 $\mathbf{C}$ 和 $\phi(\mathbf{C})$ 之间的联系。5.2 节给出了一种由环 R_q 上的循环码的 Gray 象构造有限域 $\mathbb{F}_q$ 上的 Euclidean 对偶包含码的方法, 并且给出环 R_q 上的循环码是 Euclidean 对偶包含码的一个充分必要条件, 通过这些线性码, 得到一些新的非二元量子码。5.3 节研究了由环 R_q 上的循环码的 Gray 象构造有限域 $\mathbb{F}_{p^{2m}}$ 上的 Hermitian 对偶包含码的方法并且得到了一些新的非二元量子码。

5.1 有限环 $\mathbb{F}_q+v_1\mathbb{F}_q+\cdots+v_r\mathbb{F}_q$ 上的循环码理论

在这一小节, 我们研究环 R_q 上的循环码的结构并且给出一个从 R_q^n 到 $\mathbb{F}_q^{(r+1)n}$ 上的 Gray 映射 ϕ 。此外, 我们还介绍了 $\mathbf{C}$ 和 $\phi(\mathbf{C})$ 之间的联系, 其中 $\mathbf{C}$ 是环 R_q 上的一个码长为 n 的线性码。在本节, 记号 $\mathbf{C}$ 表示环上的码, 记号 C 表示域上的码。

令 $\mathbb{F}_q$ 是一个势为 q 的有限域, 其中 q 是一个素数方幂。令

$$R_q=\mathbb{F}_q[v_1,v_2,\cdots,v_r]/\langle v_i^2-v_i,v_iv_j=v_jv_i=0\rangle=\mathbb{F}_q+v_1\mathbb{F}_q+\cdots+v_r\mathbb{F}_q$$

其中 $1\le i,j\le r$, $r\ge 1$ 。易见 R_q 是一个元素个数为 q^{r+1} 的有限交换环, 它是一个半局部环且具有 $r+1$ 个极大理想。环 R_q 的任意元素 α 可记为

$$\alpha=\alpha_0+\alpha_1v_1+\alpha_2v_2+\cdots+\alpha_rv_r$$

其中 $\alpha_i\in\mathbb{F}_q$, $0\leq i\leq r$。由中国剩余定理可知, 环 R_q 的任意元素 α 可以唯一的表示为

$$\alpha=(1-v_1-v_2-\cdots-v_r)\beta_0+\beta_1v_1+\beta_2v_2+\cdots+\beta_rv_r$$

其中 $\beta_0,\beta_1,\ldots,\beta_r\in\mathbb{F}_q$。

令 R_q^n 是环 R_q 上的 n -元数组组成的集合, 即:

$$R_q^n=\{(c_0,c_1,\cdots,c_{n-1})\mid c_i\in R_q, i=0,1,\cdots,n-1\}$$

其中 n 是一个正整数。环 R_q 上的一个码长为 n 的线性码被定义为是 R_q^n 的一个 R_q -子模。令 $\mathbf{C}$ 是环 R_q 上的一个码长为 n 的线性码, 若 $\mathbf{C}$ 在循环移位操作 σ 下是不变量, 则称 $\mathbf{C}$ 是一个循环码, 其中 $\sigma(c_0,c_1,\ldots,c_{n-1})=(c_{n-1},c_0,\ldots,c_{n-2})$。令 $\mathbf{C}$ 是环 R_q 上的一个码长为 n 的循环码, 不难发现, $\mathbf{C}$ 是 $\mathcal{R}_n=R_q[x]/\langle x^n-1\rangle$ 的一个理想。

令 $\mathbf{C}$ 是环 R_q 上的一个码长为 n 的线性码。令 $e_0=1-v_1-v_2-\cdots-v_r$, $e_1=v_1,\cdots,e_r=v_r$。不难证明, 在环 R_q 中对所有的 $i\neq j$ 有 $e_ie_j=0$, $e_ie_i=e_i$ 且 $e_0+e_1+\cdots+e_r=1$, 其中 $i=0,1,\cdots,r$, 推出 e_i 是环 R_q 中的一个幂等元且 $R_q=e_0R_q\oplus e_1R_q\oplus\cdots\oplus e_rR_q=e_0\mathbb{F}_q\oplus e_1\mathbb{F}_q\oplus\cdots\oplus e_r\mathbb{F}_q$, 则 $\mathbf{C}$ 可以唯一的表示为

$$\mathbf{C}=e_0C_0+e_1C_1+\cdots+e_rC_r \tag{5.1}$$

其中 $C_0,C_1,\cdots,C_r$ 是有限域 $\mathbb{F}_q$ 上的码长为 n 的线性码。

对任意的 $a=a_0+a_1v_1+\cdots+a_rv_r=e_0a(0)+e_1a(1)+\cdots+e_ra(r)\in R_q$, 我们将元素 a 与向量 $\mathbf{a}$ 等同看待, 其中 $\mathbf{a}=(a(0),a(1),\ldots,a(r))$。令 $GL_{r+1}(\mathbb{F}_q)$ 是有限域 $\mathbb{F}_q$ 上的所有的 $(r+1)\times(r+1)$ 阶可逆矩阵组成的集合。我们定义一个 Gray 映射

$$\phi: R_q \to \mathbb{F}_q^{r+1}$$
$$\mathbf{a} = (a(0), a(1), \cdots, a(r)) \mapsto (a(0), a(1), \cdots, a(r))M$$

其中 $M \in GL_{r+1}(\mathbb{F}_q)$ 。显然，ϕ 是一个 $\mathbb{F}_q$ -模同构。为表达简单，在本节剩余部分中我们将向量 $(a(0), a(1), \cdots, a(r))M$ 缩写为 $\mathbf{a}M$ 。类似地，Gray 映射 ϕ 可以推广到从 R_q^n 到 $\mathbb{F}_q^{(r+1)n}$ 上的映射，即:

$$\phi: R_q^n \to \mathbb{F}_q^{(r+1)n}$$
$$(\mathbf{a}_0, \mathbf{a}_1, \cdots, \mathbf{a}_{n-1}) \mapsto (\mathbf{a}_0 M, \mathbf{a}_1 M, \cdots, \mathbf{a}_{n-1} M)$$

对环 R_q 的任意元素 $\mathbf{a} = (a(0), a(1), \ldots, a(r))$，我们定义 $\mathbf{a}M$ 的 Hamming 重量 $wt_H(\mathbf{a}M)$ 是 $\mathbf{a}$ 的 Gray 重量，即: $wt_G(\mathbf{a}) = wt_H(\mathbf{a}M)$ 。R_q^n 的任意元素 $(\mathbf{a}_0, \mathbf{a}_1, \cdots, \mathbf{a}_{n-1})$ 的 Gray 重量定义为 $\sum_{i=0}^{n-1} wt_G(\mathbf{a}_i)$ 。令 $\mathbf{C}$ 是环 R_q 上的一个码长为 n 的线性码，则 $c_1, c_2 \in \mathbf{C}$ 的 Gray 距离定义为 $d_G(c_1, c_2) = wt_G(c_1 - c_2)$。 $\mathbf{C}$ 的极小 Gray 距离定义为 $d_G(\mathbf{C}) = \min\{wt_G(c) \mid 0 \neq c \in \mathbf{C}\}$ 。

根据上面的定义和讨论，我们得到 $\phi(\mathbf{C})$ 是有限域 $\mathbb{F}_q$ 上的一个码长为 $(r+1)n$ 的线性码。此外，对任意的 $c = (a_0, a_1, \cdots, a_{n-1})$, $c_1, c_2 \in \mathbf{C}$，我们有

$$wt_G(c) = \sum_{i=0}^{n-1} wt_G(a_i) = \sum_{i=0}^{n-1} wt_H(a_i M) = wt_H(cM)$$

$$d_G(c_1, c_2) = wt_G(c_1 - c_2) = wt_H((c_1 - c_2)M) = wt_H(c_1 M - c_2 M) = d_H(c_1 M, c_2 M)$$

推出 Gray 映射 ϕ 是一个从 R_q^n (Gray 重量或 Gray 距离)到 $\mathbb{F}_q^{(r+1)n}$ (Hamming 重量或 Hamming 距离)上的保重和保距映射。

引理 5.1　令 $\mathbf{a} = (a(0), a(1), \cdots, a(r)) \in R_q$ 。则 $\mathbf{a}$ 是一个可逆元当且仅当 $a(i) \neq 0 \pmod{p}$，其中 $0 \le i \le r$ 。

证明： 由中国剩余定理可知 $\mathbf{a}$ 是环 R_q 中的一个可逆元 $\Leftrightarrow$ $a(0), a(1), \cdots, a(r)$ 都是有限域 $\mathbb{F}_q$ 中的可逆元 $\Leftrightarrow$ 对任意的 $0 \le i \le r$ 有 $a(i) \neq 0 \pmod{p}$。证

明完毕。

根据 $\mathbf{C}$ 的分解式 (5.1) 和上述给出的记号, 下面我们给出 C_i 的一个具体的表达式。定义

$$C_i=\{c_i\in\mathbb{F}_q^n\mid\exists c_0,\ldots,c_{i-1},c_{i+1},\ldots,c_r\in\mathbb{F}_q^n,e_0c_0+e_1c_1+\cdots+e_rc_r\in\mathbf{C}\}$$

其中 $0\le i\le r$, 则 C_i 是有限域 $\mathbb{F}_q$ 上的一个码长为 n 的线性码，使得

$$\mathbf{C}=e_0C_0\oplus e_1C_1\oplus\cdots\oplus e_rC_r$$

令 G 是 $\mathbf{C}$ 的生成矩阵, 则

$$G=\begin{pmatrix}e_0G_0\\e_1G_1\\\vdots\\e_rG_r\end{pmatrix}\tag{5.2}$$

其中 $G_0,G_1,\cdots,G_r$ 分别是线性码 $C_1,C_2,\cdots,C_r$ 的生成矩阵。

由上述讨论, 我们得到下面的结论。

引理 5.2 令 C 是环 R_q 上的一个码长为 n 、维数为 $\sum_{i=0}^{r}k_i$ 、极小 Gray 距离为 d_G 的线性码, 即: C是一个参数为$[n,\sum_{i=0}^{r}k_i,d_G]_{R_q}$ 的线性码, 其中 k_i 是 C_i 的维数, $0\le i\le r$ 。则 $\phi(\mathbf{C})$ 是一个参数为$[(r+1)n,\sum_{i=0}^{r}k_i,d_G]_{\mathbb{F}_q}$ 的线性码。

证明：根据映射 ϕ 的定义, 我们知道 $M\in GL_{r+1}(\mathbb{F}_q)$ 是一个 $(r+1)\times(r+1)$ 阶可逆矩阵。因为 C 的生成矩阵 G (5.2) 的所有行都是线性无关的, 所以得到 $\phi(\mathbf{C})$ 的维数为 $\sum_{i=0}^{r}k_i$ 。又因为映射 ϕ 是一个从 R_q^n 到 $\mathbb{F}_q^{(r+1)n}$ 上的保重和保距映射, 所以得到 $\phi(\mathbf{C})$ 是一个参数为$[(r+1)n,\sum_{i=0}^{r}k_i,d_G]_{\mathbb{F}_q}$ 的线性码。

引理 5.3 令

$$\mathbf{C}=e_0C_0\oplus e_1C_1\oplus\cdots\oplus e_rC_r$$

是环 R_q 上的一个码长为 n 的线性码。则 C 是环 R_q 上的循环码当且仅当 $C_0,C_1,\cdots,C_r$ 都是有限域 $\mathbb{F}_q$ 上的循环码。

证明： 令$(c_{i,0},c_{i,1},\ldots,c_{i,n-1})\in C_i$且$c_j=\sum_{i=0}^{r}e_ic_{i,j}$，其中$0\le j\le n-1$，则有

$$(c_0,c_1,\ldots,c_{n-1})\in \mathbf{C}$$

因为C是环R_q上的一个循环码，所以有$(c_{n-1},c_0,c_1,\cdots,c_{n-2})\in \mathbf{C}$。容易验证，

$$(c_{n-1},c_0,c_1,\cdots,c_{n-2})=\sum_{i=0}^{r}e_i(c_{i,n-1},c_{i,0},c_{i,1},\cdots,c_{i,n-2})$$

由环R_q上的线性码分解表示的唯一性得到$(c_{i,n-1},c_{i,0},c_{i,1},\cdots,c_{i,n-2})\in C_i$，推出$C_0,C_1,\cdots,C_r$都是有限域$\mathbb{F}_q$上的循环码。

反过来，假设C_i是有限域$\mathbb{F}_q$上的一个循环码，其中$0\le i\le r$。令$(c_0,c_1,\cdots,c_{n-1})\in \mathbf{C}$，其中$c_j=\sum_{i=0}^{r}e_ic_{i,j}$，$0\le j\le n-1$，则有

$$(c_{i,0},c_{i,1},\ldots,c_{i,n-1})\in C_i$$

易证明，

$$(c_{n-1},c_0,c_1,\cdots,c_{n-2})=\sum_{i=0}^{r}e_i(c_{i,n-1},c_{i,0},c_{i,1},\cdots,c_{i,n-2})\in e_0C_0\oplus e_1C_1\oplus\cdots\oplus e_rC_r=\mathbf{C}$$

这推出C是环R_q上的循环码。

定理 5.4 令

$$\mathbf{C}=e_0C_0\oplus e_1C_1\oplus\cdots\oplus e_rC_r$$

是环R_q上的一个码长为n的循环码。则存在一个多项式$g(x)\in R[x]$，$g(x)\mid(x^n-1)$使得$\mathbf{C}=\langle g(x)\rangle$，其中$g(x)=\sum_{i=0}^{r}e_ig_i(x)$，$g_i(x)$是$C_i$的生成多项式，$0\le i\le r$。

证明： 令$\mathcal{C}=\langle\sum_{i=0}^{r}e_ig_i(x)\rangle$是环$R_q$上的一个码长为$n$的循环码，其中$g_i(x)$是$C_i$的生成多项式，$0\le i\le r$。根据$C$的定义我们有$\mathcal{C}\subseteq\mathbf{C}$。另一方面，因为$e_iC_i=e_i\mathcal{C}$，所以有$\mathcal{C}\subseteq\mathbf{C}$，因此得到$\mathbf{C}=\mathcal{C}=\langle\sum_{i=0}^{r}e_ig_i(x)\rangle$。

由$g_i(x)$是C_i的生成多项式这一事实，我们得到在$\mathbb{F}_q[x]$中有$g_i(x)\mid(x^n-1)$，

其中 $0\leq i\leq r$, 那么存在一个多项式 $h_i(x)\in\mathbb{F}_q[x]$ 使得 $x^n-1=g_i(x)h_i(x)$, 其中 $0\leq i\leq r$。此外, 不难证明

$$\left(\sum_{i=0}^{r}e_ig_i(x)\right)\left(\sum_{i=0}^{r}e_ih_i(x)\right)=x^n-1$$

推出 $g(x)=\sum_{i=0}^{r}e_ig_i(x)\mid(x^n-1)$。

根据上面的记号和结论, 我们得到下面的引理。

引理 5.5 令 $\mathbf{C}=\langle g(x)\rangle$ 是环 R_q 上的一个码长为 n 的循环码, 其中 $g(x)=\sum_{i=0}^{r}e_ig_i(x)$, $g_i(x)$ 是 C_i 的生成多项式且 $\deg(g_i(x))=t_i$, $0\leq i\leq r$。则有 $|\mathbf{C}|=|\phi(\mathbf{C})|=q^{(r+1)n-(t_0+\cdots+t_r)}$。

5.2 运用 Euclidean 对偶包含码构造量子纠错码

这一节, 我们给出一种由环 R_q 上的循环码的 Gray 象构造有限域 $\mathbb{F}_q$ 上的 Euclidean 对偶包含码的方法, 通过这些线性码, 我们得到了一些新的非二元量子码。

对任意的 $x=(x_0,x_1,\cdots,x_{n-1})$, $y=(y_0,y_1,\cdots,y_{n-1})\in R_q^n$, 它们的 Euclidean 内积定义为

$$x\cdot y=\sum_{i=0}^{n-1}x_iy_i \tag{5.3}$$

令 $\mathbf{C}$ 是环 R_q 上的一个码长为 n 的线性码, 它的 Euclidean 对偶码 $\mathbf{C}^{\perp_E}$ 定义为

$$\mathbf{C}^{\perp_E}=\{x\in R_q^n\mid x\cdot c=0\ \forall\, c\in\mathbf{C}\}$$

此外, 若 $\mathbf{C}\subseteq\mathbf{C}^{\perp_E}$, 则称 $\mathbf{C}$ 是自正交的。若 $\mathbf{C}^{\perp_E}\subseteq\mathbf{C}$, 则 $\mathbf{C}$ 被称为对偶包含的。若 $\mathbf{C}=\mathbf{C}^{\perp_E}$, 则称 $\mathbf{C}$ 是自对偶的。

定理 5.6 令 $\mathbf{C}=e_0C_0\oplus e_1C_1\oplus\cdots\oplus e_rC_r$ 是环 R_q 上的一个码长为 n 的线性码。则

$$\mathbf{C}^{\perp_E}=e_0C_0^{\perp_E}\oplus e_1C_1^{\perp_E}\oplus\cdots\oplus e_rC_r^{\perp_E} \tag{5.4}$$

此外, $\mathbf{C}$ 是环 R_q 上的 Euclidean 自对偶码当且仅当 $C_0, C_1, \cdots, C_r$ 都是有限域 $\mathbb{F}_q$ 上的 Euclidean 自对偶码。

证明：由 Euclidean 对偶码 $\mathbf{C}^{\perp_E}$ 的分解式 (5.4) 和上述给出的记号, 我们给出 $\mathbf{C}^{\perp_E}$ 的一个具体表达式。定义

$$\mathfrak{C}_i^{\perp_E} = \{x_i \in \mathbb{F}_q^n \mid \exists\, x_0, \cdots, x_{i-1}, x_{i+1}, \cdots, x_r \in \mathbb{F}_q^n, e_0x_0 + e_1x_1 + \cdots + e_rx_r \in C^{\perp_E}\}$$

其中 $0 \le i \le r$。根据 e_i 和 $\mathfrak{C}_i^{\perp_E}$ 的定义, 我们有

$$\mathbf{C}^{\perp_E} = e_0\mathfrak{C}_0^{\perp_E} \oplus e_1\mathfrak{C}_1^{\perp_E} \oplus \cdots \oplus e_r\mathfrak{C}_r^{\perp_E}$$

显然, 对任意的 $0 \le i \le r$ 有 $\mathfrak{C}_i^{\perp_E} \subseteq C_i^{\perp_E}$。令 $x_i \in C_i^{\perp_E}$, 则对任意的 $c_i \in C_i$ 存在 $c_0, \cdots, c_{i-1}, c_{i+1}, \cdots, c_r \in \mathbb{F}_q^n$ 使得 $x_i \cdot (e_0c_0 + \cdots + e_rc_r) = 0$。根据环 R_q 上的线性码分解表示的唯一性得到 $x_i \in \mathfrak{C}_i^{\perp_E}$, 即: $C_i^{\perp_E} \subseteq \mathfrak{C}_i^{\perp_E}$。故得到

$$\mathbf{C}^{\perp_E} = e_0C_0^{\perp_E} \oplus e_1C_1^{\perp_E} \oplus \cdots \oplus e_rC_r^{\perp_E}$$

若 $C_0, C_1, \cdots, C_r$ 都是有限域 $\mathbb{F}_q$ 上的 Euclidean 自对偶码, 那么得到 $\mathbf{C}$ 是环 R_q 上的 Euclidean 自对偶码。另一方面, 若 $\mathbf{C}$ 是环 R_q 上的 Euclidean 自对偶码, 那么 C_i 是自正交的, 即: $C_i \subseteq C_i^{\perp_E}$。实际上, 我们有 $C_i = C_i^{\perp_E}$, 否则, 存在元素 $x_i \in C_i^{\perp_E} \setminus C_i$ 和 $x_j \in C_j$, $i \ne j$ 使得

$$(e_0x_0 + e_1x_1 + \cdots + e_rx_r)^2 \ne 0$$

这与 $\mathbf{C}$ 是环 R_q 上的 Euclidean 自对偶码这一事实相矛盾。因此, 我们得到 C_0, $C_1, \cdots, C_r$ 都是有限域 $\mathbb{F}_q$ 上的 Euclidean 自对偶码。

根据引理 5.3 和定理 5.6, 我们直接得出下面的引理。

引理 5.7 令

$$\mathbf{C} = e_0C_0 \oplus e_1C_1 \oplus \cdots \oplus e_rC_r$$

是环 R_q 上的一个码长为 n 的循环码。则它的 Euclidean 对偶码 $\mathbf{C}^{\perp_E}$ 也是环 R_q 上的一个码长为 n 的循环码。

对任意的次数为 n 的多项式 $f(x)\in\mathbb{F}_q[x]$，它的互反多项式定义为 $f^*(x)=x^n f(x^{-1})$。令 C 是有限域 $\mathbb{F}_q$ 上的一个码长为 n 的循环码，它的生成多项式为 $g(x)\in\mathbb{F}_q[x]$，校验多项式为 $h(x)=(x^n-1)/g(x)$。令 $C^{\perp_E}$ 表示 C 的 Euclidean 对偶码。根据文献 [129] 中定理 4 的内容，我们得到下面的结论。

引理 5.8　Euclidean 对偶码 $C^{\perp_E}$ 是一个循环码且它的生成多项式为

$$g^{\perp_E}(x)=x^{\deg(h(x))}h(x^{-1})=h^*(x)$$

由上述讨论和引理 5.8，我们在下面的定理中给出 $\mathbf{C}$ 的 Euclidean 对偶码 $C^{\perp_E}$ 的理想表示。

定理 5.9　令 $\mathbf{C}=\langle e_0g_0(x)+e_1g_1(x)+\cdots+e_rg_r(x)\rangle$ 是环 R_q 上的一个码长为 n 的循环码。则

$$\mathbf{C}^{\perp_E}=\langle e_0h_0^*(x)+e_1h_1^*(x)+\cdots+e_rh_r^*(x)\rangle$$

且 $|\mathbf{C}^{\perp_E}|=q^{\sum_{i=0}^{r}\deg g_i(x)}$，其中 $g_i(x)$ 是 C_i 的生成多项式且 $h_i(x)=(x^n-1)/g_i(x)$，$0\le i\le r$。

证明： 令 $C'=\left\langle e_0h_0^*(x)+e_1h_1^*(x)+\cdots+e_rh_r^*(x)\right\rangle$。根据 Euclidean 内积 (5.3) 的定义和引理 5.8 易得

$$\begin{aligned}&(e_0g_0(x)+e_1g_1(x)+\cdots+e_rg_r(x))\cdot(e_0h_0^*(x)+e_1h_1^*(x)+\cdots+e_rh_r^*(x))^*\\&=\sum_{i=0}^{r}e_ie_i^*g_i(x)h_i(x)=\sum_{i=0}^{r}e_ie_i^*(x^n-1)=0\end{aligned}$$

故推出 $C'\subseteq\mathbf{C}^{\perp_E}$。不难验证 $|C'|=q^{\sum_{i=0}^{r}\deg g_i(x)}$。根据引理 5.5 可知

$$|\mathbf{C}|=q^{(r+1)n-\sum_{i=0}^{r}\deg g_i(x)}$$

故有 $|C'|=|\mathbf{C}^{\perp_E}|$，这就推出 $\mathbf{C}^{\perp_E}=C'$。

引理 5.10　令 $C=\langle g'(x)\rangle$ 是有限域 $\mathbb{F}_q$ 上的一个码长为 n 的循环码且 $C^{\perp_E}=\langle h'^*(x)\rangle$，其中 $h'(x)=(x^n-1)/g'(x)\in\mathbb{F}_q[x]$。则 $C^{\perp_E}\subseteq C$ 当且仅当

$$x^n-1\equiv 0\ (\bmod\ h'(x)h'^*(x))$$

证明： 若 $C^{\perp_E}\subseteq C$，则有 $g'(x)\mid h'^*(x)$，因此存在一个多项式 $k(x)\in\mathbb{F}_q[x]$ 使得 $h'^*(x)=g'(x)k(x)$。因为

$$h'(x)h'^*(x)=h'(x)g'(x)k(x)=(x^n-1)k(x)$$

所以得到 $x^n-1\equiv 0\ (\bmod\ h'(x)h'^*(x))$。

若 $x^n-1\equiv 0\ (\bmod\ h'(x)h'^*(x))$，则存在一个多项式 $k(x)\in\mathbb{F}_q[x]$ 使得

$$h'(x)h'^*(x)=(x^n-1)k(x)=g'(x)h'(x)k(x)$$

进而推出 $h'^*(x)\in\langle g'(x)\rangle=C$。因为 $h'^*(x)$ 是 $C^{\perp_E}$ 的生成多项式，所以有 $C^{\perp_E}\subseteq C$。

下面的定理给出环 R_q 上的循环码是 Euclidean 对偶包含码的一个充分必要条件。

定理 5.11 令

$$\mathbf{C}=\left\langle e_0g_0(x),e_1g_1(x),\cdots,e_rg_r(x)\right\rangle$$

是环 R_q 上的一个码长为 n 的循环码且 $\mathbf{C}^{\perp_E}=\left\langle e_0h_0^*(x),e_1h_1^*(x),\cdots,e_rh_r^*(x)\right\rangle$。则 $\mathbf{C}^{\perp_E}\subseteq\mathbf{C}$ 当且仅当 $x^n-1\equiv 0\ (\bmod\ h_i(x)h_i^*(x))$, $0\le i\le r$。

证明： 本定理的证明过程类似于文献 [121] 中的定理 4.8。

不难证明定理5.11中给出的Euclidean对偶包含循环码是存在的。由文献 [10] 可知

$$x^n-1=\prod_i p_i(x)\prod_j q_j(x)q_j^*(x)$$

其中 $p_i(x),q_j(x)$ 和 $q_j^*(x)$ 都是不同的多项式且 $p_i^*(x)=\beta p_i(x)$, β 是环 R_q 中的一个可逆元。那么 (x^n-1) 的一个因子 $g(x)$ 生成一个 Euclidean 对偶包含循环码当且仅当 $g(x)$ 被每个 $p_i(x)$ 整除并且至少被多项式对 $q_j(x)$ 和 $q_j^*(x)$ 中的一个整除。

根据上述结论, 我们直接给出下面的推论。

推论 5.12 令

$$\mathbf{C}=e_0C_0\oplus e_1C_1\oplus\cdots\oplus e_rC_r$$

是环 R_q 上的一个码长为 n 的循环码。则 $\mathbf{C}$ 是 Euclidean 对偶包含码, 即: $\mathbf{C}^{\perp_E}\subseteq\mathbf{C}$, 当且仅当 $C_i^{\perp_E}\subseteq C_i$, $0\leq i\leq r$。

令 $\mathbf{C}$ 是环 R_q 上的一个码长为 n 的 Euclidean 对偶包含码。根据上述讨论, 下面的定理给出 $\mathbf{C}$ 和 $\phi(\mathbf{C})$ 之间的关系。

定理 5.13 令 $\mathbf{C}$ 是环 R_q 上的一个码长为 n 的 Euclidean 对偶包含码且 $M\in GL_{r+1}(\mathbb{F}_q)$ 使得 $MM^{\mathrm{T}}=\lambda I_{r+1}$, 其中 M^{T} 是矩阵 M 的转置, $\lambda\in\mathbb{F}_q^*$, I_{r+1} 是一个 $(r+1)\times(r+1)$ 阶单位矩阵。那么 $\phi(\mathbf{C})$ 是有限域 $\mathbb{F}_q$ 上的一个码长为 $(r+1)n$ 的 Euclidean 对偶包含码。此外, 若 $\mathbf{C}$ 是环 R_q 上的 Euclidean 自对偶码, 则 $\phi(\mathbf{C})$ 也是有限域 $\mathbb{F}_q$ 上的 Euclidean 自对偶码。

证明: 对任意的 $c=(c_0,c_1,\cdots,c_{n-1})$, $d=(d_0,d_1,\cdots,d_{n-1})\in\phi(\mathbf{C})$, 存在 $x=(x_0,x_1,\cdots,x_{n-1})$, $y=(y_0,y_1,\cdots,y_{n-1})\in\mathbf{C}$ 和矩阵 $M\in GL_{r+1}(\mathbb{F}_q)$ 使得 $c=(x_0M,x_1M,\cdots,x_{n-1}M)$ 且 $d=(y_0M,y_1M,\cdots,y_{n-1}M)$。故有

$$c\cdot d=cd^{\mathrm{T}}=\sum_{j=0}^{n-1}x_jMM^{\mathrm{T}}y_j^{\mathrm{T}}=\sum_{j=0}^{n-1}x_j\lambda I_{r+1}y_j^{\mathrm{T}}=\lambda\sum_{j=0}^{n-1}x_jy_j^{\mathrm{T}}$$

由 $\mathbf{C}$ 在环 R_q 上是自正交的得到 $x\cdot y=\sum_{j=0}^{n-1}x_jy_j^{\mathrm{T}}=0$, 推出 $c\cdot d=0$, 即: $\phi(\mathbf{C})$ 是有限域 $\mathbb{F}_q$ 上的一个码长为 $(r+1)n$ 的自正交码。

令 $\mathbf{C}$ 是满足上述性质的环 R_q 上的一个码长为 n 的 Euclidean 自对偶码。因为 ϕ 是一个 $\mathbb{F}_q$-模同构, 所以有 $|\mathbf{C}|=|\phi(\mathbf{C})|=(q^{r+1})^{n/2}=q^{(r+1)n/2}$, 故得到 $\phi(\mathbf{C})$ 在有限域 $\mathbb{F}_q$ 上是 Euclidean 自对偶的。

一个码长为 n 、码子个数为 K 的 q-元量子码 Q 是 q^n-维 Hilbert 空间 $(\mathbb{C}^q)^{\otimes n}$

的一个K-维子空间。令$k=\log_q(K)$, 我们用$[[n,k,d]]_q$来表示有限域$\mathbb{F}_q$上的一个码长为n、维数为k、极小 Hamming 距离为d的量子码。

根据文献 [130,131] 的研究内容, 我们在下面的引理中给出量子 singleton 界。

引理 5.14 (量子 singleton 界)　令C是一个参数为$[[n,k,d]]_q$的量子码。则$k\le n-2d+2$。

达到量子 singleton 界的量子码$[[n,k,d]]_q$, 即: $n=k+2d-2$, 被称为量子 MDS 码。下面的引理对我们的结论是非常有用的。

引理 5.15[130] (CSS 构造)　令C_1和C_2是两个参数为$[n,k_1,d_1]_q$和$[n,k_2,d_2]_q$的经典线性码使得$C_2^{\perp}\le C_1$。则存在一个参数为$[[n,k_1+k_2-n,d]]_q$、极小距离为$d=\min\{wt(c)\mid c\in(C_1\setminus C_2^{\perp})\bigcup(C_2\setminus C_1^{\perp})\}$的稳定化子码并且它对于$\min\{d_1, d_2\}$是纯的。

引理 5.16[130]　若C是一个参数为$[n,k,d]_q$的包含它的对偶码的经典线性码, 则存在一个参数为$[[n,2k-n,\ge d]]_q$的稳定化子码且它对于d是纯的。

根据推论 5.12、定理 5.13、引理 5.14 和 5.15 以及上述记号, 我们在下面的定理中讨论非二元量子纠错码的存在性。

定理 5.17　令

$$\mathbf{C}=e_0C_0\oplus e_1C_1\oplus\cdots\oplus e_rC_r$$

是一个参数为$[n,k,d_G]_{R_q}$的循环码。若$C_i^{\perp_E}\subseteq C_i$, 则$\mathbf{C}^{\perp_E}\subseteq\mathbf{C}$并且存在一个参数为$[[(r+1)n,2k-(r+1)n,\ge d_G]]_q$的量子纠错码, 其中$k=\sum_{i=0}^{r}k_i$, k_i是C_i的维数, $0\le i\le r$。

接下来, 我们给出两个构造有限域$\mathbb{F}_7$和$\mathbb{F}_{11}$上的量子 MDS 码的例子。

例 5.18　令$R=\mathbb{F}_7+v_1\mathbb{F}_7$且$n=3$, 则在有限域$\mathbb{F}_7$上有

$$x^3-1=(x+3)(x+5)(x+6)$$

令 $g(x)=(1-v_1)g_0(x)+v_1g_1(x)$，其中 $g_0(x)=x+5$，$g_1(x)=x+3$。根据文献[124] 和引理 5.8, 我们有 $C_0=\langle x+5\rangle$ 且 $C_0^{\perp_E}=\langle 4x^2+2x+1\rangle=\langle (x+5)(4x+3)\rangle$，故得到 $C_0^{\perp_E}\subseteq C_0$。用类似的方法, 我们有

$$C_1^{\perp_E}=\langle 2x^2+4x+1\rangle=\langle (x+3)(2x+5)\rangle\subseteq C_1=\langle x+3\rangle$$

令 $\mathbf{C}=\langle g(x)\rangle$，由定理 5.9 和推论 5.12 可得 $\mathbf{C}^{\perp_E}\subseteq\mathbf{C}$。

令 $M=\begin{pmatrix}6 & 2\\ 2 & 1\end{pmatrix}\in GL_2(\mathbb{F}_7)$，则有 $MM^{\mathrm{T}}=\begin{pmatrix}5 & 0\\ 0 & 5\end{pmatrix}$。利用代数计算软件 Magma[124], 我们得到 $\phi(\mathbf{C})$ 是有限域 $\mathbb{F}_7$ 上的一个参数为 $[6,4,3]$ 的线性码。由引理 5.10 和定理 5.17, 我们得到一个参数为 $[[6,2,3]]_7$ 的量子 MDS 码。

例 5.19 令 $R=\mathbb{F}_{11}+v_1\mathbb{F}_{11}$ 且 $n=5$，则在有限域 $\mathbb{F}_{11}$ 上有

$$x^5-1=(x+2)(x+6)(x+7)(x+8)(x+10)$$

令 $g(x)=(1-v_1)g_0(x)+v_1g_1(x)$，其中 $g_0(x)=x+6$，$g_1(x)=x+2$。令 $C=\langle g(x)\rangle$，$C_0=\langle x+6\rangle$ 且 $C_1=\langle x+2\rangle$。不难证明 $C_0^{\perp_E}\subseteq C_0$ 且 $C_1^{\perp_E}\subseteq C_1$。根据定理 5.9 和推论 5.12 可得 $\mathbf{C}^{\perp_E}\subseteq\mathbf{C}$。

令 $M=\begin{pmatrix}10 & 2\\ 2 & 1\end{pmatrix}\in GL_2(\mathbb{F}_{11})$，则有 $MM^{\mathrm{T}}=\begin{pmatrix}5 & 0\\ 0 & 5\end{pmatrix}$。利用 Magma[124], 我们得到 $\phi(\mathbf{C})$ 是有限域 $\mathbb{F}_{11}$ 上的一个参数为 $[10,8,3]$ 的线性码。由引理 5.10 和定理 5.17, 我们得到一个参数为 $[[10,6,3]]_{11}$ 的量子 MDS 码。

在本节的最后, 利用上面两个例子给出的方法, 我们在表 5.1 中列出了一些新的非二元量子码, 其中 $r\geq 1$ 且 $q\leq 11$。为表达简单, 我们将表 5.1 中的多项式的系数降序排列, 例如: 我们将多项式 $x^6+x^5+x^4+2x+3$ 记为 1110023。

5.3 运用 Hermitian 对偶包含码构造量子纠错码

在本小节, 我们介绍一种由环 R_q 上的循环码的 Gray 象构造有限域 $\mathbb{F}_{p^{2m}}$ 上的

Hermitian 对偶包含码的方法。此外, 根据这些线性码我们还构造了一些新的非二元量子码。

令 $q=p^{2m}$, 其中 p 是一个素数, m 是一个正整数。在本节, 我们考虑环

$$R_q=\mathbb{F}_{p^{2m}}[v_1,v_2,\cdots,v_r]/\left\langle v_i^2-v_i, v_iv_j=v_jv_i\right\rangle=\mathbb{F}_{p^{2m}}+v_1\mathbb{F}_{p^{2m}}+\cdots+v_r\mathbb{F}_{p^{2m}}$$

对任意的向量 $x=(x_0,x_1,\cdots,x_{n-1})$ 和 $y=(y_0,y_1,\cdots,y_{n-1})\in\mathbb{F}_{p^{2m}}^n$, 他们的 Hermitian 内积定义为

$$\left\langle x,y\right\rangle_H=\sum_{i=0}^{n-1}x_iy_i^{p^m}$$

此外, 若 $\left\langle x,y\right\rangle_H=0$, 则称 x 和 y 关于 Hermitian 内积是正交的。

表 5.1 新的量子码 $[[n,k,d]]_q$

n	r	$\langle g_0(x),\cdots,g_r(x)\rangle$	$\phi(C)$	$[[n,k,d]]_q$	$[[n',k',d']]_q$
12	2	$\langle 12,12,12\rangle$	$[36,30,2]_3$	$[[36,30,2]]_3$	$[[36,28,2]]_3$[118]
24	2	$\langle 12,12,12\rangle$	$[72,66,2]_3$	$[[72,66,2]]_3$	$[[72,64,2]]_3$[118]
20	2	$\langle 12,12,13\rangle$	$[60,57,2]_5$	$[[60,54,2]]_5$	$[[60,48,2]]_5$[51]
32	2	$\langle 12,12,12\rangle$	$[96,93,2]_5$	$[[96,90,2]]_5$	$[[96,80,2]]_5$[51]
40	2	$\langle 12,12,13\rangle$	$[120,117,2]_5$	$[[120,114,2]]_5$	$[[120,112,2]]_7$[51]
28	3	$\langle 12,12,12,12\rangle$	$[112,108,2]_5$	$[[112,104,2]]_5$	$[[112,64,2]]_5$51
3	1	$\langle 15,13\rangle$	$[6,4,3]_7$	$[[6,2,3]]_7$	MDS
56	2	$\langle 11,16,11\rangle$	$[168,165,2]_7$	$[[168,162,2]]_7$	$[[98,94,2]]_7$[122]
126	1	$\langle 16,11\rangle$	$[252,250,2]_7$	$[[252,248,2]]_7$	$[[238,234,2]]_7$[122]
5	1	$\langle 16,12\rangle$	$[10,8,3]_{11}$	$[[10,6,3]]_{11}$	MDS
11	2	$\langle 1(10),191,1(10)\rangle$	$[33,29,3]_{11}$	$[[33,25,3]]_{11}$	$[[24,16,3]]_{11}$[132]

令$\mathbf{C}$是环R_q上的一个线性码。$\mathbf{C}$的 Hermitian 对偶码定义为

$$\mathbf{C}^{\perp_H}=\{x\in R_q^n \mid \langle x,c\rangle_H=0\ \forall\, c\in\mathbf{C}\}$$

若$\mathbf{C}^{\perp_H}\subseteq\mathbf{C}$,则称$\mathbf{C}$是 Hermitian 对偶包含码。若$\mathbf{C}=\mathbf{C}^{\perp_H}$,则称$\mathbf{C}$是自对偶码。对任意的$c=(c_0,c_1,\cdots,c_{n-1})\in\mathbf{C}$,我们记$c^{p^m}=(c_0^{p^m},c_1^{p^m},\cdots,c_{n-1}^{p^m})$。类似地,对任意的可逆矩阵$M=(m_{ij})_{0\le i,j\le r}\in GL_{r+1}(\mathbb{F}_{p^{2m}})$,我们记$M^{p^m}=(m_{ij}^{p^m})_{0\le i,j\le r}$。

包含a的模n的q^2-分圆陪集定义为$C_a=\{aq^{2k}(\bmod\ n):k\ge 0\}$,其中$a$不需要是$C_a$中的最小数。我们将模$n$的$q^2$-分圆陪集组成的集合记为$C^{q^2,n}$。令$C$是有限域$\mathbb{F}_{q^2}$上的一个循环码,则$C$是$\mathbb{F}_{q^2}[x]/\langle x^n-1\rangle$的一个理想且$C=\langle g(x)\rangle$,其中$g(x)\mid(x^n-1)$。$C$的定义集为

$$Z=\{i:g(\alpha^i)=0,0\le i<n\}$$

其中α是有限域$\mathbb{F}_{q^2}$的某个扩域上的n次本原单位根。

根据文献 [113] 和文献 [133] 中的内容,下面的引理给出有限域$\mathbb{F}_{q^2}$上的 Hermitian 对偶包含循环码存在性的一个充分必要条件。

引理 5.20[133] 假设$\gcd(q,n)=1$。有限域$\mathbb{F}_{q^2}$上的一个码长为n、定义集为Z的循环码包含它的 Hermitian 对偶码当且仅当$Z\cap Z^{-q}=\phi$,其中$Z^{-q}=\{-qz(\bmod\ n):z\in Z\}$。

由上述记号和性质,我们考虑环R_q上的 Hermitian 对偶包含循环码。

定理 5.21 令$\mathbf{C}=e_0C_0\oplus e_1C_1\oplus\cdots\oplus e_rC_r$是环$R_q$上的一个码长为$n$的循环码。则

(i) $\mathbf{C}$的 Hermitian 对偶码为

$$\mathbf{C}^{\perp_H}=e_0C_0^{\perp_H}\oplus e_1C_1^{\perp_H}\oplus\cdots\oplus e_rC_r^{\perp_H}$$

此外,$C_0^{\perp_H},C_1^{\perp_H},\cdots,C_r^{\perp_H}$都是有限域$\mathbb{F}_{p^{2m}}$上的码长为$n$的循环码且$\mathbf{C}^{\perp_H}$是环$R_q$上的一个码长为$n$的循环码。

(ii) $\mathbf{C}$ 在环 R_q 上是 Hermitian 自对偶码当且仅当 $C_0,C_1,\cdots,C_r$ 都是有限域 $\mathbb{F}_{p^{2m}}$ 上的 Hermitian 自对偶码。

证明：(i) 类似于定理 5.6 的证明过程, 对任意的 $0\le i\le r$ 定义

$$\mathcal{C}_i^{\perp_H}=\{x_i\in\mathbb{F}_{p^{2m}}^n\mid\exists\, x_0,\ldots,x_{i-1},x_{i+1},\ldots,x_r\in\mathbb{F}_{p^{2m}}^n, e_0x_0+e_1x_1+\cdots+e_rx_r\in\mathbf{C}^{\perp_H}\}$$

则有 $\mathbf{C}^{\perp_H}=e_0\mathcal{C}_0^{\perp_H}\oplus e_1\mathcal{C}_1^{\perp_H}\oplus\cdots\oplus e_r\mathcal{C}_r^{\perp_H}$。不难证明 $C_i^{\perp_H}=\mathcal{C}_i^{\perp_H}$, 故得到

$$\mathbf{C}^{\perp_H}=e_0C_0^{\perp_H}\oplus e_1C_1^{\perp_H}\oplus\cdots\oplus e_rC_r^{\perp_H}$$

因为 $\mathbf{C}=e_0C_0\oplus e_1C_1\oplus\cdots\oplus e_rC_r$ 是环 R_q 上的一个码长为 n 的循环码, 由引理 5.3 得到 C_i 是有限域 $\mathbb{F}_{p^{2m}}$ 上的一个码长为 n 的循环码, $0\le i\le r$。因此 $C_i^{\perp_H}$ 是有限域 $\mathbb{F}_{p^{2m}}$ 上的一个码长为 n 的循环码, 这就推出 $\mathbf{C}^{\perp_H}$ 是环 R_q 上的一个码长为 n 的循环码。

(ii) 若 $C_0,C_1,\cdots,C_r$ 都是有限域 $\mathbb{F}_{p^{2m}}$ 上的 Hermitian 自对偶码, 则得到 $\mathbf{C}$ 是环 R_q 上的 Hermitian 自对偶码。相反地, 若 $\mathbf{C}$ 是环 R_q 上的 Hermitian 自对偶码, 则 C_i 是自正交的, 即: $C_i\subseteq C_i^{\perp_H}$。实际上, 我们有 $C_i=C_i^{\perp_H}$。否则, 存在元素 $x_i\in C_i^{\perp_H}\setminus C_i$ 和 $x_j\in C_j$, $i\neq j$, 使得

$$\langle(e_0x_0+e_1x_1+\cdots+e_rx_r),(e_0x_0+e_1x_1+\cdots+e_rx_r)\rangle_H\neq 0$$

推出矛盾, 故得到 $C_0,C_1,\cdots,C_r$ 都是有限域 $\mathbb{F}_{p^{2m}}$ 上的 Hermitian 自对偶码。

定理 5.22 令

$$\mathbf{C}=e_0C_0\oplus e_1C_1\oplus\cdots\oplus e_rC_r$$

是环 R_q 上的一个码长为 n 的循环码。令 Z_i 是 C_i 的定义集且 $Z_i^{-p^m}=\{-p^mz_i \pmod n): z_i\in Z_i\}$ 是 $C_i^{\perp_H}$ 的定义集, $0\le i\le r$。那么 $\mathbf{C}^{\perp_H}\subseteq\mathbf{C}$ 当且仅当 $Z_i\cap Z_i^{-p^m}=\phi$。

证明：根据引理 5.20, 若 $Z_i\cap Z_i^{-p^m}=\phi$, 则有 $C_i^{\perp_H}\subseteq C_i$, 其中 $0\le i\le r$。容易

验证 $e_iC_i^{\perp_H}\subseteq e_iC_i$，故得到

$$e_0C_0^{\perp_H}\oplus e_1C_1^{\perp_H}\oplus\cdots\oplus e_rC_r^{\perp_H}\subseteq e_0C_0\oplus e_1C_1\oplus\cdots\oplus e_rC_r$$

这推出 $\mathbf{C}^{\perp_H}\subseteq\mathbf{C}$。

另一方面，若 $\mathbf{C}^{\perp_H}\subseteq\mathbf{C}$，则有

$$e_0C_0^{\perp_H}\oplus e_1C_1^{\perp_H}\oplus\cdots\oplus e_rC_r^{\perp_H}\subseteq e_0C_0\oplus e_1C_1\oplus\cdots\oplus e_rC_r$$

将上式的每一块分别 $\bmod\ e_0,\bmod\ e_1,\cdots,\bmod\ e_r$，我们得到 $C_i^{\perp_H}\subseteq C_i$，$0\leq i\leq r$，故有 $Z_i\cap Z_i^{-p^m}=\phi$。

令 $\mathbf{C}$ 是环 R_q 上的一个码长为 n 的 Hermitian 对偶包含码。下面的定理给出 $\mathbf{C}$ 和 $\phi(\mathbf{C})$ 之间的联系。

定理 5.23 令 $\mathbf{C}$ 是环 R_q 上的一个码长为 n 的 Hermitian 对偶包含码且 $M\in GL_{r+1}(\mathbb{F}_{p^{2m}})$。使得 $M(M^p)^T=\lambda I_{r+1}$，其中 $\lambda\in\mathbb{F}_{p^{2m}}^*$，$I_{r+1}$ 是一个 $(r+1)\times(r+1)$ 阶单位矩阵。则 $\phi(\mathbf{C})$ 是有限域 $\mathbb{F}_{p^{2m}}$ 上的一个码长为 $(r+1)n$ 的 Hermitian 对偶包含码。此外，若 $\mathbf{C}$ 是环 R_q 上的 Hermitian 自对偶码，则 $\phi(\mathbf{C})$ 也是有限域 $\mathbb{F}_{p^{2m}}$ 上的 Hermitian 自对偶码。

证明： 本定理的证明过程类似于定理 5.13 的证明，故不再赘述。

由文献 [130] 和文献 [134] 的研究内容，我们在下面的引理中给出构造量子码的一种方法。

引理 5.24 (Hermitian 构造) 若存在一个参数为 $[n,k,d]_{q^2}$ 的经典线性码 C 使得 $C^{\perp_H}\subseteq C$，则存在一个参数为 $[[n,2k-n,\geq d]]_q$ 的稳定化子码。

由上述结论，我们直接得到一种构造有限域 $\mathbb{F}_{p^m}$ 上的量子码的方法。

定理 5.25 令

$$\mathbf{C}=e_0C_0\oplus e_1C_1\oplus\cdots\oplus e_rC_r$$

是一个参数为 $[n,k,d_G]_{R_q}$ 的循环码。若 $C_i^{\perp_H}\subseteq C_i$，则有 $\mathbf{C}^{\perp_H}\subseteq\mathbf{C}$ 且存在一个参

数为$[[(r+1)n, 2k-(r+1)n, d_G]]_{p^m}$的量子纠错码, 其中$0\le i\le r$, $k=\sum_{i=0}^{r}k_i$且k_i是C_i的维数。

综上所述, 下面的例子给出有限域$\mathbb{F}_{13}$和$\mathbb{F}_{17}$上的一些新的量子码。

例 5.26 令

$$R_q=\mathbb{F}_{13^2}+v_1\mathbb{F}_{13^2}+v_2\mathbb{F}_{13^2}$$

且$n=5$, 则有$C_0^{169,5}=\{0\}$, $C_1^{169,5}=\{1,4\}$且$C_2^{169,5}=\{2,3\}$。令$Z_0=Z_1=\{1,4\}$和$Z_2=\{2,3\}$分别是C_0、C_1和C_2的定义集, 容易证明$Z_0^{-13}=Z_1^{-13}=\{2,3\}$且$Z_2^{-13}=\{1,4\}$, 故有$Z_i\bigcap Z_i^{-13}=\phi$, 即: $C_i^{\perp_H}\subseteq C_i$, 其中$0\le i\le 2$。根据定理 5.22, 我们有$\mathbf{C}=e_0C_0\oplus e_1C_1\oplus e_2C_2$是环$R_q$上的一个 Hermitian 对偶包含码, 即: $\mathbf{C}^{\perp_H}\subseteq\mathbf{C}$。

令

$$g_0(x)=g_1(x)=(x-\rho^1)(x-\rho^4)=x^2+w^{30}x+1$$

且

$$g_2(x)=(x-\rho^2)(x-\rho^3)=x^2+w^{54}x+1$$

其中w是$\mathbb{F}_{13^2}=\mathbb{F}_{13}[x]/\left\langle x^2+12x+2\right\rangle$的一个本原元满足$\mathrm{ord}(w)=13^2-1=168$且$\rho$是$x^5-1$在$\mathbb{F}_{13^2}$的分裂域上的 5 次本原单位根, 则有$C_0=\langle g_0(x)\rangle, C_1=\langle g_1(x)\rangle$且$C_2=\langle g_2(x)\rangle$。

令$M=\begin{pmatrix}11 & 2 & 1\\ 12 & 11 & 2\\ 2 & 1 & 2\end{pmatrix}\in GL_2(\mathbb{F}_{13^2})$, 则有$M(M^{13})^{\mathrm{T}}=\begin{pmatrix}9 & 0 & 0\\ 0 & 9 & 0\\ 0 & 0 & 9\end{pmatrix}$。由计算机软件系统 Magma[124], 我们得到$\phi(\mathbf{C})$是有限域$\mathbb{F}_{13^2}$上的一个参数为$[15,9,5]$的线性码。根据定理 5.23 和定理 5.25, 我们得到一个参数为$[[15,3,5]]_{13}$的量子码。

在本例子最后, 我们在表 5.2 中列出一些由环R_q上的循环码构造的有限域$\mathbb{F}_{13}$

和 $\mathbb{F}_{17}$ 上的新的量子码, 其中 $\mathbb{F}_{17}$ 是 $\mathbb{F}_{17^2}=\mathbb{F}_{17}[x]/\langle x^2+16x+3\rangle$ 的一个本原元满足 $\mathrm{ord}(\eta)=17^2-1=288$。

表 5.2 新的量子码 $[[n,k,d]]_{p^m}$

n	r	$\langle g_0(x),\cdots,g_r(x)\rangle$	$\phi(C)$	$[[n,k,d]]_{p^m}$
5	1	$\langle 1w^{30}1,1w^{54}1\rangle$	$[10,6,4]_{13^2}$	$[[10,2,4]]_{13}$
5	2	$\langle 1w^{30}1,1w^{30}1,1w^{54}1\rangle$	$[15,9,5]_{13^2}$	$[[15,3,5]]_{13}$
6	1	$\langle 16(12),17(12)\rangle$	$[12,8,3]_{13^2}$	$[[12,4,3]]_{13}$
8	2	$\langle 1w^{26}w^{63},1w^{110}w^{63},1w^{131}w^{105}\rangle$	$[24,18,4]_{13^2}$	$[[24,12,4]]_{13}$
12	2	$\langle 1(11),19,15\rangle$	$[36,33,2]_{13^2}$	$[[36,30,2]]_{13}$
12	2	$\langle 178,12(11),1(11)(11)\rangle$	$[36,30,4]_{13^2}$	$[[36,24,4]]_{13}$
12	1	$\langle 1972(10),147(11)(10)\rangle$	$[24,16,5]_{13^2}$	$[[24,8,5]]_{13}$
12	1	$\langle 135(12)(11)5,1(10)51(11)8\rangle$	$[24,14,6]_{13^2}$	$[[24,4,6]]_{13}$
8	2	$\langle 18,18,18\rangle$	$[24,21,2]_{17^2}$	$[[24,18,2]]_{17}$
12	2	$\langle 1\eta^{168},14,1\eta^{264}\rangle$	$[36,33,2]_{17^2}$	$[[36,30,2]]_{17}$
16	2	$\langle 15(10),1(11)(11),1(14)7\rangle$	$[48,42,3]_{17^2}$	$[[48,36,3]]_{17}$
16	2	$\langle 1(12)(11)2,167(13),1368\rangle$	$[48,39,4]_{17^2}$	$[[48,30,4]]_{17}$
16	2	$\langle 1(16)8(12)8,182(10)9,171(15)(15)\rangle$	$[48,36,5]_{17^2}$	$[[48,24,5]]_{17}$
16	1	$\langle 1(11)(13)6(16)(11),13(16)(12)1(14)\rangle$	$[32,22,6]_{17^2}$	$[[32,12,6]]_{17}$
16	2	$\langle 1(13)1(15)(11)95,1(12)93767,159(14)7(11)7\rangle$	$[48,30,7]_{17^2}$	$[[48,12,7]]_{17}$
16	1	$\langle 12(11)4(16)78(13),1(15)(11)(13)(16)(10)84\rangle$	$[32,18,8]_{17^2}$	$[[32,4,8]]_{17}$

5.4 本章小结

令 $R_q=\mathbb{F}_q+v_1\mathbb{F}_q+\cdots+v_r\mathbb{F}_q$，其中 q 是一个素数方幂，$v_i^2=v_i, v_iv_j=v_jv_i=0$, $1\le i,j\le r$ 且 $r\ge 1$。本章讨论了环 R_q 上的循环码的结构, 给出了由环 R_q 上的循环码构造量子码的一种方法, 并且由环 R_q 上的循环码 的 Gray 象得到有限域 $\mathbb{F}_q$ 上的 Euclidean 对偶包含码和有限域 $\mathbb{F}_{p^{2m}}$ 上的 Hermitian 对偶包含码。特别地, 利用 $(r+1)$ 个与环 R_q 上任意码长的循环码相关联的码确定其对应的量子码的参数并且得到一些新的非二元量子码。

6 环 $\mathbb{F}_{2^m}[u]/\langle u^4\rangle$ 上单偶长 $(\delta+\alpha u^2)$-常循环码的对偶码理论研究

令 $\mathbb{F}_{2^m}$ 是一个势为 2^m 的有限域 $R=\mathbb{F}_{2^m}[u]/\langle u^4\rangle=\mathbb{F}_{2^m}+u\mathbb{F}_{2^m}+u^2\mathbb{F}_{2^m}+u^3\mathbb{F}_{2^m}(u^4=0)$ 是一个有限链环, 其中 n 是一个奇正整数。这一章, 我们给出环 R 上任意的码长为 $2n$ 的 $(\delta+\alpha u^2)$-常循环码的对偶码的一种具体表示, 其中 $\delta,\alpha\in\mathbb{F}_{2^m}^{\times}$。此外, 我们还研究了当 $\delta=1$ 时, 环 R 上所有不同的码长为 $2n$ 的自对偶 $(1+\alpha u^2)$-常循环码的代数结构。本章对应的内容已经发表于 *Discrete Mathematics*。

本章的结构如下。6.1 节列出了环 R 上码长为 $2n$ 的 $(\delta+\alpha u^2)$-常循环码的一些基本理论。6.2 节给出环 R 上任意的码长为 $2n$ 的 $(\delta+\alpha u^2)$-常循环码的对偶码的一种具体表示并且构造了一些对偶码。6.3 节讨论了环 R 上所有的码长为 $2n$ 的自对偶 $(1+\alpha u^2)$-常循环码的代数结构。

6.1 预备知识

本小节, 我们列出环 R 上码长为 $2n$ 的 $(\delta+\alpha u^2)$-常循环码的一些基本性质和概念, 这对接下来考虑它的对偶码是十分重要的。

令 Γ 是一个含有单位元 $1\neq 0$ 的有限交换环, 对任意的 $a\in\Gamma$, 我们用 $\langle a\rangle_\Gamma$ 或者 $\langle a\rangle$ 表示环 Γ 的由 a 生成的理想。根据文献 [81]、文献 [135] 和文献 [136]的研究结果可知, 环 Γ 上的一个码长为 N 的码 C 是

$$\Gamma^N=\{(a_0,a_1,\cdots,a_{N-1})\mid a_j\in\Gamma,\ j=0,1,\cdots,N-1\}$$

的一个非空子集。环 Γ 上的一个码长为 N 的线性码 C 是 Γ^N 的一个 Γ-子模。本章, 我们考虑环绕空间 Γ^N 中的普通 Euclidian 内积, 即:

$$[a,b]_E=\sum_{j=0}^{N-1}a_jb_j$$

其中$a=(a_0,a_1,\cdots,a_{N-1}),b=(b_0,b_1,\cdots,b_{N-1})\in\Gamma^N$。$C$的对偶码定为

$$C^{\perp_E}=\{a\in\Gamma^N \| [a,b]_E=0,\forall\, b\in C\}$$

此外, 若$C\subset C^{\perp_E}$, 则称C是自正交的。若$C=C^{\perp_E}$,则称C是自对的。

由文献 [137] 的内容可知, 令I是环Γ的一个理想, 若I只由一个元素生成, 则称其为主理想。若环Γ的理想都是主理想, 则称Γ是一个主理想环。若$\Gamma/\mathrm{rad}\Gamma$是一个商环(或等价的, 若环$\Gamma$有唯一的极大理想), 则称$\Gamma$是一个局部环。此外, 如果它的所有右(左)理想组成的集合在集合包含理论下构成一个链, 则环Γ被称为一个右(左)链环。若环Γ既是一个左链环又是一个右链环, 则称Γ是一个链环。

令$\gamma\in\Gamma^{\times}$, 其中$\Gamma^{\times}$表示环Γ的所有可逆元组成的乘法群, 若对任意的$(c_0,c_1,\cdots,c_{N-1})\in C$都有

$$(\gamma c_{N-1},c_0,c_1,\cdots,c_{N-2})\in C$$

则称C是环Γ上的一个码长为N的γ-常循环码。我们将Γ^N的每个元素$a=(a_0,a_1,\cdots,a_{N-1})$与$\Gamma[x]/\langle x^N-\gamma\rangle$中的多项式$a(x)=a_0+a_1x+\cdots+a_{N-1}x^{N-1}$等同看待。由文献 [55] 中的命题 2.4, 我们得出下面的引理。

引理 6.1 环Γ上的一个码长为N的γ-常循环码的对偶码是环Γ上的一个码长为N的γ^{-1}-常循环码, 即: 是$\Gamma[x]/\langle x^N-\gamma^{-1}\rangle$的一个理想。

下面我们给出本章用到的一些记号。

符号 1: 令$\delta,\alpha\in\mathbb{F}_{2^m}^{\times}$且$n$是一个奇正整数。我们记

- $R=\mathbb{F}_{2^m}[u]/\langle u^4\rangle=\mathbb{F}_{2^m}+u\mathbb{F}_{2^m}+u^2\mathbb{F}_{2^m}+u^3\mathbb{F}_{2^m}\,(u^4=0)$是一个元素个数为$2^{4m}$的有限链环。

- $\mathcal{A}=\mathbb{F}_{2^m}[x]/\langle (x^{2n}-\delta)^2\rangle$是一个主理想环且$|\mathcal{A}|=2^{4mn}$。

- $\mathcal{A}[u]/\langle u^2-\alpha^{-1}(x^{2n}-\delta)\rangle=\mathcal{A}+u\mathcal{A}(u^2=\alpha^{-1}(x^{2n}-\delta))$。

令$\xi_0+u\xi_1\in\mathcal{A}+u\mathcal{A}$，其中$\xi_0,\xi_1\in\mathcal{A}$。由文献 [81] 可知，在$\mathbb{F}_{2^m}[x]$中存在两个唯一的多项式对$(a_0(x),a_2(x)),(a_1(x),a_3(x))$使得

$$\xi_0=\xi_0(x)=a_0(x)+\alpha^{-1}(x^{2n}-\delta)a_2(x),\ \deg(a_j(x))<2n,\ j=0,2$$

且

$$\xi_1=\xi_1(x)=a_1(x)+\alpha^{-1}(x^{2n}-\delta)a_3(x),\ \deg(a_j(x))<2n,\ j=1,3$$

假设$a_k(x)=\sum_{i=0}^{2n-1}a_{i,k}x^i$，其中$a_{i,k}\in\mathbb{F}_{2^m},i=0,1,\cdots,2n-1,k=0,1,2,3$。我们定义映射

$$\Psi(\xi_0+u\xi_1)=\sum_{k=0}^{3}u^k a_k(x)=\sum_{i=0}^{2n-1}(\sum_{k=0}^{3}u^k a_{i,k})x^i\in R[x]/\left\langle x^{2n}-(\delta+\alpha u^2)\right\rangle$$

其中$i=0,1,\cdots,2n-1$。根据文献 [81] 中的定理 3.1 可知，映射Ψ是一个从$\mathcal{A}+u\mathcal{A}$到$R[x]/\langle x^{2n}-(\delta+\alpha u^2)\rangle$上的环同构。

因为n是一个奇数，所以在$\mathbb{F}_{2^m}[x]$中存在一组两两互素的首一不可约多式$f_1(x),\cdots,f_r(x)$使得

$$x^n-\delta_0=f_1(x)\cdots f_r(x)$$

且

$$(x^{2n}-\delta)^2=(x^n-\delta_0)^4=f_1(x)^4\cdots f_r(x)^4$$

其中$\delta=\delta_0^2$。对任意的整数$j,1\le j\le r$，我们假设$\deg(f_j(x))=d_j$并且记$F_j(x)=\frac{x^n-\delta_0}{f_j(x)}$，则有$F_j(x)^4=\frac{(x^{2n}-\delta)^2}{f_j(x)^4}$且$\gcd(F_j(x)^4,f_j(x)^4)=1$，因此存

在多项式$g_j(x), h_j(x) \in \mathbb{F}_{2^m}[x]$使得

$$g_j(x)F_j(x)^4 + h_j(x)f_j(x)^4 = 1 \tag{6.1}$$

令

$$\varepsilon_j(x) \equiv g_j(x)F_j(x)^4 = 1 - h_j(x)f_j(x)^4 \ (\bmod\ (x^{2n} - \delta)^2) \tag{6.2}$$

$T_j = \{\sum_{i=0}^{d_j-1} t_i x^i \mid t_0, t_1, \cdots, t_{d_j-1} \in \mathbb{F}_{2^m}\}$且$\omega_j = \alpha_0 F_j(x) (\bmod\ f_j(x)^4)$，其中$\alpha^{-1} = \alpha_0^2$。

我们记

$$\mathcal{K}_j = \mathbb{F}_{2^m}[x] / \langle f_j(x)^4 \rangle$$

$$\mathcal{K}_j[u] / \langle u^2 - \omega_j^2 f_j(x)^2 \rangle = \mathcal{K}_j + u\mathcal{K}_j \ (u^2 = \omega_j^2 f_j(x)^2)$$

根据上述讨论，下面的引理给出$\mathcal{K}_j + u\mathcal{K}_j (u^2 = \omega_j^2 f_j(x)^2)$的所有的不同理想。

引理 6.2[81] 由上述记号，令$1 \le j \le r$。则$\mathcal{K}_j + u\mathcal{K}_j (u^2 = \omega_j^2 f_j(x)^2)$的所有的不同理想分为以下五种情况：

(i) 2^{2md_j}个理想：

• $C_j = \langle f_j(x)(\omega_j + f_j(x)c_1(x) + f_j(x)^2 c_2(x)) + u \rangle$且$|C_j| = 2^{4md_j}$，其中$c_1(x), c_2(x) \in \mathcal{T}_j$。

(ii) $2^{md_j+1}+1$个理想：

• $C_j = \langle uf_j(x)^3 \rangle$且$|C_j| = 2^{md_j}$；

• $C_j = \langle f_j(x)^3 b(x) + uf_j(x)^2 \rangle$且$|C_j| = 2^{2md_j}$，其中$b(x) \in \mathcal{T}_j$；

• $C_j = \langle f_j(x)^2(\omega_j + f_j(x)c(x)) + uf_j(x) \rangle$且$|C_j| = 2^{3md_j}$，其中。

(iii) 5个理想：

• $C_j = \langle f_j(x)^k \rangle$且$|C_j| = 2^{(8-2k)md_j}$，其中$0 \le k \le 4$。

(iv) $2^{md_j+1}+1$个理想：

- $C_j=\langle u,f_j(x)\rangle$ 且 $|C_j|=2^{7md_j}$；
- $C_j=\langle f_j(x)c(x)+u,f_j(x)^2\rangle$ 且 $|C_j|=2^{6md_j}$，其中 $c(x)\in\mathcal{T}_j$；
- $C_j=\langle f_j(x)(\omega_j+f_j(x)c(x))+u,f_j(x)^3\rangle$ 且 $|C_j|=2^{5md_j}$，其中 $c(x)\in\mathcal{T}_j$；

(v) 2^{md_j} 个理想：

- $C_j=\langle f_j(x)^2c(x)+uf_j(x),f_j(x)^3\rangle$ 且 $|C_j|=2^{4md_j}$，其中 $c(x)\in\mathcal{T}_j$。

因此，$\mathcal{K}_j+u\mathcal{K}_j$ 中理想的个数为 $2^{2md_j}+5\cdot 2^{md_j}+7$。

在下面的引理中，我们给出环 R 上所有不同的码长为 $2n$ 的 $(\delta+\alpha u^2)$-常循环码的代数结构。

引理 6.3[81]　环 R 上所有不同的码长为 $2n$ 的 $(\delta+\alpha u^2)$-常循环码表示为

$$\mathcal{C}=\Psi\left(\bigoplus_{j=1}^{r}\varepsilon_j(x)C_j\right)=\bigoplus_{j=1}^{r}\Psi\left(\varepsilon_j(x)C_j\right)$$

其中 C_j 是引理 6.2 中列出的 $\mathcal{K}_j+u\mathcal{K}_j(u^2=\omega_j^2f_j(x)^2)$ 的一个理想，$1\le j\le r$，且 $\mathcal{C}$ 中包含码子的个数为 $|\mathcal{C}|=\prod_{j=1}^{r}|C_j|$。

因此，环 R 上的码长为 $2n$ 的 $(\delta+\alpha u^2)$-常循环码的个数为 $\prod_{j=1}^{r}(2^{2md_j}+5\cdot 2^{md_j}+7)$。

6.2　环 $\mathbb{F}_{2^m}[u]/\langle u^4\rangle$ 上码长为 $2n$ 的 $(\delta+\alpha u^2)$-常循环码的对偶码理论

在本小节，我们考虑文献 [81] 中给出的环 R 上码长为 $2n$ 的 $(\delta+\alpha u^2)$-常循环码的对偶码的代数结构，其中 $\delta,\alpha\in\mathbb{F}_{2^m}^{\times}$ 且 n 是一个奇数。

由引理 6.1 我们知道，环 R 上的每个码长为 $2n$ 的 $(\delta+\alpha u^2)$-常循环码 C 的对偶码 $C^{\perp_E}$ 是环 R 上的一个码长为 $2n$ 的 $(\delta+\alpha u^2)^{-1}$-常循环码，即环

$R[x]/\langle x^{2n}-(\delta+\alpha u^2)^{-1}\rangle$ 的一个理想，其中 $(\delta+\alpha u^2)^{-1}=\delta^{-1}+\delta^{-2}\alpha u^2$ 。在本章剩余部分中，我们采用以下记号。

符号 2:

- $\widehat{\mathcal{A}}=\mathbb{F}_{2^m}[x]/\langle(x^{2n}-\delta^{-1})^2\rangle$
- $\widehat{\mathcal{A}}[u]/\langle u^2-\delta^2\alpha^{-1}(x^{2n}-\delta^{-1})\rangle=\widehat{\mathcal{A}}+u\widehat{\mathcal{A}}(u^2=\delta^2\alpha^{-1}(x^{2n}-\delta^{-1}))$

•映射 $\hat{\Psi}:\widehat{\mathcal{A}}+u\widehat{\mathcal{A}}\to R[x]/\langle x^{2n}-(\delta+\alpha u^2)^{-1}\rangle$ 定义为：

$$\hat{\Psi}(\beta(x)+u\gamma(x))=g_0(x)+uh_0(x)+u^2g_2(x)+u^3h_2(x)$$

其中 $\beta(x)=g_0(x)+\delta^2\alpha^{-1}(x^{2n}-\delta^{-1})g_2(x),\gamma(x)=h_0(x)+\delta^2\alpha^{-1}(x^{2n}-\delta^{-1})$ $h_2(x)\in\widehat{\mathcal{A}},g_i(x),h_i(x)\in\mathbb{F}_{2^m}[x]$ 满足 $\deg(g_i(x)),\deg(h_i(x))<2n,i=0,2$ 。

类似于映射 Ψ 的定义，不难发现，映射 $\hat{\Psi}$ 是一个从 $\widehat{\mathcal{A}}+u\widehat{\mathcal{A}}$ 到 $R[x]/\langle x^{2n}-(\delta+\alpha u^2)^{-1}\rangle$ 上的环同构。此外，作为一个 $\mathbb{F}_{2^m}$-代数同构，映射 $\hat{\Psi}$ 满足下面的性质：

$$\text{若 } 0\le i\le 2n-1,\ \text{则 } \hat{\Psi}(x^i)=x^i$$

$$\hat{\Psi}(x^{2n})=\delta^{-1}+\delta^{-2}\alpha u^2 \text{ 且 } \hat{\Psi}(u)=u$$

在环 $R[x]/\langle x^{2n}-(\delta+\alpha u^2)^{-1}\rangle$ 中，我们有 $x^{2n}=(\delta+\alpha u^2)^{-1}$，即：$x^{-2n}=\delta+\alpha u^2$ 或者 $(\delta+\alpha u^2)x^{2n}=1$，这就推出

$$x^{-1}=(\delta+\alpha u^2)x^{2n-1}\in R[x]/\langle x^{2n}-(\delta+\alpha u^2)^{-1}\rangle \tag{6.3}$$

引理 6.4 定义映射

$$\tau:R[x]/\langle x^{2n}-(\delta+\alpha u^2)\rangle\to R[x]/\langle x^{2n}-(\delta+\alpha u^2)^{-1}\rangle$$

使得

$$\tau(a(x))=a(x^{-1})=\sum_{i=0}^{2n-1}a_ix^{-i}=(\delta+\alpha u^2)\sum_{i=0}^{2n-1}a_ix^{2n-i} \tag{6.4}$$

其中 $a(x)=\sum_{i=0}^{2n-1}a_ix^i\in R[x]/\langle x^{2n}-(\delta+\alpha u^2)\rangle$ 且 $a_0,a_1,\cdots,a_{2n-1}\in R$。则映射 τ

是一个从 $R[x]/\langle x^{2n}-(\delta+\alpha u^2)\rangle$ 到 $R[x]/\langle x^{2n}-(\delta+\alpha u^2)^{-1}\rangle$ 上的环同构。

证明：对任意的多项式 $g(x)\in R[x]$, 我们定义

$$\tau_0(g(x))=g((\delta+\alpha u^2)x^{2n-1})=g(x^{-1})\ (\mathrm{mod}\ x^{2n}-(\delta+\alpha u^2)^{-1})$$

则由公式 (6.3) 我们知道 τ_0 是一个从 $R[x]$ 到 $R[x]/\langle x^{2n}-(\delta+\alpha u^2)^{-1}\rangle$ 上的良定义的映射。对任意的多项式 $h(x)=\sum_{i=0}^{2n-1}h_ix^i\in R[x]/\langle x^{2n}-(\delta+\alpha u^2)^{-1}\rangle$, 我们选择多项式 $g(x)=(\delta+\alpha u^2)^{-1}\sum_{i=0}^{2n-1}h_ix^{2n-i}\in R[x]$, 则由公式 (6.3) 和映射 τ_0 的定义得到

$$\tau_0(g(x))=(\delta+\alpha u^2)^{-1}\sum_{i=0}^{2n-1}h_i((\delta+\alpha u^2)x^{2n-1})^{2n-i}=x^{2n}\sum_{i=0}^{2n-1}h_ix^{i-2n}=h(x)$$

因此推出 τ_0 是一个满射, 故在 $R[x]/\langle x^{2n}-(\delta+\alpha u^2)^{-1}\rangle$ 中有

$$\tau_0(x^{2n}-(\delta+\alpha u^2))=x^{-2n}-(\delta+\alpha u^2)=(\delta+\alpha u^2)-(\delta+\alpha u^2)=0$$

由经典环理论可知, 公式 (6.4) 中定义的映射 τ 是由 τ_0 诱导出来的且 τ 是一个从 $R[x]/\langle x^{2n}-(\delta+\alpha u^2)\rangle$ 到 $R[x]/\langle x^{2n}-(\delta+\alpha u^2)^{-1}\rangle$ 上的环的满同态。此外, 易见

$$|R[x]/\langle x^{2n}-(\delta+\alpha u^2)\rangle|=|R|^{2n}=|R[x]/\langle x^{2n}-(\delta+\alpha u^2)^{-1}\rangle|$$

因此, 映射 τ 是一个双射, 进而推出 τ 是一个环同构。

引理 6.5　对任意的 $a=(a_0,a_1,\cdots,a_{2n-1}),b=(b_0,b_1,\cdots,b_{2n-1})\in R^{2n}$, 定义

$$a(x)=\sum_{i=0}^{2n-1}a_ix^i\in R[x]/\langle x^{2n}-(\delta+\alpha u^2)\rangle$$

$$b(x)=\sum_{i=0}^{2n-1}b_ix^i\in R[x]/\langle x^{2n}-(\delta+\alpha u^2)^{-1}\rangle$$

若 $\tau(a(x))\cdot b(x)=0$ 在 $R[x]/\langle x^{2n}-(\delta+\alpha u^2)^{-1}\rangle$ 中成立, 则 $[a,b]_E=\sum_{i=0}^{2n-1}a_ib_i=0$。

证明：由公式（6.4）和 $x^{2n}=(\delta+\alpha u^2)^{-1}$ 在 $R[x]/\langle x^{2n}-(\delta+\alpha u^2)^{-1}\rangle$ 中成立可推出

$$\tau(a(x))\cdot b(x)=[a,b]_E+\sum_{i=1}^{2n-1}c_i x^i$$

对某些 $c_1,\cdots,c_{2n-1}\in R$ 成立，因此得到，若 $\tau(a(x))\cdot b(x)=0$ 在 $R[x]/\langle x^{2n}-(\delta+\alpha u^2)^{-1}\rangle$ 中成立，则 $[a,b]_E=0$。

对任意的 $(\delta+\alpha u^2)$-常循环码 $\mathcal{C}$，由引理 6.5 可知

$\mathcal{C}^{\perp_E}=\{b(x)\in R[x]/\langle x^{2n}-(\delta+\alpha u^2)^{-1}\rangle \mid \tau(a(x))\cdot b(x)=0,\forall\, a(x)\in\mathcal{C}\}$

根据引理 6.3，我们知道码 $\mathcal{C}$ 具有唯一的典范型分解

$$\mathcal{C}=\bigoplus\nolimits_{j=1}^{r}\Psi(\varepsilon_j(x)C_j)$$

其中 C_j 是引理 6.2 中列出的 $\mathcal{K}_j+u\mathcal{K}_j(u^2=\omega_j^2 f_j(x)^2)$ 的一个理想。现在，我们提出一个问题：如何利用码 $\mathcal{C}$ 的典范型分解定义它的对偶码 $\mathcal{C}^{\perp_E}$ 呢？

首先，根据映射 Ψ 的定义，引理 6.4 和映射 $\hat{\Psi}$ 的性质可知存在唯一的从 $\mathcal{A}+u\mathcal{A}(u^2=\alpha^{-1}(x^{2n}-\delta))$ 到 $\widehat{\mathcal{A}}+u\widehat{\mathcal{A}}(u^2=\delta^2\alpha^{-1}(x^{2n}-\delta^{-1}))$ 上的环同构使其具有下面的性质：

$$\begin{array}{ccc}
\mathcal{A}+u\mathcal{A} & \overset{\sigma}{\rightarrow} & \widehat{\mathcal{A}}+u\widehat{\mathcal{A}} \\
\Psi\downarrow & & \downarrow\hat{\Psi} \\
R[x]/\langle x^{2n}-(\delta+\alpha u^2)\rangle & \overset{\tau}{\rightarrow} & R[x]/\langle x^{2n}-(\delta+\alpha u^2)^{-1}\rangle
\end{array}$$

即：$\tau\Psi=\hat{\Psi}\sigma$，故得到 $\sigma=\hat{\Psi}^{-1}\tau\Psi$。

引理 6.6[81]　由上述记号，我们有下面的性质：

(i) 在环 $\mathcal{A}$ 中有 $\varepsilon_1(x)+\cdots+\varepsilon_r(x)=1,\varepsilon_j(x)^2=\varepsilon_j(x)$ 且 $\varepsilon_j(x)\varepsilon_l(x)=0$，其中 $1\le j\ne l\le r$；

(ii) 对任意的 $a_j(x)\in\mathcal{K}_j,j=1,\cdots,r$，定义映射

$$\varphi(a_1(x),\cdots,a_r(x))\mapsto\sum_{j=1}^{r}\varepsilon_j(x)a_j(x)(\mathrm{mod}\,(x^{2n}-\delta)^2)$$

则 φ 是一个从 $\mathcal{K}_1\times\cdots\times\mathcal{K}_r$ 到 $\mathcal{A}$ 上的环同构。

引理 6.7 由上述记号, 我们有下面的结论:

(i) 对任意的 $\xi=g_0(x)+ug_1(x)\in\mathcal{A}+u\mathcal{A}$, 我们有 $\sigma(\xi)=g_0(x^{-1})+ug_1(x^{-1})$, 其中 $g_0(x),g_1(x)\in\mathcal{A}$;

(ii) 对任意的整数 $j,1\le j\le r$ 和 $\eta=c_0(x)+uc_1(x)\in\mathcal{K}_j+u\mathcal{K}_j$ 满足 $c_0(x)$, $c_1(x)\in\mathcal{K}_j$, 我们有 $\sigma(\varepsilon_j(x)\eta)=\varepsilon_j(x^{-1})(c_0(x^{-1})+uc_1(x^{-1}))$;

(iii) 映射 σ 在 $\mathcal{A}$ 上的限制, 定义为 $g(x)\mapsto g(x^{-1})(\forall\, g(x)\in\mathcal{A})$, 是一个从 $\mathcal{A}$ 到 $\widehat{\mathcal{A}}$ 上的环同构。

证明: (i) 不难发现, $\mathcal{A}+u\mathcal{A}$ 和 $\widehat{\mathcal{A}}+u\widehat{\mathcal{A}}$ 都是基为 $\{1,x,\cdots,x^{4n-1},u,ux,\cdots,ux^{4n-1}\}$、维数为 $8n$ 的 $\mathbb{F}_{2^m}$-代数。因为 σ 是一个从 $\mathcal{A}+u\mathcal{A}$ 到 $\widehat{\mathcal{A}}+u\widehat{\mathcal{A}}$ 上的 $\mathbb{F}_{2^m}$-代数同构, 所以 σ 可以由 $\sigma(x)$ 和 $\sigma(u)$ 完全确定。根据 $\sigma=\hat{\Psi}^{-1}\tau\Psi$, 映射 Ψ 的定义、引理 6.4、公式 (6.4) 和 $(x^{2n}-\delta^{-1})^2=0$ 在 $\widehat{\mathcal{A}}$ 中成立可推出

$$\begin{aligned}\sigma(x)&=\hat{\Psi}^{-1}\tau(\Psi(x))=\hat{\Psi}^{-1}(\tau(x))=\hat{\Psi}^{-1}(x^{-1})=\hat{\Psi}^{-1}\left((\delta+\alpha u^2)x^{2n-1}\right)\\&=\hat{\Psi}^{-1}\left(\delta x^{2n-1}+u^2\alpha x^{2n-1}\right)=\delta x^{2n-1}+\delta^2\alpha^{-1}(x^{2n}-\delta^{-1})\cdot\alpha x^{2n-1}\\&=x^{-1}\left(\delta x^{2n}+\delta^2(x^{2n}-\delta^{-1})x^{2n}\right)\\&=x^{-1}\left(\delta x^{2n}+\delta^2(x^{2n}-\delta^{-1})((x^{2n}-\delta^{-1})+\delta^{-1})\right)\\&=x^{-1}\left(\delta x^{2n}+\delta^2(x^{2n}-\delta^{-1})\delta^{-1}\right)\\&=x^{-1}\end{aligned}$$

且

$$\sigma(u)=\hat{\Psi}^{-1}\tau(\Psi(u))=\hat{\Psi}^{-1}(\tau(u))=(\hat{\Psi}^{-1}(u))=u$$

因此, 对任意的 $\xi=g_0(x)+ug_1(x)\in\mathcal{A}+u\mathcal{A}$ 满足 $g_0(x),g_1(x)\in\mathcal{A}$, 我们有

$\sigma(\xi)=\sigma(g_0(x))+\sigma(u)\sigma(g_1(x))=g_0(x^{-1})+ug_1(x^{-1})$。

(ii) 对任意的整数 $j,1\leq j\leq r$ 和 $\eta=c_0(x)+uc_1(x)\in\mathcal{K}_j+u\mathcal{K}_j$ 满足 $c_0(x)$, $c_1(x)\in\mathcal{K}_j$，利用引理 6.6 (ii) 可知 $\varepsilon_j(x)c_0(x),\varepsilon_j(x)c_1(x)\in\mathcal{A}$，再由 (i) 可推出

$$\begin{aligned}\sigma(\varepsilon_j(x)\eta)&=\sigma(\varepsilon_j(x)c_0(x)+u\varepsilon_j(x)c_1(x))\\&=\varepsilon_j(x^{-1})c_0(x^{-1})+u\varepsilon_j(x^{-1})c_1(x^{-1})\\&=\varepsilon_j(x^{-1})(c_0(x^{-1})+uc_1(x^{-1}))\end{aligned}$$

(iii) 由 (i) 可推出结论。

对任意的次数 $d\geq 1$ 的多项式 $f(x)=\sum_{i=0}^{d}c_ix^i\in\mathbb{F}_{2^m}[x]$，它的互反多项式定义为

$$\tilde{f}(x)=\widetilde{f(x)}=x^df(\frac{1}{x})=\sum_{i=0}^{d}c_ix^{d-i}$$

若 $f(x)=\delta f(x)$ 对某个 $\delta\in\mathbb{F}_{2^m}^{\times}$ 成立，则称 $f(x)$ 是自反的。众所周知，若 $f(0)\neq 0$，则有 $\widetilde{\widetilde{f}(x)}=f(x)$ 且 $\widetilde{f(x)g(x)}=\widetilde{f(x)}\widetilde{g(x)}$ 对任意的次数为整数且满足 $f(0),g(0)\in\mathbb{F}_{2^m}^{\times}$ 的首一多项式 $f(x),g(x)\in\mathbb{F}_{2^m}[x]$ 成立。因为在文献 [81] 中

$$x^n-\delta_0=f_1(x)f_2(x)\cdots f_r(x)$$

所以有

$$x^n-\delta_0^{-1}=-\delta_0^{-1}\widetilde{(x^n-\delta_0)}=\delta_0^{-1}\widetilde{f}_1(x)\cdots\widetilde{f}_r(x)\tag{6.5}$$

其中 $\delta_0\in F_{2^m}^{\times}$ 使得 $\delta_0^2=\delta,\widetilde{f}_1(x),\cdots,\widetilde{f}_r(x)$ 是 $\mathbb{F}_{2^m}[x]$ 中的两两互素的不可约多项式。令 $1\leq j\leq r$，在本章剩余部分中，我们记

- $\widehat{\mathcal{K}}_j=\mathbb{F}_{2^m}[x]/\langle\widetilde{f}_j(x)^4\rangle$ 是一个有限链环，它的唯一的极大理想是由 $\widetilde{f}_j(x)$ 生成的且 $\widetilde{f}_j(x)$ 的幂零指数为 4。

由引理 6.7 (iii)、公式 (6.1) 和公式 (6.2) 可知，在环 $\widehat{\mathcal{A}}$ 中有

$$g_j(x^{-1})F_j(x^{-1})^4+h_j(x^{-1})f_j(x^{-1})^4=1$$

且

$$\varepsilon_j(x^{-1}) = g_j(x^{-1})F_j(x^{-1})^4 = 1 - h_j(x^{-1})f_j(x^{-1})^4$$

因为 $\deg(f_j(x)) = d_j$，所以有 $f_j(x^{-1}) = x^{-d_j}(x^{d_j}f_j(x^{-1})) = x^{-d_j}\widetilde{f_j}(x)$ 且 $F_j(x^{-1}) = x^{-(n-d_j)}\widetilde{F_j}(x)$, 这就推出在环$\widehat{\mathcal{A}}$中有

$$g_j(x^{-1})x^{-4(n-d_j)}\widetilde{F_j}(x)^4 + h_j(x^{-1})x^{-4d_j}\widetilde{f_j}(x)^4 = 1 \tag{6.6}$$

且

$$\varepsilon_j(x^{-1}) = \left(g_j(x^{-1})x^{-4(n-d_j)}\right)\widetilde{F_j}(x)^4 = 1 - \left(h_j(x^{-1})x^{-4d_j}\right)\widetilde{f_j}(x)^4 \tag{6.7}$$

由上述讨论和公式 (6.5)、公式(6.6) 和公式 (6.7), 我们推出

$$\hat{\varphi}_j : \widehat{\mathcal{K}}_j \to \widehat{\mathcal{A}} : b(x) \mapsto \varepsilon_j(x^{-1})b(x)\ (\mathrm{mod}\ (x^{2n} - \delta^{-1})^2)\ (\forall\ b(x) \in \widehat{\mathcal{K}}_j)$$

是一个从$\widehat{\mathcal{K}}_j$到$\widehat{\mathcal{A}}$上的单射环同态。现在记

$$\hat{\omega}_j = \delta_0\alpha_0\widetilde{F_j}(x)\ (\mathrm{mod}\ \widetilde{f_j}(x)^4)$$

其中 $\delta_0, \alpha_0 \in \mathbb{F}_{2^m}^{\times}$ 满足 $\delta_0^2 = \delta$ 且 $\alpha_0^2 = \alpha^{-1}$，则由公式 (6.5) 和公式 (6.6) 可知

$$\begin{aligned}\delta^2\alpha^{-1}(x^{2n} - \delta^{-1}) &= \delta^2\alpha^{-1}(x^n - \delta_0^{-1})^2 \\ &= \delta_0^4\alpha_0^2\left(\delta_0^{-2}\widetilde{f}_1(x)^2 \cdots \widetilde{f}_r(x)^2\right) \\ &= \left(\delta_0\alpha_0\widetilde{F_j}(x)\right)^2 \cdots\ \widetilde{f_j}(x)^2\end{aligned}$$

这推出$\delta^2\alpha^{-1}(x^{2n} - \delta^{-1}) \equiv \hat{\omega}_j^2\ \widetilde{f}_j(x)^2(\mathrm{mod}\widetilde{f_j}(x)^4)$且

$$\begin{aligned}&\left(\delta_0\alpha_0F_j(x)\right)\left(\delta_0^{-1}\alpha_0^{-1}g_j(x^{-1})x^{-4(n-d_j)}\widetilde{F_j}(x)^3\right) \\ &= 1 - \left(h_j(x^{-1})x^{-4d_j}\right)\widetilde{f_j}(x)^4 \\ &\equiv 1\ (\mathrm{mod}\ \widetilde{f_j}(x)^4)\end{aligned}$$

后者推出 $\hat{\omega}_j \in \widehat{\mathcal{K}}_j^{\times}$ 且 $\hat{\omega}_j^{-1} = \delta_0^{-1}\alpha_0^{-1}g_j(x^{-1})x^{-4(n-d_j)}\widetilde{F_j}(x)^3(\mathrm{mod}\,\widetilde{f_j(x)}^4)$。此外，由 $\hat{\omega}_j^2 = \delta\alpha^{-1}\widetilde{F_j}(x)^2(\mathrm{mod}\widetilde{f_j}(x)^4)$ 可知，存在多项式 $b_j(x) \in \mathbb{F}_{2^m}[x]$ 使得 $\delta\alpha^{-1}\widetilde{F_j}(x)^2 = \hat{\omega}_j^2 + b_j(x)\widetilde{f_j}(x)^4$。根据公式 (6.5) 和公式 (6.7), 我们得到在环$\widehat{\mathcal{A}}$

中有

$$\widetilde{F_j}(x)\widetilde{f_j}(x)=\delta_0(x^n-\delta_0^{-1}), \widetilde{F_j}(x)^2\widetilde{f_j}(x)^2=\delta_0^2(x^n-\delta_0^{-1})^2=\delta(x^{2n}-\delta^{-1})$$

且

$$(\widetilde{F_j}(x)\widetilde{f_j}(x))^4=\delta^2(x^{2n}-\delta^{-1})^2=0$$

这推出

$$\sum_{j=1}^{r}\varepsilon_j(x^{-1})\hat{\omega}_j^2\widetilde{f_j}(x)^2=\sum_{j=1}^{r}\left(g_j(x^{-1})x^{-4(n-d_j)}\right)\widetilde{F_j}(x)^4\left(\delta\alpha^{-1}\widetilde{F_j}(x)^2-b_j(x)\widetilde{f_j}(x)^4\right)\widetilde{f_j}(x)^2$$

$$=\delta\alpha^{-1}\left(\delta(x^{2n}-\delta^{-1})\right)\sum_{j=1}^{r}\varepsilon_j(x^{-1})-\sum_{j=1}^{r}\left(g_j(x^{-1})x^{-4(n-d_j)}\right)b_j(x)\left(\widetilde{F_j}(x)\widetilde{f_j}(x)\right)^4\widetilde{f_j}(x)^2$$

$$=\delta^2\alpha^{-1}(x^{2n}-\delta^{-1})$$

在本章剩余部分, 我们记

- $\widehat{\mathcal{K}}_j[u]/\langle u^2-\hat{\omega}_j^2\widetilde{f_j}(x)^2\rangle=\widehat{\mathcal{K}}_j+u\widehat{\mathcal{K}}_j\ (u^2=\hat{\omega}_j^2\widetilde{f_j}(x)^2)$

不难证明, 下面的映射

$$\hat{\Upsilon}:(\beta_1+u\gamma_1,\cdots,\beta_r+u\gamma_r)\mapsto\sum_{j=1}^{r}\varepsilon_j(x)(\beta_j+u\gamma_j)\ (\forall\ \beta_j,\gamma_j\in\widehat{\mathcal{K}}_j,1\le j\le r)$$

是一个从$(\widehat{\mathcal{K}}_1+u\widehat{\mathcal{K}}_1)\times\cdots\times(\widehat{\mathcal{K}}_r+u\widehat{\mathcal{K}}_r)$到$\widehat{\mathcal{A}}+u\widehat{\mathcal{A}}$上的环同构。

对每个$1\le j\le r$, 我们定义

$$\sigma_j:\mathcal{K}_j+u\mathcal{K}_j\to\widehat{\mathcal{K}}_j+u\widehat{\mathcal{K}}_j$$

使得

$$\sigma_j:c_0(x)+uc_1(x)\mapsto c_0(x^{-1})+uc_1(x^{-1})\ (\forall\ c_0(x),c_1(x)\in\mathcal{K}_j)$$

且对任意的$\eta_j\in\mathcal{K}_j+u\mathcal{K}_j, j=1,\cdots,r$有

$$\sigma_1\times\cdots\times\sigma_r:(\eta_1,\cdots,\eta_r)\mapsto(\sigma_1(\eta_1),\cdots,\sigma_r(\eta_r))$$

则由引理 6.7 可知, $\sigma_1\times\cdots\times\sigma_r$是一个从$\prod_{j=1}^{r}(\mathcal{K}_j+u\mathcal{K}_j)$到$\prod_{j=1}^{r}(\widehat{\mathcal{K}}_j+u\widehat{\mathcal{K}}_j)$上的良定义的双射且具有下面的性质:

$$\begin{array}{ccccc}
\prod_{j=1}^{r}(\mathcal{K}_j+u\mathcal{K}_j) & \stackrel{\Upsilon}{\rightarrow} & \mathcal{A}+u\mathcal{A} & \stackrel{\Psi}{\rightarrow} & R[x]/\langle x^{2n}-(\delta+\alpha u^2)\rangle \\
\sigma_1\times\cdots\times\sigma_r\downarrow & & \downarrow\sigma & & \downarrow\tau \\
\prod_{j=1}^{r}(\widehat{\mathcal{K}}_j+u\widehat{\mathcal{K}}_j) & \stackrel{\hat{\Upsilon}}{\rightarrow} & \widehat{\mathcal{A}}+u\widehat{\mathcal{A}} & \stackrel{\hat{\Psi}}{\rightarrow} & R[x]/\langle x^{2n}-(\delta+\alpha u^2)^{-1}\rangle
\end{array}$$

因此, 我们得到 $\sigma_1\times\cdots\times\sigma_r$ 是一个环同构。

最后, 我们根据环 R 上的每个码长为 $2n$ 的 $(\delta+\alpha u^2)$-常循环码的典范型分解给出它的对偶码的分类。

定理 6.8 令 $\mathcal{C}$ 是环 R 上的一个码长为 $2n$ 的 $(\delta+\alpha u^2)$-常循环码, 它的典范型分解为

$$\mathcal{C}=\bigoplus_{j=1}^{r}\Psi(\varepsilon_j(x)C_j)$$

其中 C_j 是引理 6.2 中列出的 $\mathcal{K}_j+u\mathcal{K}_j$ 的一个理想, $1\leq j\leq r$ 。则 $\mathcal{C}$ 的对偶码 $\mathcal{C}^{\perp_E}$ 是环 R 上的一个码长为 $2n$ 的 $(\delta+\alpha u^2)^{-1}$-常循环码且它的典范型分解为

$$\mathcal{C}^{\perp_E}=\bigoplus_{j=1}^{r}\hat{\Psi}(\varepsilon_j(x^{-1})\hat{D}_j)$$

其中 $\hat{D}_j$ 是下面列出的 $\widehat{\mathcal{K}}_j+u\widehat{\mathcal{K}}_j$ 的一个理想：

(i) 若 $C_j=\langle f_j(x)(\omega_j+f_j(x)c_1(x)+f_j(x)^2c_2(x))+u\rangle$, 其中 $c_1(x),c_2(x)\in\mathcal{T}_j$, 则 $\hat{D}_j=\langle\widetilde{f_j}(x)((\delta_0^{-1}x^{-n})\hat{\omega}_j+\widetilde{f_j}(x)(x^{-2d_j}c_1(x^{-1}))+\widetilde{f_j}(x)^2(x^{-3d_j}c_2(x^{-1})))+u\rangle$ 。

(ii) 若 $C_j=\langle uf_j(x)^3\rangle$, 则 $\hat{D}_j=\langle u,\widetilde{f_j}(x)\rangle$;

若 $C_j=\langle f_j(x)^3b(x)+uf_j(x)^2\rangle$, 其中 $b(x)\in\mathcal{T}_j$,则

$$\hat{D}_j=\langle\widetilde{f_j}(x)(x^{-d_j}b(x^{-1}))+u,\widetilde{f_j}(x)^2\rangle;$$

若 $C_j=\langle f_j(x)^2(\omega_j+f_j(x)b(x))+uf_j(x)\rangle$, 其中 $b(x)\in\mathcal{T}_j$,则

$$\hat{D}_j=\langle\widetilde{f_j}(x)((\delta_0^{-1}x^{-n})\hat{\omega}_j+\widetilde{f_j}(x)(x^{-2d_j}b(x^{-1})))+u,\widetilde{f_j}(x)^3\rangle。$$

(iii) 若 $C_j=\langle f_j(x)^k\rangle$，其中 $0\le k\le 4$，则 $\hat{D}_j=\langle\ \widetilde{f_j}(x)^{4-k}\rangle$。

(iv) 若 $C_j=\langle u,f_j(x)\rangle$，则 $\hat{D}_j=\langle u\widetilde{f_j}(x)^3\rangle$；

若 $C_j=\langle f_j(x)c(x)+u,f_j(x)^2\rangle$，其中 $c(x)\in\mathcal{T}_j$，则 $\hat{D}_j=\langle\widetilde{f_j}(x)^3(x^{-d_j}c(x^{-1}))+u\widetilde{f_j}(x)^2\rangle$；

若 $C_j=\langle f_j(x)(\omega_j+f_j(x)c(x))+u,f_j(x)^3\rangle$，其中 $c(x)\in\mathcal{T}_j$，则 $\hat{D}_j=\langle\widetilde{f_j}(x)^2((\delta_0^{-1}x^{-n})\hat{\omega}_j+\widetilde{f_j}(x)(x^{-2d_j}c(x^{-1})))+u\widetilde{f_j}(x)\rangle$。

(v) 若 $C_j=\langle f_j(x)^2c(x)+uf_j(x),f_j(x)^3\rangle$，其中 $c(x)\in\mathcal{T}_j$，则 $\hat{D}_j=\langle\widetilde{f_j}(x)^2(x^{-d_j}c(x^{-1}))+u\widetilde{f_j}(x),\widetilde{f_j}(x)^3\rangle$。

证明：对任意的 $1\le j\le r$，令 B_j 是 $\mathcal{K}_j+u\mathcal{K}_j$ 的下面五种理想分类中的一个理想：

(i) 若 $C_j=\langle f_j(x)(\omega_j+f_j(x)c_1(x)+f_j(x)^2c_2(x))+u\rangle$，其中 $c_1(x),c_2(x)\in\mathcal{T}_j$，则 $B_j=\langle f_j(x)(\omega_j+f_j(x)c_1(x)+f_j(x)^2c_2(x))+u\rangle$。

(ii) 若 $C_j=\langle uf_j(x)^3\rangle$，则 $B_j=\langle u,f_j(x)\rangle$；

若 $C_j=\langle f_j(x)^3b(x)+uf_j(x)^2\rangle$，其中 $b(x)\in\mathcal{T}_j$，则 $B_j=\langle f_j(x)b(x)+u,f_j(x)^2\rangle$；

若 $C_j=\langle f_j(x)^2(\omega_j+f_j(x)b(x))+uf_j(x)\rangle$，其中 $b(x)\in\mathcal{T}_j$，则 $B_j=\langle f_j(x)(\omega_j+f_j(x)b(x))+u,f_j(x)^3\rangle$。

(iii) 若 $C_j=\langle f_j(x)^k\rangle$，其中 $0\le k\le 4$，则 $B_j=\langle f_j(x)^{4-k}\rangle$。

(iv) 若 $C_j=\langle u,f_j(x)\rangle$，则 $B_j=\langle uf_j(x)^3\rangle$；

若 $C_j=\langle f_j(x)c(x)+u,f_j(x)^2\rangle$，其中 $c(x)\in\mathcal{T}_j$，则 $B_j=\langle f_j(x)^3c(x)+uf_j(x)^2\rangle$；

若 $C_j=\langle f_j(x)(\omega_j+f_j(x)c(x))+u, f_j(x)^3\rangle$，其中 $c(x)\in\mathcal{T}_j$，则 $B_j=\langle f_j(x)^2(\omega_j+f_j(x)c(x))+uf_j(x)\rangle$。

(v) 若 $C_j=\langle f_j(x)^2c(x)+uf_j(x), f_j(x)^3\rangle$, 其中 $c(x)\in\mathcal{T}_j$, 则 $B_j=\langle f_j(x)^2 c(x)+uf_j(x), f_j(x)^3\rangle$。

利用 $f_j(x)^4=0$ 在 $\mathcal{K}_j$ 中成立，$u^2=\omega_j^2f_j(x)^2$ 在 $\mathcal{K}_j+u\mathcal{K}_j$ 中成立和引理 6.2, 容易验证

$$C_j\cdot B_j=\{0\} \text{ 且 } |C_j||B_j|=2^{8md_j},\ j=1,\cdots,r. \tag{6.8}$$

现在，令 $\mathcal{B}=\bigoplus_{j=1}^r\Psi(\varepsilon_j(x)B_j)=\sum_{j=1}^r\Psi(\varepsilon_j(x)B_j)$, 则 $\mathcal{B}$是由引理 6.3 给出的环 R 上的一个码长为$2n$的$(\delta+\alpha u^2)$-常循环码。由引理 6.6 (i) 和公式 (6.8) 得到

$$\begin{aligned}
\tau(C)\cdot\tau(B)&=\tau(C\cdot B)\\
&=\tau\left(\left(\sum_{j=1}^r\Psi(\varepsilon_j(x)C_j)\right)\left(\sum_{j=1}^r\Psi(\varepsilon_j(x)B_j)\right)\right)\\
&=\tau\Psi\left(\left(\sum_{j=1}^r\varepsilon_j(x)C_j\right)\left(\sum_{j=1}^r\varepsilon_j(x)B_j\right)\right)\\
&=\tau\Psi\left(\sum_{j=1}^r\varepsilon_j(x)(C_j\cdot B_j)\right)\\
&=\{0\}
\end{aligned}$$

再由引理 6.5, 我们推出 $\tau(\mathcal{B})\subseteq\mathcal{C}^{\perp_E}$。由于 τ 是一个环同构, 利用引理 6.3 和公式 (6.8) 可推出

$$\begin{aligned}
|\mathcal{C}||\tau(\mathcal{B})|&=|\mathcal{C}||\mathcal{B}|=\left(\prod_{j=1}^r|C_j|\right)\left(\prod_{j=1}^r|B_j|\right)=\prod_{j=1}^r|C_j||B_j|\\
&=2^{8m\sum_{j=1}^r d_j}=2^{8mn}=(|\mathbb{F}_{2^m}|^4)^{2n}=|R|^{2n}
\end{aligned}$$

如上所述，我们得出结论 $\mathcal{C}^{\perp_E}=\tau(\mathcal{B})$。最后, 我们给出 $\tau(\mathcal{B})$ 的一种特殊

表示。由 $\tau\Psi = \hat{\Psi}\sigma$ 可推出

$$\tau(\mathcal{B}) = \bigoplus_{j=1}^{r} \tau\Psi(\varepsilon_j(x)B_j) = \bigoplus_{j=1}^{r} \hat{\Psi}\sigma(\varepsilon_j(x)B_j)$$

接下来, 我们只需要计算每个 $\sigma(\varepsilon_j(x)B_j)$ 即可, 其中 $j=1,\cdots,r$ 。

例如: 令 $B_j = \langle f_j(x)(\omega_j + f_j(x)b(x)) + u, f_j(x)^3 \rangle$ 是(ii)中给出的理想, 则有 $\omega_j = \alpha_0 F_j(x) \in \mathcal{K}_j$, 这就推出

$$\begin{aligned}\sigma(\varepsilon_j(x)\omega_j) &= \sigma(\varepsilon_j(x)\alpha_0 F_j(x)) = \varepsilon_j(x^{-1})\alpha_0 F_j(x^{-1}) \\ &= \varepsilon_j(x^{-1})(\delta_0^{-1}x^{-(n-d_j)})(\delta_0\alpha_0\widetilde{F}_j(x)) \\ &= \varepsilon_j(x^{-1})(\delta_0^{-1}x^{-(n-d_j)})\hat{\omega}_j\end{aligned}$$

再利用引理 6.7 和 $f_j(x^{-1}) = x^{-d_j}\widetilde{f}_j(x)$ 在 $\widehat{\mathcal{K}}_j$ 中成立推出

$$\begin{aligned}&\sigma(\varepsilon_j(x)B_j) \\ &= \varepsilon_j(x^{-1})\langle f_j(x^{-1})((\delta_0^{-1}x^{-(n-d_j)})\hat{\omega}_j + f_j(x^{-1})b(x^{-1})) + u, f_j(x^{-1})^3 \rangle \\ &= \varepsilon_j(x^{-1})\langle \widetilde{f}_j(x)((\delta_0^{-1}x^{-n})\hat{\omega}_j + \widetilde{f}_j(x)(x^{-2d_j}b(x^{-1}))) + u, \widetilde{f}_j(x)^3 \rangle \\ &= \varepsilon_j(x^{-1})\hat{D}_j\end{aligned}$$

对于其他情况可用类似的方法推出 $\sigma(\varepsilon_j(x)B_j) = \varepsilon_j(x^{-1})\hat{D}_j$, 因此得到

$$\tau(\mathcal{B}) = \bigoplus_{j=1}^{r} \hat{\Psi}\left(\varepsilon_j(x^{-1})\hat{D}_j\right)$$

在本小节最后, 我们构造出一些环 R 上码长为 $2n$ 的 $(\delta+\alpha u^2)$-常循环码的对偶码 $\mathcal{C}^{\perp_E}$ 。由于所涉及的计算非常复杂, 为了方便和实用, 我们只列出环 R 上码长为 14 的对偶码 $\mathcal{C}^{\perp_E}$ 的一些子码。

例 6.9 令

$$R = \mathbb{F}_2[u]/\langle u^4 \rangle = \mathbb{F}_2 + u\mathbb{F}_2 + u^2\mathbb{F}_2 + u^3\mathbb{F}_2 \ (u^4 = 0)$$

接下来, 我们考虑环 R 上码长为 14 的 $(1+u^2)$-常循环码的对偶码。容易验证

$$x^7 - 1 = x^7 + 1 = f_1(x)f_2(x)f_3(x)$$

其中 $f_1(x) = x+1, f_2(x) = x^3 + x + 1$ 和 $f_3(x) = x^3 + x^2 + 1$ 都是 $\mathbb{F}_2[x]$ 中的不可约

多项式且 $r=3,\ d_1=1, d_2=d_3=3$。根据互反多项式的定义，我们有 $\widetilde{f_1}(x)=x+1,\ \widetilde{f_2}(x)=x^3+x^2+1$ 和 $\widetilde{f_3}(x)=x^3+x+1$。

对 $1\le j\le 3$，令 $\widetilde{F_j}(x)=\dfrac{\widetilde{(x^7-1)}}{\widetilde{f_j}(x)}$ 并且找到多项式 $g_j(x^{-1}),h_j(x^{-1})\in\mathbb{F}_2[x]$

使得

$$g_j(x^{-1})x^{-4(n-d_j)}\widetilde{F_j}(x)^4+h_j(x^{-1})x^{-4d_j}\widetilde{f_j}(x)^4=1$$

则得到

$$\varepsilon_j(x^{-1})=(g_j(x^{-1})x^{-4(n-d_j)})\widetilde{F_j}(x)^4)\ (\bmod\ (x^{14}-1)^2)$$

且

$$\hat{\omega}_j=\widetilde{F_j}(x)\ (\bmod\ \widetilde{f_j}(x)^4)$$

不难计算

$$\varepsilon_1(x^{-1})=x^{24}+x^{20}+x^{16}+x^{12}+x^8+x^4+1$$

$$\varepsilon_2(x^{-1})=x^{24}+x^{20}+x^{12}+1$$

$$\varepsilon_3(x^{-1})=x^{16}+x^8+x^4+1$$

且 $\hat{\omega}_1=x^3, \hat{\omega}_2=x^4+x^3+x^2+1, \hat{\omega}_3=x^4+x^2+x+1$。

根据定理 6.8（iii）可知，若 $\mathcal{C}_3=\langle f_3(x)^3\rangle=\langle (x^3+x^2+1)^3\rangle$，则 $\hat{D}_3=\langle\widetilde{f_3}(x)\rangle=\langle x^3+x+1\rangle$，那么常循环码 $\mathcal{C}_3$ 的对偶码 $\mathcal{C}_3^{\perp_E}$ 表示为

$$\langle\hat{\Psi}(\varepsilon_3(x^{-1})\hat{D}_3)\rangle=\langle x^{11}+x^9+x^8+x^7+u^2x^5+x^4+u^2x^3+(1+u^2)x^2+x+1\rangle$$

$\mathcal{C}_3^{\perp_E}$ 的生成矩阵 G' 是

$$G'=\begin{pmatrix}1&1&1+u^2&u^2&1&u^2&0&1&1&1&0&1&0&0\\0&1&1&1+u^2&u^2&1&u^2&0&1&1&1&0&1&0\\0&0&1&1&1+u^2&u^2&1&u^2&0&1&1&1&0&1\end{pmatrix}$$

利用计算机软件 Maple 和 Magma[124]我们得到 $\mathcal{C}_3^{\perp_E}$ 是环 R 上的一个参数为

$(14,16^3,8)$ 的线性码, 它的参数与码表 [127] 中列出的有限域 $\mathbb{F}_2$ 上的已知最好的线性码$[14,3,8]$的参数相同。$C_3^{\perp_E}$ 的 Hamming 重量计数器为

$$W_{C_3^{\perp_E}}(X,Y)=X^{14}+33X^6Y^8+144X^4Y^{10}+534X^2Y^{12}+1728XY^{13}+1656Y^{14}$$

在本例子的最后, 由上述记号, 我们在表 6.1 中列出环 $R=\mathbb{F}_2+u\mathbb{F}_2+u^2\mathbb{F}_2+u^3\mathbb{F}_2$ 上的一些码长为 14 的 $(1+u^2)$-常循环码的对偶码 $C^{\perp_E}$。

表 6.1 环 R 上的码长为 14 的对偶码 $C^{\perp_E}$

生成元	Hamming 重量计数器	参数	最优线性码
$\langle G_1\rangle$	W_1	$(14,16^3,8)_R$	$[14,3,8]_{\mathbb{F}_2}$
$\langle G_2\rangle$	W_2	$(14,16^2,8)_R$	$[14,2,9]_{\mathbb{F}_2}$
$\langle G_3\rangle$	W_3	$(14,16^1,14)_R$	$[14,1,14]_{\mathbb{F}_2}$

注意: 在表 6.1 中,

$$G_1=\langle x^{11}+x^9+x^8+x^7+u^2x^5+x^4+u^2x^3+(1+u^2)x^2+x+1\rangle$$

$$W_1=X^{14}+33X^6Y^8+144X^4Y^{10}+534X^2Y^{12}+1728XY^{13}+1656Y^{14}$$

$$\begin{aligned}G_2=&(1+u^2)x^{12}+x^{11}+x^{10}+(u+u^2)x^8+x^7+(1+u^2)x^5\\&+(u+1)x^4+x^3+(u+u^3+u^2)x^2+u+1\end{aligned}$$

$$W_2=X^{14}+3X^6Y^8+28X^4Y^{10}+20X^2Y^{12}+72XY^{13}+132Y^{14}$$

$$\begin{aligned}G_3=&(u^2+u+1)x^{13}+(1+u)x^{12}+(u+1+u^3)x^{11}+(u^2+u^3+u+1)x^{10}\\&+(u^2+u+1)x^9+(1+u)x^8+(u+1+u^3)x^7+(u^2+u^3+u+1)x^6\\&+(u^2+u+1)x^5+(1+u)x^4+(u+1+u^3)x^3\\&+(u^2+u^3+u+1)x^2+(u^2+u+1)x+1+u\end{aligned}$$

$$W_3=X^{14}+15Y^{14}$$

此外, 有限域 $\mathbb{F}_2$ 上的最优码是由码表 [127] 给出的。

6.3 环 $\mathbb{F}_{2^m}[u]/\langle u^4\rangle$ 上码长为 $2n$ 的自对偶 $(1+\alpha u^2)$ -常循环码理论

在这一节, 令 $\delta=1$, 则在环 R 中有 $(1+\alpha u^2)^{-1}=1+\alpha u^2$, 因此, 由引理 6.1 可知环 R 上的每个码长为 $2n$ 的 $(1+\alpha u^2)$ -常循环码的对偶码也是环 R 上的一个码长为 $2n$ 的 $(1+\alpha u^2)$ -常循环码。在本小节, 我们考虑环 R 上所有的码长为 $2n$ 的自对偶 $(1+\alpha u^2)$ -常循环码。

由 $(1+\alpha u^2)^{-1}=1+\alpha u^2$ 在环 R 中成立和引理 6.4, 我们知道映射 τ, 定义为

$$\tau(a(x))=a(x^{-1})\ (\forall\ a(x)\in R[x]/\langle x^{2n}-(1+\alpha u^2)\rangle)$$

是 $R[x]/\langle x^{2n}-(1+\alpha u^2)\rangle$ 上的一个环自同构满足 $\tau^{-1}=\tau$。

令 $\delta=1$, 由上述记号, 我们得到

$$\mathcal{A}=\widehat{\mathcal{A}}=\mathbb{F}_{2^m}[x]/\langle (x^{2n}-1)^2\rangle=\mathbb{F}_{2^m}[x]/\langle (x^n-1)^4\rangle$$

且

$$\mathcal{A}+u\mathcal{A}=\widehat{\mathcal{A}}+u\widehat{\mathcal{A}}\ (u^2=\alpha^{-1}(x^{2n}-1))$$

再由引理 6.6 (i), 我们推出映射

$$\sigma:\mathcal{A}+u\mathcal{A}\to\mathcal{A}+u\mathcal{A}$$

定义为 $\tau(g(x)+uh(x))=g(x^{-1})+uh(x^{-1})(\forall\ g(x),h(x)\in\mathcal{A})$, 是 $\mathcal{A}+u\mathcal{A}$ 上的一个环自同构, 满足 $\sigma^{-1}=\sigma$ 且 $\tau\Psi=\Psi\sigma$, 其中 Ψ 是一个从 $\mathcal{A}+u\mathcal{A}$ 到 $R[x]/\langle x^{2n}-(1+\alpha u^2)\rangle$ 上的 $\mathbb{F}_{2^m}$ -代数同构且定义为

$$\text{若 } 0\le i\le 2n-1,\ \text{则 } \Psi(x^i)=x^i,\ \Psi(x^{2n})=1+\alpha u^2,\ \Psi(u)=u$$

我们始终将 σ 在 $\mathcal{A}$ 上的限制记为 σ, 即: $\sigma(g(x))=g(x^{-1})(\forall\ g(x)\in\mathcal{A})$。根据引理 6.6(ii) 我们知道映射 σ 是 $\mathcal{A}$ 上的一个环自同构, 满足 $\sigma^{-1}=\sigma$。

由公式 (6.5) 可知

$$x^n-1=f_1(x)\cdots f_r(x)\ \text{且}\ x^n-1=\widetilde{f}_1(x)\cdots\widetilde{f}_r(x)$$

因为 $f_1(x),\cdots,f_r(x)$ 都是 $\mathbb{F}_{2^m}[x]$ 中的两两互素的首一不可约多项式, 其中 $1\le j$

$\leq r$，所以存在唯一的整数 j'，$1\leq j'\leq r$ 使得 $f_j(x)=\gamma_j f_{j'}(x)$，其中 $\gamma_j=f_j(0)^{-1}\in\mathbb{F}_{2^m}^{\times}$。接下来，我们始终将作用在集合 $\{1,\cdots,r\}$ 上的双射 $j\mapsto j'$ 记为 σ，即：$f_j(x)=\gamma_j f_{\sigma(j)}(x)$，故得到

$$\widehat{\mathcal{K}}_j=\mathbb{F}_{2^m}[x]/\langle\widetilde{f}_j(x)^4\rangle=\mathbb{F}_{2^m}[x]/\langle f_{\sigma(j)}(x)^4\rangle=\mathcal{K}_{\sigma(j)}$$

映射 σ 即表示环 $\mathcal{A}$ 中的自同构也表示集合 $\{1,\cdots,r\}$ 上的映射，下面的引理指出他们两者的兼容性。

引理 6.10 由上述记号，我们有下面的结论：

(i) σ 是集合 $\{1,\cdots,r\}$ 上的一个置换满足 $\sigma^{-1}=\sigma$；

(ii) 将多项式 $f_1(x),\cdots,f_r(x)$ 适当排列后，存在非负整数 ρ,ϵ 使得对所有的 $j=1,\cdots,\rho,i=1,\cdots,\epsilon$ 有 $\rho+2\epsilon=r,\sigma(j)=j,\sigma(\rho+i)=\rho+\epsilon+i$ 且 $\sigma(\rho+\epsilon+i)=\rho+i$；

(iii) 对任意的 $1\leq j\leq r$，$\sigma(\varepsilon_j(x))=\varepsilon_j(x^{-1})=\varepsilon_{\sigma(j)}(x)$ 在环 $\mathcal{A}$ 中成立；

(iv) 对任意的整数 $j,1\leq j\leq r$ 和 $c_0(x),c_1(x)\in\mathcal{K}_j$，我们有

$$\sigma\left(\varepsilon_j(x)(c_0(x)+uc_1(x))\right)=\varepsilon_{\sigma(j)}(x)\left(c_0(x^{-1})+uc_1(x^{-1})\right)$$

证明： (i) 由 $\widetilde{f}_j(x)=\gamma_j f_{\sigma(j)}(x)$ 可推出 $f_{\sigma(j)}(x)=\gamma_j^{-1}\widetilde{f}_j(x)$，这意味着 $\widetilde{f_{\sigma(j)}}(x)=\gamma_j^{-1}\widetilde{\widetilde{f}_j(x)}=\gamma_j^{-1}f_j(x)$，所以有 $\gamma_{\sigma(j)}=\gamma_j^{-1}$。因此得到

$$f_{\sigma^2(j)}(x)=f_{\sigma(\sigma(j))}(x)=\gamma_{\sigma(j)}^{-1}\widetilde{f}_{\sigma(j)}(x)=\gamma_{\sigma(j)}^{-1}\gamma_j^{-1}\widetilde{\widetilde{f}_j(x)}=f_j(x)$$

因此推出对所有的 $j\in\{1,\cdots,r\}$ 有 $\sigma^2(j)=j$，故得到 $\sigma^{-1}=\sigma$。

(ii) 由 (i) 可得到结论。

(iii) 利用公式 (6.6) 和公式 (6.7) 可得在环 $\mathcal{A}$ 中

$$g_j(x^{-1})x^{-4(n-d_j)}\widetilde{F}_j(x)^4+h_j(x^{-1})x^{-4d_j}\widetilde{f}_j(x)^4=1$$

和

$$\varepsilon_j(x^{-1})=\left(g_j(x^{-1})x^{-4(n-d_j)}\right)\widetilde{F}_j(x)^4=1-\left(h_j(x^{-1})x^{-4d_j}\right)\widetilde{f}_j(x)^4$$

成立。根据 $\widetilde{f}_j(x)=\gamma_j f_{\sigma(j)}(x)$ 和 $\widetilde{F}_j(x)=\frac{x^n-1}{\widetilde{f}_j(x)}=\gamma_j^{-1}\frac{x^n-1}{f_{\sigma(j)}(x)}=\gamma_j^{-1}F_{\sigma(j)}(x)$,

我们推出

$$\left(g_j(x^{-1})x^{-4(n-d_j)}\gamma_j^{-4}\right)F_{\sigma(j)}(x)^4+\left(h_j(x^{-1})x^{-4d_j}\gamma_j^4\right)f_{\sigma(j)}(x)^4=1$$

且

$$\begin{aligned}\varepsilon_j(x^{-1})&=\left(\left(g_j(x^{-1})x^{-4(n-d_j)}\right)\gamma_j^{-4}\right)F_{\sigma(j)}(x)^4\\&=1-\left(\left(h_j(x^{-1})x^{-4d_j}\right)\gamma_j^4\right)f_{\sigma(j)}(x)^4\\&=\varepsilon_{\sigma(j)}(x)\end{aligned}$$

(iv) 对任意的 $c_0(x),c_1(x)\in\mathcal{K}_j$，由(iii)和引理 6.6 (ii) 可推出 $\sigma(\varepsilon_j(x)(c_0(x)+uc_1(x)))=\varepsilon_j(x^{-1})(c_0(x^{-1})+uc_1(x^{-1}))=\varepsilon_{\sigma(j)}(x)(c_0(x^{-1})+uc_1(x^{-1}))$。

接下来, 我们给出环 R 上的每个码长为 $2n$ 的 $(1+\alpha u^2)$-常循环码的对偶码的代数结构。

推论 6.11　令 $\mathcal{C}$ 是环 R 上的一个码长为 $2n$ 的 $(1+\alpha u^2)$-常循环码, 它的典范型分解为

$$\mathcal{C}=\bigoplus_{j=1}^r\Psi(\varepsilon_j(x)C_j)$$

其中 C_j 是引理 6.2 中列出的 $\mathcal{K}_j+u\mathcal{K}_j(u^2=\omega_j^2f_j(x)^2)$ 的一个理想, $1\le j\le r$。则它的对偶码 $\mathcal{C}^{\perp_E}$ 也是环 R 上的一个码长为 $2n$ 的 $(1+\alpha u^2)$-常循环码, 它的典范型分解为

$$\mathcal{C}^{\perp_E}=\bigoplus_{j=1}^r\Psi(\varepsilon_{\sigma(j)}(x)D_{\sigma(j)})$$

其中 $D_{\sigma(j)}$ 是下面给出的 $\mathcal{K}_{\sigma(j)}+u\mathcal{K}_{\sigma(j)}(u^2=\omega_{\sigma(j)}^2f_{\sigma(j)}(x)^2)$ 的一个理想：

(i) 若 $C_j=\langle f_j(x)(\omega_j+f_j(x)c_1(x)+f_j(x)^2c_2(x))+u\rangle$, 其中 $c_1(x),c_2(x)\in\mathcal{T}_j$, 则 $D_{\sigma(j)}=\langle f_{\sigma(j)}(x)(x^{-n}\omega_{\sigma(j)}+f_{\sigma(j)}(x)(\gamma_j^{-2}x^{-2d_j}c_1(x^{-1}))+f_{\sigma(j)}(x)^2(\gamma_j^{-3}x^{-3d_j}c_2(x^{-1})))+u\rangle$。

(ii) 若 $C_j=\langle uf_j(x)^3\rangle$, 则 $D_{\sigma(j)}=\langle u,f_{\sigma(j)}(x)\rangle$;

若 $C_j=\langle f_j(x)^3b(x)+uf_j(x)^2\rangle$, 其中 $b(x)\in\mathcal{T}_j$, 则 $D_{\sigma(j)}=\langle f_{\sigma(j)}(x)(\gamma_j^{-1}x^{-d_j}b(x^{-1}))+u,f_{\sigma(j)}(x)^2\rangle$;

若 $C_j=\langle f_j(x)^2(\omega_j+f_j(x)b(x))+uf_j(x)\rangle$, 其中 $b(x)\in\mathcal{T}_j$, 则 $D_{\sigma(j)}=\langle f_{\sigma(j)}(x)(x^{-n}\omega_{\sigma(j)}+f_{\sigma(j)}(x)(\gamma_j^{-2}x^{-2d_j}b(x^{-1})))+u,f_{\sigma(j)}(x)^3\rangle$。

(iii) 若 $C_j=\langle f_j(x)^k\rangle$, 其中 $0\le k\le 4$, 则 $D_{\sigma(j)}=\langle f_{\sigma(j)}(x)^{4-k}\rangle$。

(iv) 若 $C_j=\langle u,f_j(x)\rangle$, 则 $D_{\sigma(j)}=\langle uf_{\sigma(j)}(x)^3\rangle$;

若 $C_j=\langle f_j(x)c(x)+u,f_j(x)^2\rangle$, 其中 $c(x)\in\mathcal{T}_j$, 则 $D_{\sigma(j)}=\langle f_{\sigma(j)}(x)^3(\gamma_j^{-1}x^{-d_j}c(x^{-1}))+uf_{\sigma(j)}(x)^2\rangle$;

若 $C_j=\langle f_j(x)(\omega_j+f_j(x)c(x))+u,f_j(x)^3\rangle$, 其中 $c(x)\in\mathcal{T}_j$, 则 $D_{\sigma(j)}=\langle f_{\sigma(j)}(x)^2(x^{-n}\omega_{\sigma(j)}+f_{\sigma(j)}(x)(\gamma_j^{-2}x^{-2d_j}c(x^{-1})))+uf_{\sigma(j)}(x)\rangle$。

(v) 若 $C_j=\langle f_j(x)^2c(x)+uf_j(x),f_j(x)^3\rangle$, 其中 $c(x)\in\mathcal{T}_j$, 则 $D_{\sigma(j)}=\langle f_{\sigma(j)}(x)^2(\gamma_j^{-1}x^{-d_j}c(x^{-1}))+uf_{\sigma(j)}(x),f_{\sigma(j)}(x)^3\rangle$。

证明: 对每个整数 $j,1\le j\le r$, 由 $\delta_0=\delta=1$ 和 $\widetilde{f}_j(x)=\gamma_jf_{\sigma(j)}(x)$ 可推出

$$\hat{\omega}_j=\alpha_0\widetilde{F}_j(x)=\alpha_0\frac{x^n-1}{\widetilde{f}_j(x)}=\gamma_j^{-1}(\alpha_0F_{\sigma(j)}(x))=\gamma_j^{-1}\omega_{\sigma(j)}$$

利用定理 6.8 和引理 6.10 我们推出 $\hat{D}_j=D_{\sigma(j)}$, 其中 $\widehat{\mathcal{K}}_j=\mathcal{K}_{\sigma(j)}$, $\widetilde{f}_j(x)=\gamma_jf_{\sigma(j)}(x)$ 且 $\hat{\omega}_j=\gamma_j^{-1}\omega_{\sigma(j)}$。

现在, 我们给出环 R 上所有的码长为 $2n$ 的自对偶 $(1+\alpha u^2)$ -常循环码的定义。

定理 6.12 利用引理 6.10 (ii) 中给出的符号, 环 R 上所有不同的码长为 $2n$ 的自对偶 $(1+\alpha u^2)$ -常循环码定义为

$$\left(\bigoplus_{j=1}^{\rho}\Psi(\varepsilon_j(x)C_j)\right)\oplus\left(\bigoplus_{i=1}^{\epsilon}\left(\Psi(\varepsilon_{\rho+i}(x)C_{\rho+i})\oplus\Psi(\varepsilon_{\rho+i+\epsilon}(x)C_{\rho+i+\epsilon})\right)\right)$$

其中 C_j 是 $\mathcal{K}_j+u\mathcal{K}_j$ 的一个理想，$1\leq j\leq r$：

(i) 令 $1\leq j\leq \rho$。则 C_j 是下面三种情况之一：

(i-1) $C_j=\langle f_j(x)(\omega_j+f_j(x)c_1(x)+f_j(x)^2c_2(x))+u\rangle$，其中 $c_1(x),c_2(x)\in\mathcal{T}_j$ 满足 $\gamma_j^{-2}x^{-2d_j}c_1(x^{-1})\equiv c_1(x)$ 且 $\gamma_j^{-3}x^{-3d_j}c_2(x^{-1})\equiv c_2(x)\ (\mathrm{mod}\ f_j(x))$。

(i-2) $C_j=\langle f_j(x)^2\rangle$。

(i-3) $C_j=\langle f_j(x)^2c_1(x)+uf_j(x),f_j(x)^3\rangle$，其中 $c_1(x)\in\mathcal{T}_j$ 满足

$$\gamma_j^{-1}x^{-d_j}c_1(x^{-1})\equiv c_1(x)\ (\mathrm{mod}\ f_j(x))$$

(ii) 令 $1\leq i\leq\epsilon$。则 $(C_{\rho+i},C_{\rho+i+\epsilon})$ 是下面五种情况之一：

(ii-1) $C_{\rho+i}=\langle f_{\rho+i}(x)(\omega_{\rho+i}+f_{\rho+i}(x)c_1(x)+f_{\rho+i}(x)^2c_2(x))+u\rangle$ 且

$$C_{\rho+i+\epsilon}=\langle f_{\rho+i+\epsilon}(x)(x^{-n}\omega_{\rho+i+\epsilon}+f_{\rho+i+\epsilon}(x)(\gamma_{\rho+i}^{-2}x^{-2d_{\rho+i}}c_1(x^{-1}))$$
$$+f_{\rho+i+\epsilon}(x)^2(\gamma_{\rho+i}^{-3}x^{-3d_{\rho+i}}c_2(x^{-1})))+u\rangle$$

其中 $c_1(x),c_2(x)\in\mathcal{T}_{\rho+i}$。

(ii-2) $C_{\rho+i}=\langle uf_{\rho+i}(x)^3\rangle$ 且 $C_{\rho+i+\epsilon}=\langle u,f_{\rho+i+\epsilon}(x)\rangle$；

$C_{\rho+i}=\langle f_{\rho+i}(x)^3b(x)+uf_{\rho+i}(x)^2\rangle$ 且 $C_{\rho+i+\epsilon}=\langle f_{\rho+i+\epsilon}(x)(\gamma_{\rho+i}^{-1}x^{-d_{\rho+i}}b(x^{-1}))$ $+u,f_{\rho+i+\epsilon}(x)^2\rangle$，其中 $b(x)\in\mathcal{T}_{\rho+i}$；

$C_{\rho+i}=\langle f_{\rho+i}(x)^2(\omega_{\rho+i}+f_{\rho+i}(x)b(x))+uf_{\rho+i}(x)\rangle$ 且 $C_{\rho+i+\epsilon}=\langle f_{\rho+i+\epsilon}(x)$ $(x^{-n}\omega_{\rho+i+\epsilon}+f_{\rho+i+\epsilon}(x)(\gamma_{\rho+i}^{-2}x^{-2d_{\rho+i}}b(x^{-1})))+u,f_{\rho+i+\epsilon}(x)^3\rangle$，其中 $b(x)\in\mathcal{T}_{\rho+i}$。

(ii-3) $C_{\rho+i}=\langle f_{\rho+i}(x)^k\rangle$ 且 $C_{\rho+i+\epsilon}=\langle f_{\rho+i+\epsilon}(x)^{4-k}\rangle$，其中 $0\leq k\leq 4$。

(ii-4) $C_{\rho+i}=\langle u,f_{\rho+i}(x)\rangle$ 且 $C_{\rho+i+\epsilon}=\langle uf_{\rho+i+\epsilon}(x)^3\rangle$；

$C_{\rho+i}=\langle f_{\rho+i}(x)c(x)+u,f_{\rho+i}(x)^2\rangle$ 且 $C_{\rho+i+\epsilon}=\langle f_{\rho+i+\epsilon}(x)^3(\gamma_{\rho+i}^{-1}x^{-d_{\rho+i}}c(x^{-1}))$ $+uf_{\rho+i+\epsilon}(x)^2\rangle$，其中 $c(x)\in\mathcal{T}_{\rho+i}$；

$C_{\rho+i}=\langle f_{\rho+i}(x)(\omega_{\rho+i}+f_{\rho+i}(x)c(x))+u, f_{\rho+i}(x)^3\rangle$ 且 $C_{\rho+i+\epsilon}=\langle f_{\rho+i+\epsilon}(x)^2$, $(x^{-n}\omega_{\rho+i+\epsilon}+f_{\rho+i+\epsilon}(x)(\gamma_{\rho+i}^{-2}x^{-2d_{\rho+i}}c(x^{-1})))+uf_{\rho+i+\epsilon}(x)\rangle$, 其中 $c(x)\in\mathcal{T}_{\rho+i}$。

(ii-5) $C_{\rho+i}=\langle f_{\rho+i}(x)^2c(x)+uf_{\rho+i}(x), f_{\rho+i}(x)^3\rangle$ 且 $C_{\rho+i+\epsilon}=\langle f_{\rho+i+\epsilon}(x)^2(\gamma_{\rho+i}^{-1}x^{-d_{\rho+i}}c(x^{-1}))+uf_{\rho+i+\epsilon}(x), f_{\rho+i+\epsilon}(x)^3\rangle$, 其中 $c(x)\in\mathcal{T}_{\rho+i}$。

此外, 环 R 上所有不同的码长为 $2n$ 的自对偶 $(1+\alpha u^2)$ -常循环码的个数为 $\prod_{j=1}^{\rho}|C_j|\cdot\prod_{i=1}^{\epsilon}(|C_{\rho+i}|\cdot|C_{\rho+i+\epsilon}|)$。

证明： 令 $\mathcal{C}=\bigoplus_{j=1}^{r}\Psi(\varepsilon_j(x)C_j)$, 由推论 6.11 可推出

$$\mathcal{C}^{\perp_E}=\bigoplus_{j=1}^{r}\Psi(\varepsilon_{\sigma(j)}(x)D_{\sigma(j)})$$

因为 σ 是集合 $\{1,\cdots,r\}$ 上的一个双射, 所以有 $\mathcal{C}=\bigoplus_{j=1}^{r}\Psi(\varepsilon_{\sigma(j)}(x)C_{\sigma(j)})$。再由引理 6.3 可推出 $\mathcal{C}$ 是自对偶的当且仅当对所有的 $j=1,\cdots,r$ 有 $C_{\sigma(j)}=D_{\sigma(j)}$。利用引理 6.10 (ii), 我们得到下面两种情况:

(i) 令 $1\le j\le\rho$, 则 $\sigma(j)=j$。在这种情况下, 利用推论 6.11 我们得到 $C_j=D_j$ 当且仅当 C_j 是 (i- 1)～(i-3) 之一。

(ii) 令 $j=\rho+i$, 其中 $1\le i\le\epsilon$。在这种情况下, 利用引理 6.10 (ii), 我们得到 $\sigma(j)=j+\epsilon$ 且 $\sigma(j+\epsilon)=j$。再由推论 6.11 我们推出 $C_{\sigma(j)}=D_{\sigma(j)}$ 且 $C_{\sigma(j+\epsilon)}=D_{\sigma(j+\epsilon)}$, 即: $C_{j+\epsilon}=D_{j+\epsilon}$ 当且仅当 $(C_j, C_{j+\epsilon})$ 是 (ii-1)～(ii-5) 之一。

在本节最后, 我们给出环 $R=\mathbb{F}_2[u]/\langle u^4\rangle=\mathbb{F}_2+u\mathbb{F}_2+u^2\mathbb{F}_2+u^3\mathbb{F}_2$ $(u^4=0)$ 上的一个码长为 14 的自对偶 $(1+u^2)$ -常循环码的例子。

例 6.13 令

$$R=\mathbb{F}_2[u]/\langle u^4\rangle=\mathbb{F}_2+u\mathbb{F}_2+u^2\mathbb{F}_2+u^3\mathbb{F}_2\ (u^4=0)$$

我们考虑环 R 上码长为 14 的自对偶 $(1+u^2)$ -常循环码 $\mathcal{C}$。因为

$$x^7-1=x^7+1=f_1(x)f_2(x)f_3(x)$$

其中 $f_1(x)=x+1, f_2(x)=x^3+x+1$ 和 $f_3(x)=x^3+x^2+1$ 是 $\mathbb{F}_2[x]$ 中的不可约

多项式，所以有 $\widetilde{f_1}(x)=x+1, \widetilde{f_2}(x)=x^3+x^2+1$ 和 $\widetilde{f_3}(x)=x^3+x+1$。不难发现 $\widetilde{f_1}(x)=f_1(x), \widetilde{f_2}(x)=f_3(x)$ 且 $\widetilde{f_3}(x)=f_2(x)$。根据引理 6.10 和定理 6.12 我们得到 $\rho=i=\epsilon=1$，则环 R 上码长为 14 的自对偶 $(1+u^2)$-常循环码定义为 $\Psi(\varepsilon_1(x)C_1)\oplus(\Psi(\varepsilon_2(x)C_2)\oplus\Psi(\varepsilon_3(x)C_3))$, 其中

$$\varepsilon_1(x)=x^{24}+x^{20}+x^{16}+x^{12}+x^8+x^4+1$$

$$\varepsilon_2(x)=x^{16}+x^8+x^4+1$$

$$\varepsilon_3(x)=x^{24}+x^{20}+x^{12}+1$$

且 C_1、C_2、C_3 都是由定理 6.12 给出的。

例如: 利用定理 6.12, 令 $C_1=\langle f_1(x)^2\rangle, C_2=\langle f_2(x)^3\rangle$ 且 $C_3=\langle f_3(x)\rangle$,则有

$$\mathcal{C}'^{\perp_E}=\langle A\rangle\oplus(\langle B\rangle\oplus\langle C\rangle)$$

其中 $A=u^2x^{12}+u^2x^{10}+u^2x^8+u^2x^6+u^2x^4+u^2x^2+u^2$， $B=u^2x^{11}+u^2x^9+u^2x^8+u^2x^7+u^2x^4+u^2x^2+u^2x+u^2$ 且 $C=(1+u^2)x^{13}+u^2x^{12}+(1+u^2)x^{10}+(1+u^2)x^9+(1+u^2)x^8+(1+u^2)x^6+x^3+x^2+(1+u^2)x+u^2$。因此，由计算机软件 Maple 和 Magma[124]我们得到 $\mathcal{C}$ 是环 R 上的一个参数为 $(14,16^3 2^2,2)$ 的自对偶常循环码, 它的 Hamming 重量计数器为

$$\begin{aligned}W_C(X,Y)=&X^{14}+3X^{12}Y^2+9X^{10}Y^4+51X^8Y^6+96X^7Y^7+267X^6Y^8+384X^5Y^9\\&+1713X^4Y^{10}+2784X^3Y^{11}+4203X^2Y^{12}+4416XY^{13}+2457Y^{14}\end{aligned}$$

6.4 本章小结

在本章中, 对有限域 $\mathbb{F}_{2^m}$ 的任意非零元素 δ 和 α 以及奇正整数 n，我们给出有限链环 $R=\mathbb{F}_{2^m}[u]/\langle u^4\rangle(u^4=0)$ 上码长为 $2n$ 的 $(\delta+\alpha u^2)$-常循环码的对偶码的结构。此外，我们还讨论了环 R 上所有不同的码长为 $2n$ 的自对偶 $(1+\alpha u^2)$-常循环码的代数结构。

7 自同态环 $\mathrm{End}(\mathbb{Z}_p[x]_{/\langle \bar{f}(x)\rangle}\times\mathbb{Z}_{p^2}[x]_{/\langle f(x)\rangle})$ 的代数理论研究

在本章中, 令 p 是一个素数, $f(x)$ 是 $\mathbb{Z}_{p^2}[x]$ 中的一个首一基本不可约多项式且 $\bar{f}(x)=f(x)\bmod p$。令 $F=\mathbb{Z}_p[x]_{/\langle \bar{f}(x)\rangle}$ 且 $R=\mathbb{Z}_{p^2}[x]_{/\langle f(x)\rangle}$。将 R-模 $F\times R$ 的自同态环记为 $\mathrm{End}(F\times R)$。令 $F=\mathbb{Z}_p[x]_{/\langle \bar{f}(x)\rangle}$ 且 $R=\mathbb{Z}_{p^2}[x]_{/\langle f(x)\rangle}$。将 R-模 $F\times R$ 的自同态环记为 $\mathrm{End}(F\times R)$。将 $\mathrm{End}(F\times R)$ 中的元素组成的一个新集合记为 $E_{p,f}$, 该集合是一个 2×2 阶矩阵, 它的第一行元素取自 F, 第二行元素取自 R。利用 F 和 R 中的算术结构给出 $E_{p,f}$ 的算术结构并证明环 $\mathrm{End}(F\times R)$ 与环 $E_{p,f}$ 同构。此外, 我们给出 $E_{p,f}$ 中每个元素的特征多项式并讨论了它们的应用。本章对应的内容已经发表于 *Applicable Algebra in Engineering, Communication and Computing*。

本章的结构如下：7.2 节构造了从环 $\mathrm{End}(F\times R)$ 到 $E_{p,f}$ 上的一个环同构。7.3 节根据多项式环 $\mathbb{Z}[x]$ 和有限域 $\mathbb{F}$ 的算术结构给出环 $E_{p,f}$ 的算术结构。7.4 节给出 $E_{p,f}$ 中每个元素的特征多项式并讨论其应用。

7.1 预备知识

令 p 是一个素数。伯格曼 (Bergman) 在文献[138]中指出环 $\mathrm{End}(\mathbb{Z}_p\times\mathbb{Z}_{p^2})$ 是一个含有 p^5 个元素的半局部环, 且不能嵌入任何元素取自交换环的矩阵中。克利芒（Climent）等在文献[139]中确定了环 $\mathrm{End}(\mathbb{Z}_p\times\mathbb{Z}_{p^2})$ 中的元素, 记为 E_p, 它是一个 2×2 阶的矩阵, 其中第一行的元素属于 $\mathbb{Z}_p$ 且第二行的元素属于 $\mathbb{Z}_{p^2}$。此外, 通过 $\mathbb{Z}_p$ 和 $\mathbb{Z}_{p^2}$ 的算术结构, 他们介绍了这类环的算术结构并证明环

$\mathrm{End}(\mathbb{Z}_p \times \mathbb{Z}_{p^2})$ 与环 E_p 同构。在本章中，我们利用文献[139]中的研究方法给出一类更广泛的自同态环的算术结构。

令 n 是一个固定的正整数。对任意的 $a \in \mathbb{Z}$，通过整数的代余除法得到唯一的数对 (b,r) 使得 $a = bn + r$ 且 $0 \le r \le n-1$ 。在本章中，我们记 $r = a \bmod n$ 且令 $\mathbb{Z}_n = \{0,1, \cdots ,n-1\}$ 。

注意到 $\mathbb{Z}_n$ 是一个交换酉环，其元素的加法和乘法定义为：$a + b = (a+b) \bmod n$ 和 $a \cdot b = ab \bmod n, \forall a,b \in \mathbb{Z}_n$，其中等式右边的 $a+b$ 和 ab 分别表示整数 a 和整数 b 的和与积。在本章中，尽管 $(\mathbb{Z}_n,+,\cdot)$ 不是 $(\mathbb{Z},+,\cdot)$ 的子环[139]，但我们依然将 $\mathbb{Z}_n$ 看作 $\mathbb{Z}$ 的一个子集。

令 $a(x), f(x) \in \mathbb{Z}[x]$ 。如果 $f(x)$ 是一个次数为 d 的首一多项式，那么利用多项式的代余除法可得到唯一的多项式对 $(q(x),r(x))$ 使得 $a(x) = f(x)q(x) + r(x)$ 成立，其中 $(q(x),r(x)) \in \mathbb{Z}[x]$，$r(x) = 0$ 或者 $\deg(r(x)) < d$ 。在本章中，我们记 $r(x) = \mathrm{rem}(a(x), f(x), x)$ 。

令 $\mathbb{Z}_n[x]$ 是环 $\mathbb{Z}_n$ 上的一个含有不定元 x 的多项式环。对任意的多项式 $a(x) = \sum_{i=0}^{s} a_i x^i \in \mathbb{Z}[x], a_i \in \mathbb{Z}$，我们记

$$a(x) \bmod n = \sum_{i=0}^{s} (a_i \bmod n) x^i \in \mathbb{Z}_n[x]$$

尽管环 $(\mathbb{Z}_n[x],+,\cdot)$ 不是环 $(\mathbb{Z}[x],+,\cdot)$ 的子环，但我们仍将 $\mathbb{Z}_n[x]$ 看作 $\mathbb{Z}[x]$ 的一个子集。实际上，对任意的 $a(x), b(x) \in \mathbb{Z}_n[x]$，$a(x)$ 和 $b(x)$ 在 $\mathbb{Z}_n[x]$ 中的和与积分别定义为

$$a(x) + b(x) = (a(x) + b(x)) \bmod n, \; a(x) \cdot b(x) = a(x)b(x) \bmod n$$

其中等式右边的 $a(x) + b(x)$ 和 $a(x)b(x)$ 分别表示多项式 $a(x)$ 和 $b(x)$ 的和与乘积。对任意固定的次数为 $d \ge 1$ 的首一多项式 $f(x) \in \mathbb{Z}_n[x]$，我们将 $f(x)$ 看作

$\mathbb{Z}[x]$ 中的一个首一多项式。已知 $\mathbb{Z}_n[x]_{/\langle f(x)\rangle}=\{a(x)|\ a(x)=\sum_{i=0}^{d-1}a_ix^i,\ a_i\in\mathbb{Z}_n,$ $i=0,1,\cdots,d-1\}$ 是一个交换酉环, 则对任意的 $a(x),b(x)\in\mathbb{Z}_n[x]_{/\langle f(x)\rangle}$，它们的加法和乘法定义为:

$$a(x)+b(x)=\mathrm{rem}(a(x)+b(x),f(x),x)\bmod n$$

$$a(x)\cdot b(x)=\mathrm{rem}(a(x)b(x),f(x),x)\bmod n$$

其中等式右边的 $a(x)+b(x)$ 和 $a(x)b(x)$ 分别表示 $\mathbb{Z}[x]$ 中多项式 $a(x)$ 和 $b(x)$ 的和与积。

符号7.1 令 n 是一个正整数且 $f(x)$ 是 $\mathbb{Z}[x]$ 中的一个首一多项式。为了简化本章中的符号, 对任意的 $a(x)\in\mathbb{Z}[x]$, 记

$$\pi_n(a(x))=a(x)\bmod n,\ R_f(a(x))=\mathrm{rem}(a(x),f(x),x)$$

$$\Gamma_{f,n}(a(x))=\pi_n(R_f(a(x)))=\mathrm{rem}(a(x),f(x),x)\bmod n$$

根据环 $\mathbb{Z}[x]$ 和 $\mathbb{Z}$ 的性质, 我们得到下面的引理。

引理7.2 对任意的 $a(x),b(x)\in\mathbb{Z}[x]$, 下列结论成立:

(i) $\pi_n(a(x)+b(x))=\pi_n(a(x))+\pi_n(b(x))$ 且 $\pi_n(a(x)b(x))=\pi_n(\pi_n(a(x))\cdot\pi_n(b(x)))$。因此, π_n 是一个从 $\mathbb{Z}[x]$ 到 $\mathbb{Z}_n[x]$ 上的满的环同态。

(ii) $R_f(a(x)+b(x))=R_f(a(x))+R_f(b(x))$ 且 $R_f(a(x)b(x))=R_f(R_f(a(x))\cdot R_f(b(x)))$。因此, R_f 是一个从 $\mathbb{Z}[x]$ 到 $\mathbb{Z}[x]_{/\langle f(x)\rangle}$ 上的满的环同态。

(iii) $\Gamma_{f,n}(a(x)+b(x))=\Gamma_{f,n}(a(x))+\Gamma_{f,n}(b(x))$ 且 $\Gamma_{f,n}(a(x)b(x))=\Gamma_{f,n}(\Gamma_{f,n}(a(x))\cdot\Gamma_{f,n}(b(x)))$。因此, $\Gamma_{f,n}$ 是一个从 $\mathbb{Z}[x]$ 到 $\mathbb{Z}_n[x]_{/\langle\pi_n(f(x))\rangle}$ 上的满的环同态。

符号7.3 从现在开始, 令 $f(x)$ 是 $\mathbb{Z}_{p^2}[x]$ 中的一个次数为 $d\geq 1$ 的首一基本不可约多项式, 即: $f(x)\in\mathbb{Z}_{p^2}[x]$, $f(x)$ 是首一的, $\deg(f(x))=d$ 且 $\pi_p(f(x))$ 在

$\mathbb{Z}_p[x]$ 中不可约。在本章，我们记 $\bar{f}(x)=\pi_p(f(x))$, $F=\mathbb{Z}_p[x]_{/\langle \bar{f}(x)\rangle}$ 且 $R=\mathbb{Z}_{p^2}[x]_{/\langle f(x)\rangle}$。

众所周知, F 是一个元素个数为 p^d 的有限域, R 是一个特征为 p^2 且元素个数为 p^{2d} 的 Galois 环[140]。在本章剩余部分中, 尽管 $(F,+,\cdot)$ 不是 $(R,+,\cdot)$ 的子域, 但我们仍将 F 看作环 R 的一个子集。实际上, 如果将 F 看作环 R 的 *Teichmüller* 集, 那么环 R 中的任意元素 α 可以唯一的表示为

$$\alpha=v(x)+pu(x), u(x), v(x)\in F$$

此外, α 是可逆的当且仅当 $v(x)\neq 0$, 并且 $p\alpha=0$ 当且仅当 $\alpha=pu(x)$, 即: α 在环 R 中不可逆, 具体内容可以参考文献 [140] 中的定理 14.8。

引理7.4 令 $F\times R=\{(a(x),b(x))|\ a(x)\in F, b(x)\in R\}$。则它关于下面定义的加法和标量乘法构成一个 R-模:

$$(a_1(x),b_1(x))+(a_2(x),b_2(x))=(\Gamma_{f,p}(a_1(x)+a_2(x)),\Gamma_{f,p^2}(b_1(x)+b_2(x)))$$

$$c(x)\cdot(a_1(x),b_1(x))=(\Gamma_{f,p}(c(x)a_1(x)),\Gamma_{f,p^2}(c(x)b_1(x)))$$

其中, $a_1(x),a_2(x)\in F$ 且 $b_1(x)$, $b_2(x)$, $c(x)\in R$。

令 φ 是 $F\times R$ 的一个变换。如果 φ 是 R-线性的, 那么 φ 是 R-模 $F\times R$ 的一个自同态, 即: $\varphi(\xi+\eta)=\varphi(\xi)+\varphi(\eta)$ 且 $\varphi(\lambda\cdot\xi)=\lambda\cdot\varphi(\xi)$ 对所有的 $\xi,\eta\in F\times R$ 和 $\lambda\in R$ 成立。

在本章, 我们将 R-模 $F\times R$ 的自同态记为 $\mathrm{End}(F\times R)$。令

$$E_{p,f}=\left\{\begin{bmatrix} a(x) & b(x)\\ pc(x) & d(x)\end{bmatrix}\middle| a(x),b(x),c(x)\in F, d(x)\in R\right\}$$

其中, $pc(x)$ 表示环 R 中的一个元素且 $c(x)\in F$。

定理7.5 对任意的 $A_i=\begin{bmatrix} a_i(x) & b_i(x)\\ pc_i(x) & d_i(x)\end{bmatrix}\in E_{p,f}$, 其中 $a_i(x),b_i(x),c_i(x)\in F$ 且 $d_i(x)\in R$, $i=1,2$, 定义

$$A_1 + A_2 = \begin{bmatrix} \Gamma_{f,p}(a_1(x)+a_2(x)) & \Gamma_{f,p}(b_1(x)+b_2(x)) \\ p\Gamma_{f,p}(c_1(x)+c_2(x)) & \Gamma_{f,p^2}(d_1(x)+d_2(x)) \end{bmatrix}$$

$$A_1 \cdot A_2 = \begin{bmatrix} \Gamma_{f,p}(a_1(x)a_2(x)) & \Gamma_{f,p}(a_1(x)b_2(x)+b_1(x)d_2(x)) \\ p\Gamma_{f,p}(c_1(x)a_2(x)+d_1(x)c_2(x)) & \Gamma_{f,p^2}(d_1(x)d_2(x)+pc_1(x)b_2(x)) \end{bmatrix}$$

则$(E_{p,f},+,\cdot)$是一个非交换酉环。

7.2 环 $\mathrm{End}(F\times R)$ 的特征

在本小节，利用7.1节的符号，我们构造出一个从$\mathrm{End}(F\times R)$到$E_{p,f}$上的环同构。从现在开始，将F和R的单位元分别记为1_p和1_{p^2}。

因为$F\times R$是一个R-模，所以它的每一个元素可以唯一的表示为

$$r(x)\cdot(1_p,0)+s(x)\cdot(0,1_{p^2}),\ r(x)\in F, s(x)\in R$$

令$\varphi\in \mathrm{End}(F\times R)$。因为$\varphi$是$R$-线性的，所以有

$$\varphi(r(x)\cdot(1_p,0)+s(x)\cdot(0,1_{p^2}))=r(x)\cdot\varphi(1_p,0)+s(x)\cdot\varphi(0,1_{p^2})$$

对所有的$r(x),s(x)\in R$成立。因此，φ可由$F\times R$中的两个元素$\varphi(1_p,0)$和$\varphi(0,1_{p^2})$唯一确定。

现在，假设$\varphi(1_p,0)=(a(x),w(x))$且$\varphi(0,1_{p^2})=(b(x),d(x))$，其中$a(x),b(x)\in F$，$w(x),d(x)\in R$。由$p\cdot a(x)=p\cdot 1_p=0$得到

$$(0,pw(x))=(p\cdot a(x),p\cdot w(x))=p\cdot(\varphi(1_p,0))=\varphi(p\cdot 1_p,p\cdot 0)=(0,0)$$

从而推出在 Galois 环R中$pw(x)=0$成立。因此，存在唯一的元素$c(x)\in F$使得$w(x)=pc(x)$成立。

记

$$A_\varphi=\begin{bmatrix} a(x) & b(x) \\ pc(x) & d(x) \end{bmatrix}\in E_{p,f}$$

如上所述，得到 $\Psi:\varphi\mapsto A_\varphi$ 是一个从 $\mathrm{End}(F\times R)$ 到 $E_{p,f}$ 上定义明确的单射。

定理7.6　令 $A=\begin{bmatrix} a(x) & b(x) \\ pc(x) & d(x)\end{bmatrix}\in E_{p,f}$。对任意的 $r(x),s(x)\in R$，定义

$$\varphi(r(x)\cdot(1_p,0)+s(x)\cdot(0,1_{p^2}))=r(x)\cdot(a(x),pc(x))+s(x)\cdot(b(x),d(x))$$

则可以证明 φ 是 $F\times R$ 的一个 R-线性变换，即：$\varphi\in\mathrm{End}(F\times R)$。因为 $\varphi(1_p,0)=(a(x),pc(x))$ 且 $\varphi(0,1_{p^2})=(b(x),d(x))$，所以有 $\Psi(\varphi)=A$ 成立。故 Ψ 是一个满射。

现在，$\varphi_i\in\mathrm{End}(F\times R)$ 且 $A_{\varphi_i}=\begin{bmatrix} a_i(x) & b_i(x) \\ pc_i(x) & d_i(x)\end{bmatrix}\in E_{p,f}$，即：$\varphi_i(1_p,0)=(a_i(x),pc_i(x))$ 且 $\varphi_i(0,1_{p^2})=(b_i(x),d_i(x))$，其中 $i=1,2$。容易验证 $\varphi_1+\varphi_2$，$\varphi_1\varphi_2\in\mathrm{End}(F\times R)$。

由

$$\begin{aligned}(\varphi_1+\varphi_2)(1_p,0)&=\varphi_1(1_p,0)+\varphi_2(1_p,0)=(a_1(x),pc_1(x))+(a_2(x),pc_2(x))\\&=(\Gamma_{f,p}(a_1(x)+a_2(x)),\Gamma_{f,p^2}(pc_1(x)+pc_2(x)))\\&=(\Gamma_{f,p}(a_1(x)+a_2(x)),p\Gamma_{f,p}(c_1(x)+c_2(x)))\end{aligned}$$

$$\begin{aligned}(\varphi_1+\varphi_2)(0,1_{p^2})&=\varphi_1(0,1_{p^2})+\varphi_2(0,1_{p^2})=(b_1(x),d_1(x))+(b_2(x),d_2(x))\\&=(\Gamma_{f,p}(b_1(x)+b_2(x)),\Gamma_{f,p^2}(d_1(x)+d_2(x)))\end{aligned}$$

和定理7.5推出 $\Psi(\varphi_1+\varphi_2)=A_{\varphi_1}+A_{\varphi_2}=\Psi(\varphi_1)+\Psi(\varphi_2)$。此外，由引理 7.2(iii) 和引理7.4得到

$$\begin{aligned}(\varphi_1\varphi_2)(1_p,0)&=\varphi_1(\varphi_2(1_p,0))=\varphi_1(a_2(x),pc_2(x))\\&=\varphi_1(a_2(x)(1_p,0)+pc_2(x)(0,1_{p^2}))\\&=a_2(x)(a_1(x),pc_1(x))+pc_2(x)(b_1(x),d_1(x))\\&=(\Gamma_{f,p}(\Gamma_{f,p}(a_2(x)a_1(x))\\&\quad+\Gamma_{f,p}(pc_2b_1(x))),\Gamma_{f,p^2}(\Gamma_{f,p^2}(pa_2(x)c_1(x))+\Gamma_{f,p^2}(pc_2(x)d_1(x))))\\&=(\Gamma_{f,p}(a_1(x)a_2(x)),p\Gamma_{f,p}(c_1(x)a_2(x)+d_1(x)c_2(x)))\end{aligned}$$

$$
\begin{aligned}
(\varphi_1\varphi_2)(0,1_{p^2}) &= \varphi_1(\varphi_2(0,1_{p^2})) = \varphi_1(b_2(x),d_2(x)) \\
&= \varphi_1(b_2(x)(1_p,0)+d_2(x)(0,1_{p^2}))n \\
&= b_2(x)(a_1(x),pc_1(x))+d_2(x)(b_1(x),d_1(x)) \\
&= (\Gamma_{f,p}(\Gamma_{f,p}(b_2(x)a_1(x))+\Gamma_{f,p}(d_2(x)b_1(x))), \\
&\quad \Gamma_{f,p^2}(\Gamma_{f,p^2}(pb_2(x)c_1(x))+\Gamma_{f,p^2}(d_2(x)d_1(x)))) \\
&= (\Gamma_{f,p}(a_1(x)b_2(x)+b_1(x)d_2(x)), \\
&\quad \Gamma_{f,p^2}(d_1(x)d_2(x)+pc_1(x)b_2(x)))
\end{aligned}
$$

由上述结论和定理 7.5 推出 $\Psi(\varphi_1\varphi_2)=A_{\varphi_1}\cdot A_{\varphi_2}=\Psi(\varphi_1)\cdot\Psi(\varphi_2)$。因此，$\Psi$ 是一个从 $\mathrm{End}(F\times R)$ 到 $E_{p,f}$ 上的环同构。

从现在开始，我们将确定元素取自 $E_{p,f}$ 的 $\mathrm{End}(F\times R)$ 中的元素，并确定在 $E_{p,f}$ 中的 $\mathrm{End}(F\times R)$ 的算法结构。

推论7.7 $E_{p,f}$ 中的元素个数为 p^{5d}。

证明： 由 $E_{p,f}$ 的定义推出 $|E_{p,f}|=|F|^3|R|=(p^d)^3p^{2d}=p^{5d}$。

7.3 环 $E_{p,f}$ 的算术结构

在本小节，我们考虑环 $E_{p,f}$ 的算术结构。正如我们之前在 7.1 节中提到的，可以将 F 和 R 看作 $\mathbb{Z}[x]$ 的子集。特别地有 $F=\{\Gamma_{f,p}(a(x))|\ a(x)\in\mathbb{Z}[x]\}$ 和 $R=\{\Gamma_{f,p^2}(a(x))|\ a(x)\in\mathbb{Z}[x]\}$ 成立。

由第 7.1 节中的公式（7.1）得到映射 $\mathrm{Y}:F\times F\to R$：

$$\mathrm{Y}(v(x),u(x))=v(x)+pu(x),\ \forall v(x),u(x)\in F\subseteq\mathbb{Z}[x]$$

是一个双射。但是 Y 不是从直积环 $F\times F$ 到 Galois 环 R 上的环同构。

引理 7.8 令 $d_i(x)=v_i(x)+pu_i(x)\in R$，其中 $v_i(x),u_i(x)\in F\subseteq\mathbb{Z}[x]$，$i=1,2$。在环 R 中，下列结论成立：

(i) $d_1(x)+d_2(x)=v(x)+pu(x)$，其中 $v(x)=\pi_p(v_1(x)+v_2(x))$，$u(x)=$

$\pi_p(u_1(x)+u_2(x)+\frac{(v_1(x)+v_2(x))-v(x)}{p})\in F$ 。

(ii) $d_1(x)\cdot d_2(x)=w_0(x)+pw_1(x)$ ，其中 $w_0(x)=\Gamma_{f,p}(v_1(x)v_2(x))$

$w_1(x)=\Gamma_{f,p}(v_1(x)u_2(x)+u_1(x)v_2(x)+\frac{R_f(v_1(x)v_2(x)-w_0(x))}{p})\in F$ 。

证明：(i) 由 $v(x)$ 和 $u(x)$ 的定义推出 $v(x),u(x)\in F$ 且 $v_1(x)+v_2(x)=v(x)+pr(x)\in\mathbb{Z}[x]$ 对某个 $r(x)\in\mathbb{Z}[x]$ 成立。

$$u_1(x)+u_2(x)+r(x)=u_1(x)+u_2(x)+\frac{v_1(x)+v_2(x)-v(x)}{p}=u(x)+ps(x)$$

对某个 $s(x)\in\mathbb{Z}[x]$ 成立。

因此, 作为 $\mathbb{Z}[x]$ 中的多项式有

$$\begin{aligned} d_1(x)+d_2(x)&=v_1(x)+v_2(x)+p(u_1(x)+u_2(x))\\ &=v(x)+pr(x)+p(u(x)+ps(x)-r(x))\\ &=v(x)+pu(x)+p^2s(x)\end{aligned}$$

因此，由引理7.2 (iii) 可推出 $d_1(x)+d_2(x)=\Gamma_{f,p^2}(d_1(x)+d_2(x))=v(x)+pu(x)\in R$ 。

(ii) 由 $w_0(x)$ 和 $w_1(x)$ 的定义得到 $w_0(x),w_1(x)\in F$, $v_1(x)v_2(x)=w_0(x)+r_1(x)f(x)+ps_1(x)\in\mathbb{Z}[x]$ 对某些 $r_1(x)$, $s_1(x)\in\mathbb{Z}[x]$ 成立, 其中 $\deg(s_1(x))<d$, 推出 $ps_1(x)=R_f(v_1(x)v_2(x)-w_0(x))$ 。

所以

$$\begin{aligned} &v_1(x)u_2(x)+u_1(x)v_2(x)+s_1(x)\\ &=v_1(x)u_2(x)+u_1(x)v_2(x)+\frac{R_f(v_1(x)v_2(x)-w_0(x))}{p}\\ &=w_1(x)+r_2(x)f(x)+ps_2(x)\end{aligned}$$

对某些 $r_2(x),s_2(x)\in\mathbb{Z}[x]$ 成立。因此, 作为 $\mathbb{Z}[x]$ 中的多项式有

$$
\begin{aligned}
d_1(x)d_2(x) &= v_1(x)v_2(x)+p(v_1(x)u_2(x)+u_1(x)v_2(x))+p^2u_1(x)u_2(x) \\
&= w_0(x)+r_1(x)f(x)+ps_1(x)+p^2u_1(x)u_2(x) \\
&\quad +p(w_1(x)+r_2(x)f(x)+ps_2(x)-s_1(x)) \\
&= w_0(x)+pw_1(x)+(r_1(x)+pr_2(x))f(x)+p^2h(x)
\end{aligned}
$$

其中$h(x)=s_2(x)+u_1(x)u_2(x)\in\mathbb{Z}[x]$。再由引理7.8 (iii) 中的结论推出 $d_1(x)\cdot d_2(x)=\Gamma_{f,p^2}(d_1(x)d_2(x))=w_0(x)+pw_1(x)\in R$。

由引理7.8可知仅利用$\mathbb{Z}[x]$中的算术结构可以很容易地计算出环R中元素的加法和乘法。

在下面的引理中，我们给出一种仅利用$\mathbb{Z}[x]$和有限域F中的算术结构计算环R中每个可逆元的逆元的方法。

引理7.9 令$d(x)=v(x)+pu(x)\in R$，$v(x),u(x)\in F$，则$d(x)$是环R中的可逆元当且仅当$v(x)\neq 0$。在这种情况下，$d(x)$的逆元$d(x)^{-1}$定义为

$$
d(x)^{-1}=v(x)^{-1}+p\Gamma_{f,p}\left(-u(x)(v(x)^{-1})^2-\frac{R_f(v(x)v(x)^{-1}-1)}{p}\cdot v(x)^{-1}\right)
$$

其中$v(x)^{-1}$是$v(x)$在F中的逆元，我们将等式右边的$v(x)^{-1}$看作$\mathbb{Z}[x]$中的一个多项式。

证明：由7.1节中叙述的 Galois 环理论可知$d(x)$是环R中的可逆元当且仅当$v(x)\neq 0$。在接下来的证明中我们假设$v(x)\neq 0$。

因为$0\neq v(x)\in F$，所以存在唯一的可逆元$v(x)^{-1}$使得$v(x)v(x)^{-1}=1\in F$。

记$a(x)=v(x)^{-1}\in F$并将其看作$\mathbb{Z}[x]$中的一个多项式，则有$\Gamma_{f,p}(v(x)a(x))=1$，推出$v(x)a(x)-1=r(x)f(x)+ps(x)$对某些$r(x),s(x)\in\mathbb{Z}[x]$成立且满足$\deg(s(x))<d$。

由此得到

$$
s(x)=\frac{R_f(v(x)a(x)-1)}{p}
$$

由$d(x)=v(x)+pu(x)$推出

$$d(x)a(x)=v(x)a(x)+pu(x)a(x)=1+r(x)f(x)+p(s(x)+u(x)a(x))$$

记 $w(x)=1+r(x)f(x)-p(s(x)+u(x)a(x))$。将 $w(x)$ 乘到等式的两边得到

$$d(x)a(x)w(x)=(1+r(x)f(x))^2-p^2(s(x)+u(x)a(x))^2$$

那么，根据引理 7.2 和公式（7.2）得到 $d(x)\cdot\Gamma_{f,p^2}(a(x)w(x))=\Gamma_{f,p^2}(d(x)a(x)w(x))=1\in R$，推出

$$\begin{aligned}d(x)^{-1}&=\Gamma_{f,p^2}(a(x)w(x))\\&=\Gamma_{f,p^2}(a(x)+a(x)r(x)f(x)-p(s(x)a(x)+u(x)a(x)^2))\\&=a(x)+p(\Gamma_{f,p}(-u(x)a(x)^2-s(x)a(x)))\end{aligned}$$

现在，我们仅利用 $\mathbb{Z}[x]$ 和 F 中的算术结构来讨论环 $E_{p,f}$ 的算术结构。首先，由引理 7.9 和定理 7.5 中加法和乘法的定义可以得到下面的推论。

推论 7.10　对任意的 $A_i=\begin{bmatrix}a_i(x) & b_i(x)\\ pc_i(x) & v_i(x)+pu_i(x)\end{bmatrix}\in E_{p,f}$，其中 $a_i(x),b_i(x)$，$c_i(x),v_i(x),u_i(x)\in F$，$i=1,2$，下面结论成立：

$$A_1+A_2=\begin{bmatrix}\pi_p(a_1(x)+a_2(x)) & \pi_p(b_1(x)+b_2(x))\\ p\pi_p(c_1(x)+c_2(x)) & g(x)+ph(x)\end{bmatrix}$$

其中 $g(x)=\pi_p(v_1(x)+v_2(x))$ 且

$$h(x)=\pi_p(u_1(x)+u_2(x)+\frac{(v_1(x)+v_2(x))-g(x)}{p})$$

$$A_1\cdot A_2=\begin{bmatrix}\Gamma_{f,p}(a_1(x)a_2(x)) & \Gamma_{f,p}(a_1(x)b_2(x)+b_1(x)v_2(x))\\ p\Gamma_{f,p}(c_1(x)a_2(x)+v_1(x)c_2(x)) & v(x)+pu(x)\end{bmatrix}$$

其中 $v(x)=\Gamma_{f,p}(v_1(x)v_2(x))$，$u(x)=\pi_p(w(x)+\Gamma_{f,p}(c_1(x)b_2(x)))$ 且

$$w(x)=\Gamma_{f,p}(v_1(x)u_2(x)+u_1(x)v_2(x)+\frac{R_f(v_1(x)v_2(x)-v(x))}{p})$$

接下来，我们给出环 $E_{p,f}$ 中元素的可逆元的定义，并讨论如何有效地计算每个可逆元的逆元。

定理7.11 令 $M=\begin{bmatrix} a(x) & b(x) \\ pc(x) & v(x)+pu(x) \end{bmatrix}\in E_{p,f}$，其中 $a(x),b(x),c(x),v(x),u(x)\in F$，则 M 是可逆的当且仅当 $a(x)\neq 0$ 且 $v(x)\neq 0$。在这种情况下，M 在 $E_{p,f}$ 中的逆元 M^{-1} 定义为

$$M^{-1}=\begin{bmatrix} a(x)^{-1} & \Gamma_{f,p}(-a(x)^{-1}b(x)v(x)^{-1}) \\ p\Gamma_{f,p}(-v(x)^{-1}c(x)a(x)^{-1}) & v(x)^{-1}+pw(x) \end{bmatrix}$$

其中，$w(x)=\Gamma_{f,p}(c(x)a(x)^{-1}b(x)(v(x)^{-1})^2-u(x)(v(x)^{-1})^2-s(x)v(x)^{-1})\in F$ 且 $s(x)=\dfrac{R_f(v(x)v(x)^{-1}-1)}{p}\in\mathbb{Z}[x]$。

证明： 假设 M 是可逆的，则存在 $B=\begin{bmatrix} r(x) & s(x) \\ pt(x) & k(x)+ph(x) \end{bmatrix}\in E_{p,f}$ 使得 $MB=I$ 成立，其中 $r(x),s(x),t(x),k(x),h(x)\in F$ 且 $I=\begin{bmatrix} 1 & 0 \\ 0 & 1 \end{bmatrix}$。再由推论7.10得到 $\Gamma_{f,p}(a(x)r(x))=1$ 且 $\Gamma_{f,p}(v(x)k(x))=1$。故有 $a(x)\neq 0$ 且 $v(x)\neq 0$。

现在，令 $a(x)\neq 0$ 且 $v(x)\neq 0$，则在有限域 F 中 $a(x)$ 和 $v(x)$ 的逆元分别是 $a(x)^{-1}$ 和 $v(x)^{-1}$。假设 $B\in E_{p,f}$ 是公式（7.3）右端的元素，则由推论 7.10 和引理 7.2 得到 $MB=\begin{bmatrix} \alpha & \beta \\ p\gamma & \eta+p\xi \end{bmatrix}$，其中

$$\alpha=\Gamma_{f,p}(a(x)a(x)^{-1})=1$$

$$\begin{aligned}\beta&=\Gamma_{f,p}(a(x)\cdot\Gamma_{f,p}(-a(x)^{-1}b(x)v(x)^{-1})+b(x)v(x)^{-1})\\&=\Gamma_{f,p}(b(x)v(x)^{-1}-a(x)a(x)^{-1}b(x)v(x)^{-1}))=0\end{aligned}$$

$$\begin{aligned}\gamma&=\Gamma_{f,p}(c(x)a(x)^{-1}+v(x)\Gamma_{f,p}(-v(x)^{-1}c(x)a(x)^{-1}))\\&=\Gamma_{f,p}(c(x)a(x)^{-1}-v(x)v(x)^{-1}c(x)a(x)^{-1})=0\end{aligned}$$

$$\eta=\Gamma_{f,p}(v(x)v(x)^{-1})=1$$

$$\begin{aligned}\xi=\pi_p(\Gamma_{f,p}(v(x)\Gamma_{f,p}(c(x)a(x)^{-1}b(x)(v(x)^{-1})^2-u(x)(v(x)^{-1})^2-s(x)v(x)^{-1})\\ +u(x)v(x)^{-1}+s(x))+\Gamma_{f,p}(c(x)\Gamma_{f,p}(-a(x)^{-1}b(x)v(x)^{-1})))\\ =\Gamma_{f,p}(v(x)c(x)a(x)^{-1}b(x)(v(x)^{-1})^2-v(x)u(x)(v(x)^{-1})^2-v(x)s(x)v(x)^{-1}\\ +u(x)v(x)^{-1}+s(x)-c(x)a(x)^{-1}b(x)v(x)^{-1})=0\end{aligned}$$

且 $s(x)=\dfrac{R_f(v(x)v(x)^{-1}-1)}{p}$，由此得到 $MB=I$。利用类似的方法可以证明 $BM=I$。故 M 是 $E_{p,f}$ 中的可逆元且 $M^{-1}=B$。

推论7.12　令 $U_{p,f}$ 表示环 $E_{p,f}$ 中所有可逆元组成的集合，则有 $|U_{p,f}|=p^{3d}(p^d-1)^2$。

证明：根据定理7.11得到环 $E_{p,f}$ 中可逆元的个数为 $|U_{p,f}|=|F|^3|F\setminus\{0\}|^2$ $=p^{3d}(p^d-1)^2$。

注7.13　因为 $\dfrac{|U_{p,f}|}{|E_{p,f}|}=\dfrac{p^{3d}(p^d-1)^2}{p^{5d}}=(1-\dfrac{1}{p^d})^2$，所以当 p 或者 d 足够大时环 $E_{p,f}$ 中的元素几乎都是可逆元。现在取 $p=2$，对任意的正整数 d 都存在 $\mathbb{Z}_4$ 上次数为 d 的首一不可约多项式。表7.1给出了当 $d=\deg(f(x))$ 时环 $E_{2,f}$ 中所有可逆元的百分比。

表 7.1　可逆元占比

d	$\lvert E_{2,d}\rvert$	$\lvert U_{2,d}\rvert$	百分比（%）
6	1073741824	1040449536	96.89941406
7	34359738368	33824964608	98.44360352
8	1099511627776	1090938470400	99.22027588
9	35184372088832	35047067353088	99.60975647
10	1125899906842624	1123701957328896	99.80478287

7.4 环 $E_{p,f}$ 中元素的特征多项式

在本小节中, 我们给出环 $E_{p,f}$ 中每个元素的特征多项式并讨论其应用。

对任意的 $a(x)\in\mathbb{Z}[x]$, 定义 $\Gamma(a(x))=\begin{bmatrix}\Gamma_{f,p}(a(x)) & 0\\ 0 & \Gamma_{f,p^2}(a(x))\end{bmatrix}$。容易验证 $\Gamma: a(x)\mapsto\Gamma(a(x))(\forall a(x)\in\mathbb{Z}[x])$ 是一个从 $\mathbb{Z}[x]$ 到 $E_{p,f}$ 上的环同态, 且 $\Gamma(\mathbb{Z}[x])=\{\Gamma(a(x))\mid a(x)\in\mathbb{Z}[x]\}$ 是环 $E_{p,f}$ 的一个交换子环。在本章剩余部分中, 对任意的 $a(x)\in\mathbb{Z}[x]$ 我们将 $a(x)$ 看作 $\Gamma(a(x))\in E_{p,f}$ 并记 $a(x)A=\Gamma(a(x))\cdot A$, 其中 $A\in E_{p,f}$。

令 Y 是环 $\mathbb{Z}[x]$ 和 $\mathbb{Z}[x][Y]$ 上的一个不定元, M 是环 $E_{p,f}$ 中的一个固定元素。对任意的 $g(Y)=a_0(x)+a_1(x)Y+\cdots+a_k(x)Y^k\in\mathbb{Z}[x][Y]$ 定义

$$g(M)=a_0(x)I+a_1(x)M+\cdots+a_k(x)M^k\in E_{p,f}$$

其中 $a_0(x),a_1(x),\ldots,a_k(x)\in\mathbb{Z}[x]$ 且 I 是环 $E_{p,f}$ 的乘法单位元。

定理7.14 令 $M=\begin{bmatrix}a(x) & b(x)\\ pc(x) & d(x)\end{bmatrix}\in E_{p,f}$, 其中 $a(x),b(x),c(x)\in F$ 且 $d(x)\in R$。假设

$$r(x)=\pi_{p^2}(-a(x)-d(x)),\ s(x)=\Gamma_{f,p^2}(a(x)d(x)-pb(x)c(x))\in R$$

并记 $\chi_M(Y)=s(x)+r(x)Y+Y^2\in(R)[Y]\subseteq\mathbb{Z}[x][Y]$, 则有

$$\chi_M(M)=s(x)I_2+r(x)M+M^2=0$$

证明：假设 $\chi_M(M)=s(x)I_2+r(x)M+M^2=\begin{bmatrix}\alpha & \beta\\ p\gamma & \delta\end{bmatrix}$。由引理 7.2 得到

$$\begin{aligned}\alpha&=\Gamma_{f,p}(\Gamma_{f,p}(s(x))+\Gamma_{f,p}(r(x)a(x))+\Gamma_{f,p}(a(x)^2+pb(x)c(x)))\\&=\Gamma_{f,p}(a(x)d(x)-pb(x)c(x)-a(x)^2-d(x)a(x)+a(x)^2+pb(x)c(x))=0\end{aligned}$$

$$\beta = \Gamma_{f,p}(\Gamma_{f,p}(-a(x)b(x) - d(x)b(x)) + \Gamma_{f,p}(a(x)b(x) + b(x)d(x))) = 0$$

$$\gamma = \Gamma_{f,p}(\Gamma_{f,p}(-a(x)c(x) - d(x)c(x)) + \Gamma_{f,p}(a(x)c(x) + d(x)c(x))) = 0$$

$$\delta = \Gamma_{f,p^2}(\Gamma_{f,p^2}(a(x)d(x) - pb(x)c(x)) + \Gamma_{f,p^2}(-a(x)d(x) - d(x)^2)$$
$$+\Gamma_{f,p^2}(d(x)^2 + pb(x)c(x))) = 0$$

因此在环 $E_{p,f}$ 中 $\chi_M(M) = 0$ 成立。

利用定理 7.14 中的符号, 我们称 $\chi_M(Y)$ 为 $M \in E_{p,f}$ 在 Galois 环 R 或者环 $\mathbb{Z}[x]$ 中的特征多项式。对任意的 $g(Y) \in \mathbb{Z}[x][Y]$ 和 $M^{-1} \in E_{p,f}$ 我们可以简化 $g(M)$ 的计算。

推论 7.15 利用定理 7.14 中的符号, 假设 $d(x) = v(x) + pu(x)$, 其中 $v(x), u(x) \in F$。下列结论成立:

(i) 对任意的 $g(Y) \in \mathbb{Z}[x][Y]$, 由 $\mathbb{Z}[x][Y]$ 上多项式的代余除法得到 $g(Y) = p(Y)\chi_M(Y) + k(x) + h(x)Y$, 其中 $k(x), h(x) \in \mathbb{Z}[x]$ 且 $p(Y) \in \mathbb{Z}[x][Y]$。假设 $\xi(x) = \Gamma_{f,p^2}(k(x)), \eta(x) = \Gamma_{f,p^2}(h(x)) \in R$, 则有 $g(M) = \xi(x)I_2 + \eta(x)M$。

(ii) 令 $\mathbb{Z}[x][M] = \{g(M) \mid g(Y) \in \mathbb{Z}[x][Y]\}$, 则 $\mathbb{Z}[x][M]$ 是乘法半群 $(E_{p,f}, \cdot)$ 的一个交换子半群且 $\mathbb{Z}[x][M] = \{\xi(x)I_2 + \eta(x)M \mid \xi(x), \eta(x) \in R\}$。故 $|\mathbb{Z}[x][M]| \leq p^{4d}$。

(iii) 令 $a(x) \neq 0$ 且 $v(x) \neq 0$。计算 $w(x) = \Gamma_{f,p^2}(-a(x)v(x) - p(a(x)u(x) - b(x)c(x)))$ 和 Galois 环 R 中的元素 $w(x)$ 的逆元 $w(x)^{-1}$, 则有 $M^{-1} = \varphi(x)I_2 + \psi(x)M$ 成立, 其中 $\varphi(x) = \Gamma_{f,p^2}(w(x)^{-1}r(x))$ 且 $\psi(x) = \Gamma_{f,p^2}(w(x)^{-1})$。

证明: (i) 由定理 7.14 推出 $p^2M = 0$ 且 $g(M) = p(M)\chi_M(M) + k(x)I_2 + h(x)M = k(x)I_2 + h(x)M$。

(ii) 由 (i) 和 $|R| = p^{2d}$ 可推出结论。

(iii) 由引理 7.9 推出 $w(x) = \Gamma_{f,p^2}(-s(x))$ 是一个可逆元, 且它的逆元 $w(x)^{-1}$

可以通过R中的有效计算得到。现在将$w(x)^{-1}$看作$\mathbb{Z}[x]$中的一个多项式。因为$s(x)s(x)^{-1}=(-w(x))(-w(x))^{-1}=w(x)w(x)^{-1}=1\in R$，所以存在$\varepsilon(x),\sigma(x)\in \mathbb{Z}[x]$使得$s(x)^{-1}s(x)=1+\varepsilon(x)f(x)+p^2\sigma(x)$成立。记$N=\varphi(x)I_2+\psi(x)M$。由定理7.14和$p^2M=f(x)M=0$得到

$$\begin{aligned}MN&=M(\Gamma_{f,p^2}(w(x)^{-1}r(x))I_2+\Gamma_{f,p^2}(w(x)^{-1})M)n\\&=M(-s(x)^{-1}(r(x)I_2+M))\\&=-s(x)^{-1}(r(x)M+M^2)n\\&=-s(x)^{-1}(-s(x)I_2)=(1+\varepsilon(x)f(x)+p^2\sigma(x))I_2\\&=I_2\end{aligned}$$

再由$NM=MN=I_2$推出$M^{-1}=N$。

7.5 本章小结

在本章中, 我们构造了从环$\mathrm{End}(F\times R)$到$E_{p,f}$上的一个环同构, 并根据多项式环$\mathbb{Z}[x]$和有限域F的算术结构给出环$E_{p,f}$的算术结构。此外, 我们研究了$E_{p,f}$中每个元素的特征多项式并讨论其应用。

8 有限域$\mathbb{F}_{q^2}$上的$\mathbb{F}_q$-线性斜循环码及其在量子纠错码构造中的应用

在本章，我们研究有限域$\mathbb{F}_{q^2}$上的$\mathbb{F}_q$-线性斜循环码的代数结构，并且构造出一些好的$\mathbb{F}_q$-线性斜循环码和好的量子纠错码。本章对应的内容已经发表于*Journal of Applied Mathematics and Computing*。

8.1节介绍了斜循环码以及量子纠错码的研究背景和意义。8.2节回顾了码长为n的$\mathbb{F}_q$-线性斜循环码的定义及其性质。8.3节研究了有限域$\mathbb{F}_{q^2}$上的$\mathbb{F}_q$-线性斜循环码的代数结构并且构造出一些好的$\mathbb{F}_q$-线性斜循环码。8.4节通过有限域$\mathbb{F}_{q^2}$上的$\mathbb{F}_q$-线性斜循环码构造出一些好的量子纠错码。

8.1 斜循环码以及量子纠错码的研究背景和意义

循环码是一类非常重要的线性码，它们在编码理论和译码理论中具有很好的代数结构。斜循环码是循环码的一种重要推广。鲍彻（Boucher）等在文献 [141] 中指出斜循环码可以用来搜索一些好的参数的码，并且可以构造出一些参数更好的线性码。斯来朴（Siap）等在文献 [142] 中给出任意码长的斜循环码的代数结构。最近，阿什拉夫（Ashraf）等在文献 [143] 中研究了有限环$\mathbb{F}_q+u\mathbb{F}_q+v\mathbb{F}_q$上的斜循环码的代数结构和幂等生成元，其中$u^2=u$，$v^2=v$并且$uv=vu=0$。乌帕德哈伊（Upadhyay）等在文献 [144] 中介绍了有限环$\mathbb{F}_p+u_1\mathbb{F}_p+\cdots+u_{2m}\mathbb{F}_p$上的斜循环码和斜常循环码的代数结构及其性质。此外，德尔特利（Dertli）等、古尔索（Gursoy）等和高健等分别在文献 [145]、文献[146] 和文献 [147] 中研究了有限环上的斜循环码和斜常循环码的代数结构。

量子纠错码用于保护量子通信和量子计算中的信息免受量子消相干或者其他量子噪声的干扰。量子纠错码给出了一种抗量子退相干的有效方法。量子纠错码最早是由肖尔（Shor）在文献 [108] 中提出的。随后，卡尔德班克 （Calderbank）等在文献 [149] 中介绍了由经典纠错码构造量子纠错码的 CSS 构造方法。不久之后，通过有限域和有限环上的代数码构造量子纠错码取得了很多优秀的研究成果，比如文献[149-176]。

有限域上的加性斜循环码可以用来构造量子纠错码。2011年，埃格曼（Ezerman）等在文献 [157] 中给出了一种通过有限域 $\mathbb{F}_4$ 上的加性斜循环码构造加性非对称量子纠错码的方法。最近，艾登（Aydin）等在文献 [150] 中研究了四元域 $\mathbb{F}_4$ 上的加性斜循环码的代数结构，并且得到了一些最优的量子纠错码。在文献 [177] 中，我们给出了一类码长为 n 的循环 $\mathbb{F}_q$ -线性 $\mathbb{F}_{q^t}$ -码，并且构造出60个最优的循环 $\mathbb{F}_q$ -线性 $\mathbb{F}_{q^t}$ -码，其中 n 是一个与 q 互素的正整数。在本章，我们将研究有限域 $\mathbb{F}_{q^2}$ 上的 $\mathbb{F}_q$ -线性斜循环码的代数结构，并且给出一种构造最优和好的量子纠错码的方法。

8.2 预备知识

令 $\mathbb{F}_{q^2}$ 是一个势为 q^2 的有限域，其中 $q=p^m$，p 是一个素数且 m 是一个正整数。令 ξ 是有限域 $\mathbb{F}_{q^2}$ 的一个阶为 $\mathrm{ord}(\xi)=q^2-1$ 的本原元，则有

$$\mathbb{F}_{q^2}=\{0,\xi,\xi^2,\ldots,\xi^{q^2-1}\}$$

对任意的 $\alpha\in\mathbb{F}_{q^2}$，定义映射

$$\theta:\mathbb{F}_{q^2}\to\mathbb{F}_{q^2};\alpha\mapsto\alpha^q$$

易见，θ 是 $\mathbb{F}_{q^2}$ 的一个阶为 $|\langle\theta\rangle|=2$ 的 Frobenius 自同构。类似于文献 [150] 中的定义 1，我们得到下面的定义。

定义8.1 令 $\mathbb{F}_{q^2}$ 是一个元素个数为 q^2 的有限域且 θ 是 $\mathbb{F}_{q^2}$ 的一个阶为 $|\langle\theta\rangle|=2$ 的 Frobenius 自同构。令 C 是 $\mathbb{F}_{q^2}^n$ 的一个子集。如果 C 满足以下条件，则称 C 是一个码长为 n 的 $\mathbb{F}_q$ -线性斜循环码：

(i) C是$(\mathbb{F}_{q^2}^n,+)$的一个加性子群;

(ii) 对任意的$w\in\mathbb{F}_q$, 如果$c=(c_0,c_1,\cdots,c_{n-1})\in C$, 则有$w\cdot c=(wc_0,wc_1,\cdots,wc_{n-1})\in C$成立;

(iii) C在θ-循环移位下是封闭的, 即: 如果$c=(c_0,c_1,\cdots,c_{n-1})\in C$, 则有$\theta(c)=(\theta(c_{n-1}),\theta(c_0),\cdots,\theta(c_{n-2}))\in C$成立。

对任意的正整数n, 我们考虑斜多项式集合

$$\mathbb{F}_{q^2}[x,\theta]=\{a_0+a_1x+\cdots+a_{n-1}x^{n-1}\mid a_i\in\mathbb{F}_{q^2},0\le i\le n-1\}$$

斜多项式集合$\mathbb{F}_{q^2}[x,\theta]$中的斜乘法$*$定义如下:

$$(\alpha x^i)*(\beta x^j)=\alpha\theta^i(\beta)x^{i+j}$$

其中 $0\le i,j\le n-1$, $\alpha,\beta\in\mathbb{F}_{q^2}$, $\theta^i(\beta)=\beta^{q^i}$ 。不难证明, 这里定义的乘法$*$不满足交换律。根据文献 [141] 和文献 [142] 的研究内容, 我们得到斜多项式集合$\mathbb{F}_{q^2}[x,\theta]$关于多项式的普通加法和上述定义的乘法构成一个非交换环, 叫作斜多项式环。

令$R_n=F_{q^2}[x,\theta]/\langle x^n-1\rangle$。我们将$\mathbb{F}_{q^2}^n$中的每个元素$c=(c_0,c_1,\cdots,c_{n-1})$与多项式$c(x)=c_0+c_1x+\cdots+c_{n-1}x^{n-1}\in R_n$等同看待。不难证明, $\mathbb{F}_{q^2}^n$上的Frobenius自同构θ对应于R_n中的多项式乘以x, 即:

$$x*c(x)=\theta(c_{n-1})+\theta(c_0)x+\theta(c_1)x^2+\cdots+\theta(c_{n-2})x^{n-1}$$

令$f(x)+\langle x^n-1\rangle$是集合$R_n$的一个元素, 且令$r(x)\in\mathbb{F}_{q^2}[x,\theta]$。定义左边乘法如下:

$$r(x)*(f(x)+\langle x^n-1\rangle)=r(x)*f(x)+\langle x^n-1\rangle$$

由文献 [142], 我们得到对任意的正整数n, 这样定义的乘法是有意义的, 并且R_n是一个左$\mathbb{F}_{q^2}[x,\theta]$-模。

8.3 有限域$\mathbb{F}_{q^2}$上的$\mathbb{F}_q$-线性斜循环码理论

在本小节，我们给出有限域$\mathbb{F}_{q^2}$上的$\mathbb{F}_q$-线性斜循环码的代数结构。下面的定义给出有限域$\mathbb{F}_{q^2}$上任意码长n的$\mathbb{F}_q$-线性斜循环码的多项式定义。

定义8.2 令C是R_n的一个子集。如果C满足下面三个条件，则称C是一个$\mathbb{F}_q$-线性斜循环码。

(i) C是R_n的一个子群;

(ii) 对任意的$c(x)\in C$和任意的$w\in \mathbb{F}_q$都有$w\cdot c(x)=wc_0+wc_1x+\cdots +wc_{n-1}x^{n-1}\in C$成立;

(iii) 如果$c(x)=c_0+c_1x+\cdots+c_{n-1}x^{n-1}\in C$，则

$$x*c(x)=\theta(c_{n-1})+\theta(c_0)x+\theta(c_1)x^2+\cdots+\theta(c_{n-2})x^{n-1}\in C$$

引理8.3 R_n中的一个码C是一个码长为n的$\mathbb{F}_q$-线性斜循环码当且仅当C是R_n的一个左$\mathbb{F}_q[x]/\langle x^n-1\rangle$-子模。

证明：假设C是R_n中的一个$\mathbb{F}_q$-线性斜循环码。根据定义8.2，我们得到C是R_n的一个子群并且C是$\mathbb{F}_q$-线性的。此外，对任意的码字$c(x)\in C$，由$\mathbb{F}_q$-线性斜循环码的定义，我们得到$x^i*c(x)\in C$，其中$0\le i\le n-1$。根据定义8.1和定义8.2，我们得到对任意的$f(x)\in \mathbb{F}_q[x]$都有$f(x)*c(x)\in C$成立。因此，C是R_n的一个左$\mathbb{F}_q[x]/\langle x^n-1\rangle$-子模。

相反地，假设C是R_n的一个左$\mathbb{F}_q[x]/\langle x^n-1\rangle$-子模，则对任意的码字$c(x)\in C$和$f(x)\in \mathbb{F}_q[x]$都有$f(x)*c(x)\in C$成立。此外，对任意的$a(x), b(x)\in C$，都有$a(x)+b(x)\in C$。这意味着$C$是$R_n$的一个子群且$C$是$\mathbb{F}_q$-线性的。故得到

C是R_n中的一个$\mathbb{F}_q$-线性斜循环码。

引理8.4 令F是有限域$K=\mathbb{F}_q$的一个扩域。则对任意的$\alpha\in F$，$Tr_{F/K}(\alpha)=0$当且仅当$\alpha=\beta^q-\beta$对某个$\beta\in F$成立。

由上述定义和引理，我们在下面的定理中给出有限域$\mathbb{F}_{q^2}$上的$\mathbb{F}_q$-线性斜循环码的代数结构。

定理8.5 C是有限域$\mathbb{F}_{q^2}$上的一个码长为n的$\mathbb{F}_q$-线性斜循环码当且仅当C是R_n的一个形为

$$C=\langle \xi g(x)+p(x),k(x)\rangle$$

的左$\mathbb{F}_q[x]/\left\langle x^n-1\right\rangle$-子模，其中$g(x)\in\mathbb{F}_q[x]/\left\langle x^n-1\right\rangle$，$g(x)\,|\,(x^n-1)\bmod q$，$p(x)\in\ker(\varphi)$且$k(x)=r^q(x)-r(x)\in C$对某个$r(x)\in\mathbb{F}_q[x]/\left\langle x^n-1\right\rangle$成立。

证明：假设C是有限域$\mathbb{F}_{q^2}$上的一个码长为n的$\mathbb{F}_q$-线性斜循环码。对任意的$c(x)=c_0+c_1x+\cdots+c_{n-1}x^{n-1}\in C$，$c_i\in\mathbb{F}_{q^2}$，$0\le i\le n-1$，映射

$$\varphi: C\to\mathbb{F}_q[x]/\left\langle x^n-1\right\rangle$$

定义为

$$\varphi(c_0+c_1x+\cdots+c_{n-1}x^{n-1})\mapsto(c_0+\theta(c_0))+(c_1+\theta(c_1))x+\cdots+(c_{n-1}+\theta(c_{n-1}))x^{n-1}$$

不难验证，映射φ是$\mathbb{F}_{q^2}[x]$到$\mathbb{F}_q[x]$上的迹映射。根据迹映射φ的定义，我们得到对任意的$z\in\mathbb{F}_{q^2}$，$\varphi(z)=z+\theta(z)\in\mathbb{F}_q$成立。此外，对任意的$c(x)\in\mathbb{F}_{q^2}[x]/\left\langle x^n-1\right\rangle$，$d(x)\in\mathbb{F}_{q^2}[x]/\left\langle x^n-1\right\rangle$，我们得到

$$\varphi(c(x)+d(x))=\varphi(c(x))+\varphi(d(x))$$

和

$$\begin{aligned}
&\varphi(wx^i*(c_0+c_1x+\cdots+c_{n-1}x^{n-1}))\\
&=\varphi(w\theta^i(c_0)x^i+w\theta^i(c_1)x^{i+1}+\cdots+w\theta^i(c_{n-1})x^{n-1+i})\\
&=(w\theta^i(c_0)+w\theta^{i+1}(c_0))x^i+(w\theta^i(c_1)+w\theta^{i+1}(c_1))x^{i+1}\\
&\quad+\cdots+(w\theta^i(c_{n-1})+w\theta^{i+1}(c_{n-1}))x^{n-1+i}\\
&=wx^i(\theta^i(c_0)+\theta^{i+1}(c_0)+(\theta^i(c_1)+\theta^{i+1}(c_1))x+\cdots\\
&\quad+(\theta^i(c_{n-1})+\theta^{i+1}(c_{n-1}))x^{n-1})\\
&=wx^i*\varphi(c_0+c_1x+\cdots+c_{n-1}x^{n-1})\bmod(x^n-1)
\end{aligned}$$

对任意的 $w\in\mathbb{F}_q$, $0\le i\le n-1$ 成立。这表明

$$\varphi(f(x)*c(x))=f(x)*\varphi(c(x))$$

对任意的 $f(x)\in\mathbb{F}_{q^2}[x]/\langle x^n-1\rangle$ 成立。因此映射 φ 是一个 $\mathbb{F}_q[x]/\langle x^n-1\rangle$ 模同构。

由引理8.4, 不难证明

$$\ker(\varphi)=\left\{k(x)\mid\exists r(x)\in\mathbb{F}_{q^2}[x]/\langle x^n-1\rangle,\text{s.t. }k(x)=r^q(x)-r(x)\in C\right\}$$

其中 $r^q(x)=r_0^q+r_1^qx+\cdots+r_{n-1}^qx^{n-1}$。令 $k(x)\in\ker(\varphi)$ 且 $f(x)\in\mathbb{F}_q[x]/\langle x^n-1\rangle$，则有

$$\varphi(f(x)*k(x))=f(x)*\varphi(k(x))=f(x)*0=0$$

故得到 $\ker(\varphi)$ 是 $\mathbb{F}_{q^2}[x]/\langle x^n-1\rangle$ 的一个 $\mathbb{F}_q[x]$-子模。

假设 $\varphi(c(x))=b(x)\in\operatorname{Im}(\varphi)$ 且令 $f(x)\in\mathbb{F}_q[x]/\langle x^n-1\rangle$，其中 $c(x)\in C$。则

$$\varphi(f(x)*c(x))=f(x)*\varphi(c(x))=f(x)*b(x)\in\operatorname{Im}(\varphi)$$

因此得到 $\operatorname{Im}(\varphi)$ 是 $\mathbb{F}_q[x]/\langle x^n-1\rangle$ 的一个理想并且是 $\mathbb{F}_q[x]/\langle x^n-1\rangle$ 的一个 $\mathbb{F}_q[x]$-子模。故 $\operatorname{Im}(\varphi)=\langle g(x)\rangle$ 对某个 $g(x)\mid(x^n-1)\bmod q$ 成立。由模第一同构定理得

$$C/\ker(\varphi)\cong\langle g(x)\rangle$$

令 $\xi g(x)+p(x)\in C$ 满足 $\varphi(\xi g(x)+p(x))=(\xi+\xi^q)g(x)=ag(x)$,其中 $p(x)$

$\in \ker(\varphi)$ 且 $a \in \mathbb{F}_q \setminus \{0\}$。因为 $\langle ag(x) \rangle = \langle g(x) \rangle$, 所以得到 C 是由两个元素生成的, 即:

$$C = \langle \xi g(x) + p(x), k(x) \rangle$$

其中 $k(x) = r^q(x) - r(x) \in C$ 对某个 $r(x) \in \mathbb{F}_{q^2}[x] / \langle x^n - 1 \rangle$ 成立。

反之, 假设 C 是 R_n 的一个左 $\mathbb{F}_q[x] / \langle x^n - 1 \rangle$-子模且

$$C = \langle \xi g(x) + p(x), k(x) \rangle$$

其中 $g(x) \in \mathbb{F}_q[x] / \langle x^n - 1 \rangle$, $g(x) \mid (x^n - 1) \bmod q$, $p(x) \in \ker(\varphi)$ 且 $k(x) = r^q(x) - r(x) \in C$ 对某个 $r(x) \in \mathbb{F}_{q^2}[x] / \langle x^n - 1 \rangle$ 成立。则由引理 8.3 得到 C 是有限域 $\mathbb{F}_{q^2}$ 上的一个码长为 n 的 $\mathbb{F}_q$ -线性斜循环码。

引理8.6 令 $C = \langle \xi g(x) + p(x), k(x) \rangle$ 是有限域 $\mathbb{F}_{q^2}$ 上的一个码长为奇数 n 的 $\mathbb{F}_q$ -线性斜循环码, 则 $g(x) \in C$ 。

证明: 令 $c(x) = \xi g(x) + p(x) \in C$, 其中 $g(x) \in \mathbb{F}_q[x] / \langle x^n - 1 \rangle$, $g(x) \mid (x^n - 1) \bmod q$ 且 $p(x) \in \ker(\varphi)$ 。不失一般性, 假设 $p(x) = r_1^q(x) - r_1(x) \in C$ 对某个 $r_1(x) \in \mathbb{F}_{q^2}[x] / \langle x^n - 1 \rangle$ 成立。根据斜乘法 $*$ 的定义, 我们有

$$x^n * c(x) = \xi^q g(x) + r_1(x) - r_1^q(x) \in C$$

其中 n 是一个奇数。因此得到

$$x^n * c(x) + c(x) = (\xi^q + \xi) g(x) + r_1(x) - r_1^q(x) + r_1^q(x) - r_1(x) = (\xi^q + \xi) g(x) \in C$$

因为 $\xi^q + \xi \in \mathbb{F}_q \setminus \{0\}$, 所以由定义 8.2 得到 $g(x) \in C$ 。

由定理 8.5 和引理 8.6, 我们给出有限域 $\mathbb{F}_{q^2}$ 上的一些好的 $\mathbb{F}_q$ -线性斜循环码, 这些好的码的参数与文献 [179] 中已知最好的线性码的参数相同。

例8.7 令 $q = 2$ 且 $n = 8$ 。则在有限域 $\mathbb{F}_2$ 上有 $x^8 - 1 = (x+1)^8$ 。令 $g(x) = (x+1)^3 = x^3 + x^2 + x + 1$, $p(x) = x^6 + x^2 + 1$ 。

则

$$C=\langle \xi_1 g(x)+p(x)\rangle=\langle x^6+\xi_1 x^3+(1+\xi_1)x^2+\xi_1 x+1+\xi_1\rangle$$

它的生成矩阵 G 为

$$\begin{pmatrix}
1+\xi_1 & \xi_1 & 1+\xi_1 & \xi_1 & 0 & 0 & 1 & 0 \\
0 & (1+\xi_1)^2 & \xi_1^2 & (1+\xi_1)^2 & \xi_1^2 & 0 & 0 & 1 \\
1 & 0 & (1+\xi_1)^4 & \xi_1^4 & (1+\xi_1)^4 & \xi_1^4 & 0 & 0 \\
0 & 1 & 0 & (1+\xi_1)^8 & \xi_1^8 & (1+\xi_1)^8 & \xi_1^8 & 0 \\
0 & 0 & 1 & 0 & (1+\xi_1)^{16} & \xi_1^{16} & (1+\xi_1)^{16} & \xi_1^{16} \\
\xi_1^{32} & 0 & 0 & 1 & 0 & (1+\xi_1)^{32} & \xi_1^{32} & (1+\xi_1)^{32} \\
(1+\xi_1)^{64} & \xi_1^{64} & 0 & 0 & 1 & 0 & (1+\xi_1)^{64} & \xi_1^{64} \\
\xi_1^{128} & (1+\xi_1)^{128} & \xi_1^{128} & 0 & 0 & 1 & 0 & (1+\xi_1)^{128}
\end{pmatrix}$$

其中 ξ_1 是有限域 $\mathbb{F}_{2^2}$ 的一个阶为 $\mathrm{ord}(\xi_1)=3$ 的本原元。由计算机软件 Magma[180]，我们得到 C 是有限域 $\mathbb{F}_4$ 上的一个参数为 $(8,(2^2)^4,4)$ 的 $\mathbb{F}_2$-线性斜循环码，它的参数与码表 [179] 中给出的有限域 $\mathbb{F}_4$ 上最好的线性码 $[8,4,4]$ 的参数相同。

在本例子的最后，我们在表 8.1 中列出有限域 $\mathbb{F}_4$ 和 $\mathbb{F}_9$ 上的一些好的 $\mathbb{F}_q$-线性斜循环码 $(n,(q^2)^k,d)$，它们的参数与已知最好的线性码[179]的参数相同。在表 8.1 中，n 是 C 的码长，k 是 C 的维数，d 是 C 的极小 Hamming 距离。

表8.1　有限域 $\mathbb{F}_q^2$ 上的一些好的 $\mathbb{F}_q$-线性斜循环码

q	n	$g(x)$	$p(x)$	$(n,(q^2)^k,d)_{q^2}$
2	4	1	x^3+x^2+1	$(4,(2^2)^2,3)_4$
2	6	x^3+1	x^2+x	$(6,(2^2)^2,4)_4$
2	8	x^4+1	$x^6+x^5+x^2+x$	$(8,(2^2)^2,6)_4$
2	8	x^3+x^2+x+1	x^6+x^2+1	$(8,(2^2)^4,4)_4$
2	11	a_1	0	$(11,(2^2)^1,11)_4$
2	13	a_2	a_2	$(13,(2^2)^1,13)_4$

续表

q	n	$g(x)$	$p(x)$	$(n,(q^2)^k,d)_{q^2}$
3	4	1	$\xi_2^2x^3+\xi_2^6x^2+\xi_2^2$	$(4,(3^2)^2,3)_9$
3	6	x^2+2x+1	$\xi_2^2x^3+\xi_2^6x^2$	$(6,(3^2)^3,4)_9$
3	10	a_3	0	$(10,(3^2)^1,10)_9$
3	11	a_4	$\xi_2^2a_4$	$(11,(3^2)^1,11)_9$

标注 8.8 在表8.1中,

$$a_1=x^{10}+x^9+x^8+x^7+x^6+x^5+x^4+x^3+x^2+x+1$$

$$a_2=x^{12}+x^{11}+x^{10}+x^9+x^8+x^7+x^6+x^5+x^4+x^3+x^2+x+1$$

$$a_3=x^9+x^8+x^7+x^6+x^5+x^4+x^3+x^2+x+1$$

$$a_4=x^{10}+x^9+x^8+x^7+x^6+x^5+x^4+x^3+x^2+x+1$$

且ξ_2是有限域$\mathbb{F}_{3^2}$的一个阶为$\mathrm{ord}(\xi_2)=8$的本原元。

定义从有限域$\mathbb{F}_{q^2}^n$到有限域$\mathbb{F}_{q^2}^{2n}$上的映射$\mathcal{S}$如下：

$$\mathcal{S}:\ \mathbb{F}_{q^2}^n \to \mathbb{F}_{q^2}^{2n}$$
$$(c_0,\cdots,c_{n-1})\mapsto(c_0,\theta(c_0),\cdots,c_{n-1},\theta(c_{n-1}))$$

显然, 映射$\mathcal{S}$是一个$\mathbb{F}_q$-线性映射, 单射但不是满射。令$n=2$且$c=(\xi,\xi^q)$, 其中ξ是有限域$\mathbb{F}_{q^2}$的一个本原元。则有

$$\mathcal{S}(c)=(\xi,\xi^q,\xi^q,\xi)$$
$$\mathcal{S}(\xi\cdot c)=\mathcal{S}(\xi^2,\xi^{q+1})=(\xi^2,\xi^{2q},\xi^{q+1},\xi^{q+1})$$

且

$$\xi\cdot\mathcal{S}(c)=\xi\cdot(\xi,\xi^q,\xi^q,\xi)=(\xi^2,\xi^{q+1},\xi^{q+1},\xi^2)$$

因为$\mathcal{S}(\xi\cdot c)\neq\xi\cdot\mathcal{S}(c)$, 所以$\mathcal{S}$不是$\mathbb{F}_{q^2}$-线性的。

令$(n,M,d)_{q^2}$表示有限域$\mathbb{F}_{q^2}$上的一个码长为n的码, 其中M是码C中的元

素个数，d是码C的极小 Hamming 距离。由映射$\mathcal{S}$的定义，我们得到下面的引理。

引理8.9 令C是有限域$\mathbb{F}_{q^2}$上的一个码长为n的码，参数为$(n,M,d)_{q^2}$。对任意的码字$c=(c_0,\cdots,c_{n-1})\in C$，我们有

$$wt_H(\mathcal{S}(c))=2wt_H(c)$$

和

$$d(\mathcal{S}(C))=2d(C)$$

成立，其中$wt_H(c)$表示码字c的 Hamming 重量且$d(C)$表示码C的极小 Hamming 距离。

证明： 根据映射$\mathcal{S}$的定义，对任意的码字$c=(c_0,\ldots,c_{n-1})\in C$，我们有

$$\mathcal{S}(c)=(c_0,c_0^q,\cdots,c_{n-1},c_{n-1}^q)$$

不难验证，$c_i^q=0$当且仅当$c_i=0, 0\le i\le n-1$。所以，如果$c_i\neq 0$，则有$c_i^q\neq 0$成立。

引理8.10 如果C是一个参数为$(n,M,d)_{q^2}$的$\mathbb{F}_q$-线性斜循环码，则$\mathcal{S}(C)$是一个参数为$(2n,M,2d)_{q^2}$的加性斜 2-拟循环码。

证明： 因为C是有限域$\mathbb{F}_{q^2}$上的一个$\mathbb{F}_q$-线性斜循环码，所以由码C的定义，我们得到$c=(c_0,\cdots,c_{n-1})\in C$当且仅当$\theta(c)=(\theta(c_{n-1}),\theta(c_0),\cdots,\theta(c_{n-2}))\in C$。将映射$\mathcal{S}$分别作用于$c$和$\theta(c)$，得到

$$\mathcal{S}(c)=(c_0,\theta(c_0),\cdots,c_{n-1},\theta(c_{n-1}))\in\mathcal{S}(C)$$

当且仅当

$$\mathcal{S}(\theta(c))=(\theta(c_{n-1}),c_{n-1},\theta(c_0),c_0,\cdots,\theta(c_{n-2}),c_{n-2})\in\mathcal{S}(C)$$

根据引理 8.9，我们得到映射$\mathcal{S}(C)$是一个参数为$(2n,M,2d)_{q^2}$的加性斜 2-拟循环码。

8.4　通过有限域$\mathbb{F}_{q^2}$上的$\mathbb{F}_q$-线性斜循环码构造量子纠错码

在这一小节,我们给出一种通过有限域$\mathbb{F}_{q^2}$上的$\mathbb{F}_q$-线性斜循环码构造量子纠错码的方法。对$\mathbb{F}_{q^2}^n$中的任意两个向量b和c,它们的迹交错型内积定义为

$$<b,c>_a = tr_{q/p}\left(\frac{b\cdot c^q - b^q\cdot c}{\xi^{2q}-\xi^2}\right)$$

其中ξ是有限域$\mathbb{F}_{q^2}$的一个本原元,$q=p^m$且$tr_{q/p}$是$\mathbb{F}_q$到$\mathbb{F}_p$上的迹映射,定义为

$$\begin{aligned} tr_{q/p}: \mathbb{F}_q &\to \mathbb{F}_p \\ \beta &\mapsto \beta+\beta^p+\cdots+\beta^{p^m-1} \end{aligned}$$

易见$<b,c>_a\in\mathbb{F}_q$。根据文献 [167] 的研究内容,我们得到迹交错型内积$<b,c>_a$是双加性的,是$\mathbb{F}_p$-线性但不是$\mathbb{F}_q$-线性。此外,它是交错的,即:对所有的$b\in\mathbb{F}_{q^2}^n$,都有$<b,b>_a=0$成立。

令C是有限域$\mathbb{F}_{q^2}$上的一个码长为n的$\mathbb{F}_q$-线性斜循环码,它的迹交错对偶码定义为:

$$C^{\perp_a}=\{u\in\mathbb{F}_{q^2}^n \mid <u,c>_a=0, \forall\, c\in C\}$$

此外,如果$C\subseteq C^{\perp_a}$,则称C是自正交的;$C^{\perp_a}\subseteq C$,则称C是对偶包含的;$C=C^{\perp_a}$,则称C是自对偶的。

引理8.11　令C是有限域$\mathbb{F}_{q^2}$上的一个参数为$(n,M,d)_{q^2}$的$\mathbb{F}_q$-线性斜循环码,则$\mathcal{S}(C)\subseteq\mathcal{S}(C)^{\perp_a}$。

证明:对任意的$b=(b_0,b_1,\cdots,b_{n-1})\in C$,$c=(c_0,c_1,\cdots,c_{n-1})\in C$,由迹交错型内积的定义,我们得到

$$<S(b),S(c)>_a = tr_{q/p}\left(\sum_{i=0}^{n-1}\frac{b_ic_i^q+b_i^qc_i}{\xi^{2q}-\xi^2}-\sum_{i=0}^{n-1}\frac{b_i^qc_i+b_ic_i^q}{\xi^{2q}-\xi^2}\right)=tr_{q/p}(0)=0$$

从而推出对任意的$S(b),S(c)\in S(C)$,$<S(b),S(c)>_a=0$成立。因此得到$\mathcal{S}(C)$

$\subseteq \mathcal{S}(C)^{\perp_a}$。

令$[[n,k,d]]_q$表示有限域$\mathbb{F}_q$上的一个码长为n、维数为k、极小 Hamming 距离为d的量子纠错码。下面的引理对我们的结论非常重要。

引理8.12[167] 稳定化子码$((n,K,d))_q$存在当且仅当存在$\mathbb{F}_{q^2}^n$中的一个势为$|D|=q^n/K$的加性子码D，使其满足$D\le D^{\perp_a}$，并且如果$K>1$，则有$\mathrm{wt}(D^{\perp_a}\setminus D)=d$（如果$K=1$，则有$\mathrm{wt}(D^{\perp_a})=d$）。

根据上述结论以及引理 8.11和引理 8.12, 我们在下面的定理中给出有限域$\mathbb{F}_q$上量子纠错码存在的条件。

定理8.13 令C是有限域$\mathbb{F}_{q^2}$上的一个参数为$(n,M,d)_{q^2}$的$\mathbb{F}_q$-线性斜循环码。则$\mathcal{S}(C)$是一个加性斜$(2n,M,2d)_{q^2}$-码, $\mathcal{S}(C)\subseteq\mathcal{S}(C)^{\perp_a}$且存在一个参数为$[[2n,k,d_Q]]_q$的量子纠错码, 其中$k=\log_q(q^{2n}/M)$, 如果$q^k>1$, 则有$d_Q=\mathrm{wt}(\mathcal{S}(C)^{\perp_a}\setminus\mathcal{S}(C))$（如果$q^k=1$, 则有$d_Q=wt(\mathcal{S}(C)^{\perp_a})$）。

为了计算的方便性和实用性, 接下来我们仅考虑一个生成多项式的情况, 即: 在定理 8.5 中令$k(x)=0$。令

$$C=\langle \xi g(x)+p(x)\rangle$$

是有限域$\mathbb{F}_{q^2}$上的一个码长为n的$\mathbb{F}_q$-线性斜循环码。根据迹交错型内积$<\cdot,\cdot>_a$的定义和$|C|\cdot|C^{\perp_a}|=q^{2n}$, 不难验证, 如果$|C|=q^n$, 则得到

$$C^{\perp_a}=\langle \xi g(x)+p(x)\rangle$$

是有限域$\mathbb{F}_{q^2}$上的一个码长为n、势为$|C^{\perp_a}|=q^n$的$\mathbb{F}_q$-线性斜循环码。这表明C是有限域$\mathbb{F}_{q^2}$上的一个迹交错自对偶$\mathbb{F}_q$-线性斜循环码。

令$C=C^{\perp_a}=\langle \xi g(x)+p(x)\rangle$是有限域$\mathbb{F}_{q^2}$上的一个迹交错自对偶$\mathbb{F}_q$-线性斜循环码, 则有$\mathcal{S}(C)=\mathcal{S}(C^{\perp_a})$。根据引理 8.11, 我们得到$\mathcal{S}(C)\subseteq\mathcal{S}(C)^{\perp_a}$, 推出$\mathcal{S}(C)=\mathcal{S}(C^{\perp_a})\subset\mathcal{S}(C)^{\perp_a}$。

由上述给出的结论和符号，我们在下面的例子中构造出一些好的量子纠错码。

例8.14 令$q=2$且$n=4$。则在有限域$\mathbb{F}_2$上有$x^4-1=(x+1)^4$。令$g(x)=(x+1)^2=x^2+1, p(x)=x^3+x^2+x+1$，则得到

$$C=\langle\xi_1 g(x)+p(x)\rangle=\langle x^3+(1+\xi_1)x^2+x+1+\xi_1\rangle$$

它的生成矩阵为

$$G=\begin{pmatrix}1+\xi_1 & 1 & 1+\xi_1 & 1\\ 1 & (1+\xi_1)^2 & 1 & (1+\xi_1)^2\end{pmatrix}$$

其中ξ_1是有限域$\mathbb{F}_{2^2}$的一个阶为$\operatorname{ord}(\xi_1)=3$的本原元。由计算机代数系统Magma[180]，我们得到C是一个参数为$(4,2^2,4)_4$的$\mathbb{F}_2$-线性斜循环码。根据引理8.10，我们得到$\mathcal{S}(C)$是一个参数为$(8,2^2,8)_4$的加性斜2-拟循环码，它的生成矩阵$G_{\mathcal{S}(C)}$为

$$\begin{pmatrix}1+\xi_1 & (1+\xi_1)^2 & 1 & 1 & 1+\xi_1 & (1+\xi_1)^2 & 1 & 1\\ 1 & 1 & (1+\xi_1)^2 & (1+\xi_1)^4 & 1 & 1 & (1+\xi_1)^2 & (1+\xi_1)^4\end{pmatrix}$$

利用Magma[180]，我们得到$\mathcal{S}(C)^{\perp_a}$是一个加性斜$(8,2^{14},2)_4$码。根据定理8.13，我们得到一个参数为$[[8,6,2]]$的最优二元纠错码，它的参数与已知最好的二元加性量子纠错码[179]的参数相同。

在本例子最后，我们在表8.2中列出一些最优的二元量子纠错码，这些码的参数与已知最好的二元加性量子纠错码[179]的参数相同。

表8.2 一些最优的二元量子纠错码

q	n	$g(x)$	$p(x)$	$[[n,k,d]]$
2	3	1	x^2+1	$[[6,3,2]]$
2	3	x^2+x+1	x^2+x+1	$[[6,4,2]]$
2	4	1	x^2+x+1	$[[8,4,2]]$
2	4	x^2+1	$x+1$	$[[8,5,2]]$
2	4	x^2+1	x^3+x^2+x+1	$[[8,6,2]]$
2	5	1	x^3+x+1	$[[10,5,2]]$
2	5	$x^4+x^3+x^2+x+1$	$x^4+x^3+x^2+x+1$	$[[10,8,2]]$
2	6	x^3+1	x^2+x	$[[12,8,2]]$

例 8.15 令 $q=3$ 且 $n=3$。则在有限域 $\mathbb{F}_3$ 上有 $x^3-1=(x+2)^3$。令 $g(x)=(x+2)^2=x^2+x+1$ 且 $p(x)=\xi_2^2x+\xi_2^6$。则

$$C=\langle \xi_2 g(x)+p(x)\rangle=\langle \xi_2 x^2+(\xi_2+\xi_2^2)x+\xi_2+\xi_2^6\rangle$$

它的生成矩阵为

$$G=\begin{pmatrix} \xi_2+\xi_2^6 & \xi_2+\xi_2^2 & \xi_2 \\ \xi_2^3 & (\xi_2+\xi_2^6)^3 & (\xi_2+\xi_2^2)^3 \\ (\xi_2+\xi_2^2)^9 & \xi_2^9 & (\xi_2+\xi_2^6)^9 \end{pmatrix}$$

其中 ξ_2 是有限域 $\mathbb{F}_{3^2}$ 的一个阶为 $\mathrm{ord}(\xi_2)=8$ 的本原元。由 Magma[180] 我们得到 C 是一个参数为 $(3,3^3,2)_9$ 的 $\mathbb{F}_3$-线性斜循环码。根据引理 8.10, 可知 $\mathcal{S}(C)$ 是一个参数为 $(6,3^3,4)_9$ 的加性斜 2-拟循环码, 它的生成矩阵为

$$G_{S(C)}=\begin{pmatrix} \xi_2+\xi_2^6 & (\xi_2+\xi_2^6)^3 & \xi_2+\xi_2^2 & (\xi_2+\xi_2^2)^3 & \xi_2 & \xi_2^3 \\ \xi_2^3 & \xi_2^9 & (\xi_2+\xi_2^6)^3 & (\xi_2+\xi_2^6)^9 & (\xi_2+\xi_2^2)^3 & (\xi_2+\xi_2^2)^9 \\ (\xi_2+\xi_2^2)^9 & (\xi_2+\xi_2^2)^{27} & \xi_2^9 & \xi_2^{27} & (\xi_2+\xi_2^6)^9 & (\xi_2+\xi_2^6)^{27} \end{pmatrix}$$

利用 Magma[180], 得到 $S(C)^{\perp_a}$ 是一个加性斜 $(6,3^9,2)_9$ 码。由定理8.13, 我们得到一个新的量子纠错码 $[[6,3,2]]_3$, 它的参数比文献 [151] 中给出的量子纠错码 $[[6,2,2]]_3$ 的参数好。

令 $q=3, n=4, g(x)=x^2+2$ 且 $p(x)=\xi_2^2x+\xi_2^6$。由计算机软件 Magma[180], 引理 8.10、定理 8.5 和定理 8.13, 我们得到 $\mathcal{S}(C)$ 是一个加性斜 $(8,3^3,6)_9$ 2-拟循环码, 且 $S(C)^{\perp_a}$ 是一个加性斜 $(8,3^{13},2)_9$ 码。因此, 我们得到一个新的量子纠错码 $[[8,5,2]]_3$, 它的参数比文献 [151] 中给出的量子纠错码 $[[8,4,2]]_3$ 的参数好。

8.5 本章小结

本章研究了有限域 $\mathbb{F}_{q^2}$ 上的 $\mathbb{F}_q$-线性斜循环码的代数结构, 并给出一些有

限域$\mathbb{F}_{q^2}$上好的$\mathbb{F}_q$-线性斜循环码。此外，我们给出了一种通过有限域$\mathbb{F}_{q^2}$上的$\mathbb{F}_q$-线性斜循环码构造量子纠错码的方法，并且构造出一些好的和新的量子纠错码。

9　最优的循环 $\mathbb{F}_q$-线性 $\mathbb{F}_{q^t}$-码

在这一章, 我们给出一类码长为 n 的循环 $\mathbb{F}_q$-线性 $\mathbb{F}_{q^t}$-码, 其中 n 是与 q 互素的正整数, 并且构造出一些最优的循环 $\mathbb{F}_q$-线性 $\mathbb{F}_{q^t}$-码。本章对应的内容已经发表于 *Advances in Mathematics of Communications*。

本章的结构如下：9.1节介绍了 $\mathbb{F}_q$-线性 $\mathbb{F}_{q^t}$-码的研究意义和背景。9.2节介绍了一些本章用到的基本概念和性质。9.3节给出一类循环 $\mathbb{F}_q$-线性 $\mathbb{F}_{q^t}$-码的代数结构, 并构造出一些最优的循环 $\mathbb{F}_q$-线性 $\mathbb{F}_{q^t}$-码。

9.1　$\mathbb{F}_q$-线性 $\mathbb{F}_{q^t}$-码的研究意义和背景

令 $\mathbb{F}_q$ 是一个势为 q 的有限域, 其中 q 是一个素数 p 的方幂。则 $\mathbb{F}_{q^t}$ 是有限域 $\mathbb{F}_q$ 的一个次数为 $t \geq 1$ 的扩域。一个码长为 n 的 $\mathbb{F}_q$-线性 $\mathbb{F}_{q^t}$-码是 $\mathbb{F}_{q^t}^n$ 的一个 $\mathbb{F}_q$-线性子空间。如果对任意的 $(c_0, c_1, \cdots, c_{n-1}) \in \mathcal{C}$, $(c_{n-1}, c_0, c_1, \cdots, c_{n-2}) \in \mathcal{C}$ 都成立, 则称 $\mathcal{C}$ 是循环的。到目前为止, $\mathbb{F}_q$-线性 $\mathbb{F}_{q^t}$-码已经取得了很多研究成果, 例如文献 [181-187]。

令 $\mathcal{C}$ 是有限域上的一个参数为 $[n, k, d]$ 的线性码, 如果 $d = n - k + 1$, 则 $\mathcal{C}$ 被称为 Maximum-Distance-Separable (MDS) 码, 其中 n 是 $\mathcal{C}$ 的码长, k 是 $\mathcal{C}$ 的维数且 d 是 $\mathcal{C}$ 的极小 Hamming 距离。MDS 码是最优码, 因为在给定码长和维数的情况下它能达到可能的最大极小距离, 并且它具有最大的检错和纠错能力。到目前为止, 有限域上最优码的研究已经取得了很多优秀的研究成果, 例如文献[188-201]。

哈夫曼（Huffman）在文献 [185] 中介绍了 $\mathbb{F}_q$-线性 $\mathbb{F}_{q^t}$-码的两种不同的迹内积, 并给出当 $t = 2$ 时, 自正交和自对偶循环码的特殊基及其计数。曹永林等在文

献 [181] 中研究了码长为 n 的重根循环 $\mathbb{F}_q$-线性 $\mathbb{F}_{q^l}$-码的代数结构和典范型分解式，其中 l 是一个素数。文献 [199] 给出了有限域 $GF(q)$ 上码长为 q 的循环 MDS 码的代数结构。格拉塞尔（Grassl）等在文献 [194] 中讨论了自对偶 MDS 码的存在性。金玲飞等在文献 [196] 中构造了几类经典的 Hermitian 自正交 MDS 码，并且得到了一些量子 MDS 码。之后，赫尔利（Hurley）等在文献 [195] 中通过单位元和幂等元给出 MDS 码的生成矩阵。在本章，我们给出一类码长为 n 的 $\mathbb{F}_q$-线性 $\mathbb{F}_{q^t}$-码。利用这类码的代数结构，我们构造出一些最优的循环 $\mathbb{F}_q$-线性 $\mathbb{F}_{q^t}$-码，这些码的参数与有限域 $\mathbb{F}_{q^2}$ 上的 MDS 码的参数相同。

9.2 预备知识

令 $\mathcal{R}_n^{(q)}$ 和 $\mathcal{R}_n^{(q^t)}$ 分别表示群代数

$$\mathbb{F}_q[x]/\langle x^n-1\rangle \text{和} \mathbb{F}_{q^t}[x]/\langle x^n-1\rangle$$

其中 x 是一个不定元，n 是一个与 q 互素的正整数。因为 $\gcd(n,q)=1$，所以 x^n-1 没有重根。容易验证 $\mathcal{R}_n^{(q)}$ 和 $\mathcal{R}_n^{(q^t)}$ 都是半单的。

令

$$x^n-1=m_0(x)m_1(x)\cdots m_{s-1}(x)$$

其中 $m_i(x)$ 是有限域 $\mathbb{F}_q$ 上的首一不可约多项式，$0\le i\le s-1$ 且 $m_0(x)=x-1$。令 η 是 x^n-1 在有限域 $\mathbb{F}_q$ 的分裂域上的 n 次本原单位根。则

$$C_{l_i}^{(q)}=\{l_i,l_iq,l_iq^2,\cdots\}(\text{mod } n)$$

是模 n 的 q-分圆陪集，$\{\eta^k\mid k\in C_{l_i}^{(q)}\}$ 是 x^n-1 的分解式 $m_i(x)$ 在有限域 $\mathbb{F}_q$ 的分裂域上的根，其中 $0\le i\le s-1$。

接下来，我们将文献 [185] 中的结论总结为下面两个引理。

引理9.1 对任意的整数 l，$C_l^{(q)}=C_l^{(q^t)}\cup C_{lq}^{(q^t)}\cup\cdots\cup C_{lq^{a-1}}^{(q^t)}$，其中集合互不相

交且 $a=\gcd(t,|C_l^{(q)}|)$。此外，

$$|C_{lq^i}^{(q^t)}|=|C_l^{(q^t)}|=\frac{|C_l^{(q)}|}{\gcd(t,|C_l^{(q)}|)}$$

其中 $0\le i\le a-1$。

引理9.2[185] 下列结论成立：

(i) $x^n-1=m_0(x)m_1(x)\cdots m_{s-1}(x)$，其中 $m_i(x)$ 是有限域 $\mathbb{F}_q$ 上的首一不可约多项式，$0\le i\le s-1$。

(ii) $m_i(x)=M_{i,0}(x)M_{i,1}(x)\cdots M_{i,s_i-1}(x)$，其中 $M_{i,j}(x)$ 是有限域 $\mathbb{F}_{q^t}$ 上的首一不可约多项式，$0\le i\le s-1$ 且 $0\le j\le s_i-1$。此外，x^n-1 在有限域 $\mathbb{F}_{q^t}$ 上分解为首一不可约多项式 $x^n-1=\prod_{i=0}^{s-1}\prod_{j=0}^{s_i-1}M_{i,j}(x)$。

(iii) $\deg(m_i(x))=|C_{l_i}^{(q)}|$，其中 $0\le i\le s-1$。此外，$s_i=\gcd(t,|C_{l_i}^{(q)}|)$ 且 $\deg(M_{i,j}(x))=|C_{l_iq^j}^{(q^t)}|=|C_{l_i}^{(q)}|/\gcd(t,|C_{l_i}^{(q)}|)$，其中 $0\le j\le s_i-1$。

(iv) $\mathcal{R}_n^{(q)}=\mathcal{K}_0\oplus\mathcal{K}_1\oplus\cdots\oplus\mathcal{K}_{s-1}$，其中 $\mathcal{K}_i$ 是 $\mathcal{R}_n^{(q)}$ 的由 $\widehat{m_i}(x)=(x^n-1)/m_i(x)$ 生成的理想。$\mathcal{K}_i\cong\mathbb{F}_{q^{d_i}}$，其中 $d_i=|C_{l_i}^{(q)}|$，且如果 $i\ne j$，则有 $\mathcal{K}_i\mathcal{K}_j=\{0\}$。

(v) $\mathcal{R}_n^{(q^t)}=\mathcal{I}_{0,0}\oplus\mathcal{I}_{1,0}\oplus\cdots\oplus\mathcal{I}_{1,s_1-1}\oplus\cdots\oplus\mathcal{I}_{s-1,0}\oplus\cdots\oplus\mathcal{I}_{s-1,s_{s-1}-1}$，其中 $\mathcal{I}_{i,j}$ 是 $\mathcal{R}_n^{(q^t)}$ 的由 $\hat{M}_{i,j}(x)=(x^n-1)/M_{i,j}(x)$ 生成的理想。$\mathcal{I}_{i,j}\cong\mathbb{F}_{q^{tD_i}}$，其中 $D_i=|C_{l_iq^j}^{(q^t)}|=d_i/s_i$，$0\le i\le s-1, 0\le j\le s_i-1$，且如果 $(i,j)\ne(i',j')$，则有 $\mathcal{I}_{i,j}\mathcal{I}_{i',j'}=\{0\}$。

根据 MDS 码的定义和文献 [187] 的结论，我们得到下面的界。

引理9.3[187] (Singleton 界)　令 $\mathcal{C}$ 是一个码长为 n 的 $\mathbb{F}_q$-线性 $\mathbb{F}_{q^t}$-码，它的 $\mathbb{F}_q$-维数为 k，极小距离为 d。则有 $d\le n-\left\lceil\frac{k}{t}\right\rceil+1$。

达到 Singleton 界的$\mathbb{F}_q$-线性$\mathbb{F}_{q^t}$-码称为 Maximum-Distance-Separable (MDS)码。

9.3 最优的循环$\mathbb{F}_q$-线性$\mathbb{F}_{q^t}$-码

在本小节, 我们给出一类码长为n的循环$\mathbb{F}_q$-线性$\mathbb{F}_{q^t}$-码, 并构造出一些最优的$\mathbb{F}_q$-线性$\mathbb{F}_{q^t}$-码。这些最优码的参数达到引理 9.3 中给出的 Singleton 界。根据引理 9.3, 我们取$\mathcal{I}_{i,j}$的幂等元$e_{i,j}(x)$, 其中$0 \le i \le s-1$且$0 \le j \le s_i - 1$。容易验证$e_{i,0}(x), e_{i,1}(x), \cdots, e_{i,s_i-1}(x)$分别是$\mathcal{I}_{i,0}, \mathcal{I}_{i,1}, \cdots, \mathcal{I}_{i,s_i-1}$的幂等生成元。

根据引理 9.2 和引理 9.3 中给出的符号, 我们得到下面的定义。

定义9.4 令$\mathbb{F}_{q^t}$是一个势为q^t的有限域, 其中q是素数p的方幂且$t \ge 1$是一个正整数。则有

$$\mathcal{R}_n^{(q^t)} = \mathcal{I}_{0,0} \oplus \mathcal{I}_{1,0} \oplus \cdots \oplus \mathcal{I}_{1,s_1-1} \oplus \cdots \oplus \mathcal{I}_{s-1,0} \oplus \cdots \oplus \mathcal{I}_{s-1,s_{s-1}-1}$$

其中n是一个与q互素的正整数且$\mathcal{I}_{i,j}$是$\mathcal{R}_n^{(q^t)}$的由$\hat{M}_{i,j}(x) = (x^n - 1)/M_{i,j}(x)$生成的理想。定义$\mathcal{C} = \langle e_{i,j}(x) \rangle$是一个参数为$(n, (q^t)^k)$的循环$\mathbb{F}_q$-线性$\mathbb{F}_{q^t}$-码, 其中$k = D_i = d_i / s_i, d_i = \deg(m_i(x))$且$e_{i,j}(x)$是$\mathcal{I}_{i,j}$的幂等生成元, $0 \le i \le s-1, 0 \le j \le s_i - 1$。通常$e_{i,j}(x)$称为$\mathcal{C}$的基。

下面的定理给出定义 9.4 中循环$\mathbb{F}_q$-线性$\mathbb{F}_{q^t}$-码的构造过程。

定理9.5 由上述给出的符号, 定义9.4中每个码长为n的循环$\mathbb{F}_q$-线性$\mathbb{F}_{q^t}$-码可以由以下步骤构造出来:

(i) 分解多项式$x^n - 1 = m_0(x)m_1(x)\cdots m_{s-1}(x)$, 其中$m_i(x)$是有限域$\mathbb{F}_q$上的首一不可约多项式, $0 \le i \le s-1$。

(ii) 分解多项式$m_i(x) = M_{i,0}(x)M_{i,1}(x)\cdots M_{i,s_i-1}(x)$, 其中$M_{i,j}(x)$是有限域$\mathbb{F}_{q^t}$上的首一不可约多项式, $0 \le i \le s-1$且$0 \le j \le s_i - 1$。则$x^n - 1$在有限域$\mathbb{F}_{q^t}$

上可以分解为首一不可约多项式的乘积$x^n-1=\prod_{i=0}^{s-1}\prod_{j=0}^{s_i-1}M_{i,j}(x)$。

(iii) $\mathcal{R}_n^{(q^t)}=\mathcal{I}_{0,0}\oplus\mathcal{I}_{1,0}\oplus\cdots\oplus\mathcal{I}_{1,s_1-1}\oplus\cdots\oplus\mathcal{I}_{s-1,0}\oplus\cdots\oplus\mathcal{I}_{s-1,s_{s-1}-1}$，其中$\mathcal{I}_{i,j}$是$\mathcal{R}_n^{(q^t)}$的由$\hat{M}_{i,j}(x)=(x^n-1)/M_{i,j}(x)$生成的理想。

(iv) 对任意的$0\le i\le s-1$和$0\le j\le s_i-1$, 我们取$\mathcal{I}_{i,j}$的幂等元$e_{i,j}(x)$。

(v) 令$\mathcal{C}=\left\langle e_{i,j}(x)\right\rangle$, 其中$0\le i\le s-1$且$0\le j\le s_i-1$。则$\mathcal{C}$是一个码长为$n$的循环$\mathbb{F}_q$-线性$\mathbb{F}_{q^t}$-码。

不难发现, 利用定理 9.5, 我们可以构造出很多码长为n的最优循环$\mathbb{F}_q$-线性$\mathbb{F}_{q^t}$-码, 这些码的参数达到引理 9.3 中给出的 Singleton 界。下面的例子给出最优码的构造过程。

例9.6 令$q=p=5,t=2$且$n=7$。令

$$\mathbb{F}_{5^2}=\mathbb{F}_5[x]/\left\langle x^2+4x+2\right\rangle$$

其中x^2+4x+2是有限域$\mathbb{F}_5[x]$上的一个本原多项式。令ω是x^2+4x+2的一个根, 易见ω是有限域$\mathbb{F}_{5^2}$的一个阶为$\mathrm{ord}(\omega)=5^2-1=24$的本原元。因此$\mathcal{R}_7^{(5)}=\mathbb{F}_5[x]/\left\langle x^7-1\right\rangle$且$\mathcal{R}_7^{(5^2)}=\mathbb{F}_{5^2}[x]/\left\langle x^7-1\right\rangle$。一个最优码可以通过以下步骤构造出来。

步骤 1： 分解$x^7-1=\prod_{i=0}^{1}m_i(x)$, 其中$m_0(x)=x-1$且$m_1(x)=x^6+x^5+x^4+x^3+x^2+x+1$是有限域$\mathbb{F}_5[x]$上的首一不可约多项式。

步骤 2： 由计算机系统 Maple 和 Magma[180], 不难验证$m_0(x)=x-1=M_{0,0}(x)$且

$$m_1(x)=x^6+x^5+x^4+x^3+x^2+x+1=M_{1,0}(x)M_{1,1}(x)$$

其中$M_{1,0}(x)=x^3+\omega x^2+\omega^{17}x+4, M_{1,1}(x)=x^3+\omega^5x^2+\omega^{13}x+4$且$M_{0,0}(x)$, $M_{1,0}(x), M_{1,1}(x)$都是有限域$\mathbb{F}_{5^2}[x]$上的首一不可约多项式。因此, 根据引理 9.3

(ii) 和 (iii), 我们得到$s_0=1$, $s_1=2$且$x^7-1=\prod_{i=0}^{1}\prod_{j=0}^{s_i-1}M_{i,j}(x)$成立。

步骤 3：由引理 9.3, 定理 9.5(iii) 和$D_i=d_i/s_i$, 得到$D_0=1$且$D_1=3$, 其中$0\le i\le 1$。故得到

$$\mathcal{R}_7^{(5^2)}=\mathcal{I}_{0,0}\oplus\mathcal{I}_{1,0}\oplus\mathcal{I}_{1,1}$$

其中$\mathcal{I}_{0,0}=\langle(x^7-1)/M_{0,0}(x)\rangle=\langle x^6+x^5+x^4+x^3+x^2+x+1\rangle\cong\mathbb{F}_{5^{2D_0}}=\mathbb{F}_{5^2}$,

$$\mathcal{I}_{1,0}=\langle x^4+\omega^{13}x^3+4x^2+\omega^{17}x+1\rangle\cong\mathbb{F}_{5^{2D_1}}=\mathbb{F}_{5^6}\text{ 且}$$

$$\mathcal{I}_{1,1}=\langle x^4+\omega^{17}x^3+4x^2+\omega^{13}x+1\rangle\cong\mathbb{F}_{5^{2D_1}}=\mathbb{F}_{5^6}$$

步骤 4：根据万哲先的著作 [202] 和计算机系统 Maple 和 Magma[180], 我们得到$\mathcal{I}_{i,j}$的非零幂等元$e_{i,j}(x)$, 其中$0\le i\le 1, 0\le j\le s_i-1$, 即：

$$e_{0,0}(x)=3x^6+3x^5+3x^4+3x^3+3x^2+3x+3$$

$$e_{1,0}(x)=\omega^7x^6+\omega^7x^5+\omega^{11}x^4+\omega^7x^3+\omega^{11}x^2+\omega^{11}x+4$$

且

$$e_{1,1}(x)=\omega^{11}x^6+\omega^{11}x^5+\omega^7x^4+\omega^{11}x^3+\omega^7x^2+\omega^7x+4$$

步骤 5 (一个最优码)：令

$$\mathcal{C}=\langle e_{1,0}(x)\rangle=\langle\omega^7x^6+\omega^7x^5+\omega^{11}x^4+\omega^7x^3+\omega^{11}x^2+\omega^{11}x+4\rangle$$

则$\mathcal{C}$是一个码长为 7 的循环$\mathbb{F}_5$-线性$\mathbb{F}_{5^2}$-码。利用 Magma[180], 我们得到$\mathcal{C}$是一个参数为$(7,(5^2)^3,5)$的循环$\mathbb{F}_5$-线性$\mathbb{F}_{5^2}$-码, 它的生成矩阵为

$$\begin{pmatrix}
4 & \omega^{11} & \omega^{11} & \omega^7 & \omega^{11} & \omega^7 & \omega^7\\
\omega^7 & 4 & \omega^{11} & \omega^{11} & \omega^7 & \omega^{11} & \omega^7\\
\omega^7 & \omega^7 & 4 & \omega^{11} & \omega^{11} & \omega^7 & \omega^{11}\\
\omega^{11} & \omega^7 & \omega^7 & 4 & \omega^{11} & \omega^{11} & \omega^7\\
\omega^7 & \omega^{11} & \omega^7 & \omega^7 & 4 & \omega^{11} & \omega^{11}\\
\omega^{11} & \omega^7 & \omega^{11} & \omega^7 & \omega^7 & 4 & \omega^{11}
\end{pmatrix}$$

此外, $\mathcal{C}$是一个最优码, 它的参数达到引理 9.3 中给出的 Singleton 界。

在本小节最后，由上述类似的方法，我们在表 9.1 中列出一些最优的循环 $\mathbb{F}_q$-线性 $\mathbb{F}_{q^2}$-码。在表 9.1中，n 是 $\mathcal{C}$ 的码长，$(q^2)^k$ 是 $\mathcal{C}$ 的势并且 d 是 $\mathcal{C}$ 的极小 Hamming 距离。此外，基 α_i 和 $\mathcal{C}$ 的 Hamming 重量计数器 W_i 在 9.5 附录中给出，其中 $1 \le i \le 60$。

注9.7 在表 9.1 中，一个参数为 $(n,(q^2)^k,d)$ 的最优循环 $\mathbb{F}_q$-线性 $\mathbb{F}_{q^2}$-码 $\mathcal{C}$ 表示它的参数达到引理 9.3 中给出的 Singleton 界。

表 9.1　一些最优的循环 $\mathbb{F}_q$-线性 $\mathbb{F}_{q^2}$-码

$\{q,n\}$	基	Hamming重量计数器	$(n,(q^2)^k,d)$
$\{2,5\}$	α_1	W_1	$(5,(2^2)^2,4)$
$\{3,5\}$	α_2	W_2	$(5,(3^2)^2,4)$
$\{3,7\}$	α_3	W_3	$(7,(3^2)^3,5)$
$\{5,7\}$	α_4	W_4	$(7,(5^2)^3,5)$
$\{5,13\}$	α_5	W_5	$(13,(5^2)^2,12)$
$\{5,17\}$	α_6	W_6	$(17,(5^2)^8,10)$
$\{7,5\}$	α_7	W_7	$(17,(5^2)^8,10)$
$\{7,11\}$	α_8	W_8	$(5,(7^2)^2,4)$
$\{7,13\}$	α_9	W_9	$(11,(7^2)^5,7)$
$\{11,13\}$	α_{10}	W_{10}	$(13,(7^2)^6,8)$
$\{11,17\}$	α_{11}	W_{11}	$(17,(11^2)^8,10)$

续表

$\{q,n\}$	基	Hamming重量计数器	$\left(n,\left(q^2\right)^k,d\right)$
$\{13,5\}$	α_{12}	W_{12}	$\left(5,\left(13^2\right)^2,4\right)$
$\{13,11\}$	α_{13}	W_{13}	$\left(11,\left(13^2\right)^5,7\right)$
$\{13,17\}$	α_{14}	W_{14}	$\left(17,\left(13^2\right)^2,16\right)$
$\{13,19\}$	α_{15}	W_{15}	$\left(19,\left(13^2\right)^9,11\right)$
$\{17,5\}$	α_{16}	W_{16}	$\left(5,\left(17^2\right)^2,4\right)$
$\{17,7\}$	α_{17}	W_{17}	$\left(7,\left(17^2\right)^3,5\right)$
$\{17,11\}$	α_{18}	W_{18}	$\left(11,\left(17^2\right)^5,7\right)$
$\{17,13\}$	α_{19}	W_{19}	$\left(13,\left(17^2\right)^3,11\right)$
$\{19,7\}$	α_{20}	W_{20}	$\left(7,\left(19^2\right)^3,5\right)$
$\{19,11\}$	α_{21}	W_{21}	$\left(11,\left(19^2\right)^5,7\right)$
$\{19,13\}$	α_{22}	W_{22}	$\left(13,\left(19^2\right)^6,8\right)$
$\{19,17\}$	α_{23}	W_{23}	$\left(17,\left(19^2\right)^4,14\right)$
$\{23,5\}$	α_{24}	W_{24}	$\left(5,\left(23^2\right)^2,4\right)$
$\{23,13\}$	α_{25}	W_{25}	$\left(13,\left(23^2\right)^2,11\right)$
$\{23,17\}$	α_{26}	W_{26}	$\left(17,\left(13^2\right)^8,10\right)$
$\{29, 11\}$	α_{27}	W_{27}	$\left(11,\left(29^2\right)^5,7\right)$
$\{29,17\}$	α_{28}	W_{28}	$\left(17,\left(29^2\right)^8,10\right)$

续表

$\{q,n\}$	基	Hamming重量计数器	$\left(n,\left(q^2\right)^k,d\right)$
$\{31,7\}$	α_{29}	W_{29}	$\left(7,\left(31^2\right)^3,5\right)$
$\{31,13\}$	α_{30}	W_{30}	$\left(13,\left(31^2\right)^2,12\right)$
$\{31,17\}$	α_{31}	W_{31}	$\left(17,\left(31^2\right)^8,10\right)$
$\{37,5\}$	α_{32}	W_{32}	$\left(5,\left(37^2\right)^2,4\right)$
$\{37,13\}$	α_{33}	W_{33}	$\left(13,\left(37^2\right)^6,8\right)$
$\{41,11\}$	α_{34}	W_{34}	$\left(11,\left(41^2\right)^5,7\right)$
$\{41,13\}$	α_{35}	W_{35}	$\left(13,\left(41^2\right)^6,8\right)$
$\{43,5\}$	α_{36}	W_{36}	$\left(5,\left(43^2\right)^2,4\right)$
$\{47,13\}$	α_{37}	W_{37}	$\left(13,\left(43^2\right)^3,11\right)$
$\{47,17\}$	α_{38}	W_{38}	$\left(17,\left(43^2\right)^4,14\right)$
$\{47,5\}$	α_{39}	W_{39}	$\left(5,\left(47^2\right)^2,4\right)$
$\{47,7\}$	α_{40}	W_{40}	$\left(7,\left(47^2\right)^3,5\right)$
$\{47,13\}$	α_{41}	W_{41}	$\left(13,\left(47^2\right)^2,16\right)$
$\{47,17\}$	α_{42}	W_{42}	$\left(17,\left(47^2\right)^2,16\right)$
$\{53,5\}$	α_{43}	W_{43}	$\left(5,\left(53^2\right)^2,4\right)$
$\{53,17\}$	α_{44}	W_{44}	$\left(17,\left(53^2\right)^4,14\right)$
$\{59,7\}$	α_{45}	W_{45}	$\left(7,\left(59^2\right)^3,5\right)$

续表

$\{q,n\}$	基	Hamming重量计数器	$\left(n,\left(q^2\right)^k,d\right)$
$\{59,13\}$	α_{46}	W_{46}	$\left(13,\left(59^2\right)^6,8\right)$
$\{59,17\}$	α_{47}	W_{47}	$\left(17,\left(59^2\right)^4,14\right)$
$\{61,7\}$	α_{48}	W_{48}	$\left(7,\left(61^2\right)^3,5\right)$
$\{61,11\}$	α_{49}	W_{49}	$\left(11,\left(61^2\right)^5,7\right)$
$\{67,5\}$	α_{50}	W_{50}	$\left(5,\left(67^2\right)^2,4\right)$
$\{67,13\}$	α_{51}	W_{51}	$\left(13,\left(61^2\right)^6,8\right)$
$\{71,13\}$	α_{52}	W_{52}	$\left(13,\left(71^2\right)^6,8\right)$
$\{73,11\}$	α_{53}	W_{53}	$\left(11,\left(73^2\right)^5,7\right)$
$\{73,13\}$	α_{54}	W_{54}	$\left(13,\left(73^2\right)^2,12\right)$
$\{79,11\}$	α_{55}	W_{55}	$\left(11,\left(79^2\right)^5,7\right)$
$\{83,5\}$	α_{56}	W_{56}	$\left(5,\left(83^2\right)^2,4\right)$
$\{83,11\}$	α_{57}	W_{57}	$\left(11,\left(83^2\right)^5,7\right)$
$\{89,7\}$	α_{58}	W_{58}	$\left(7,\left(89^2\right)^3,5\right)$
$\{89,17\}$	α_{59}	W_{59}	$\left(17,\left(89^2\right)^2,16\right)$
$\{97,5\}$	α_{60}	W_{60}	$\left(5,\left(97^2\right)^2,4\right)$

9.4 本章小结

本章给出了一类码长为 n 的循环 $\mathbb{F}_q$-线性 $\mathbb{F}_{q^t}$-码的代数结构, 其中 n 是与 q 互素的正整数, 并且构造出一些最优的循环 $\mathbb{F}_q$-线性 $\mathbb{F}_{q^t}$-码。

9.5 附录

在表 9.1 中,

$$\alpha_1 = \omega_1 x^4 + \omega_1^2 x^3 + \omega_1^2 x^2 + \omega_1 x,\ W_1 = X^5 + 15XY^4,$$

$$\alpha_2 = \omega_2 x^4 + \omega_2^3 x^3 + \omega_2^3 x^2 + \omega_2 x + 1,\ W_2 = X^5 + 40XY^4 + 40Y^5,$$

$$\alpha_3 = \omega_2^5 x^6 + \omega_2^5 x^5 + \omega_2^7 x^4 + \omega_2^5 x^3 + \omega_2^7 x^2 + \omega_2^7 x,$$

$$W_3 = X^7 + 168X^2Y^5 + 224XY^6 + 336Y^7,$$

$$\alpha_4 = \omega^7 x^6 + \omega^7 x^5 + \omega^{11} x^4 + \omega^7 x^3 + \omega^{11} x^2 + \omega^{11} x + 4,$$

$$W_4 = X^7 + 504X^2Y^5 + 3360XY^6 + 11760Y^7,$$

$$\alpha_5 = \omega^{19} x^{12} + \omega^4 x^{11} + \omega^{20} x^{10} + \omega^{17} x^9 + \omega^{23} x^8 + \omega^{13} x^7 + \omega^{13} x^6 + \omega^{23} x^5 + \omega^{17} x^4 + \omega^{20} x^3 + \omega^4 x^2 + \omega^{19} x + 4,$$

$$W_5 = X^{13} + 312XY^{12} + 312Y^{13},$$

$$\alpha_6 = \omega^{10} x^{16} + \omega^{10} x^{15} + \omega^2 x^{14} + \omega^{10} x^{13} + \omega^2 x^{12} + \omega^2 x^{11} + \omega^2 x^{10} + \omega^{10} x^9 + \omega^{10} x^8 + \omega^2 x^7 + \omega^2 x^6 + \omega^2 x^5 + \omega^{10} x^4 + \omega^2 x^3 + \omega^{10} x^2 + \omega^{10} x + 4,$$

$$W_6 = X^{17} + 466752X^7Y^{10} + 4455360X^6Y^{11} + 60147360X^5Y^{12} + 545781600X^4Y^{13} + 3750580800X^3Y^{14} + 17998587072X^2Y^{15} + 53996986440XY^{16} + 76230885240Y^{17},$$

$$\alpha_7 = \omega_3^{11} x^4 + \omega_3^{29} x^3 + \omega_3^{29} x^2 + \omega_3^{11} x + 6,\ W_7 = X^5 + 240XY^4 + 2160Y^5,$$

$$\alpha_8 = \omega_3^{41} x^{10} + \omega_3^{47} x^9 + \omega_3^{41} x^8 + \omega_3^{41} x^7 + \omega_3^{41} x^6 + \omega_3^{47} x^5 + \omega_3^{47} x^4 + \omega_3^{47} x^3 + \omega_3^{41} x^2 + \omega_3^{47} x + 3,$$

$$W_8 = X^{11} + 15840X^4Y^7 + 332640X^3Y^8 + 5377680X^2Y^9 + 51596160XY^{10} + 225152928Y^{11},$$

$$\alpha_9 = \omega_3^{34}x^{12} + \omega_3^{46}x^{11} + \omega_3^{34}x^{10} + \omega_3^{34}x^9 + \omega_3^{46}x^8 + \omega_3^{46}x^7 + \omega_3^{46}x^6 + \omega_3^{46}x^5 + \omega_3^{34}x^4 + \omega_3^{34}x^3 + \omega_3^{46}x^2 + \omega_3^{34}x + 1,$$

$$W_9 = X^{13} + 61776X^5Y^8 + 1407120X^4Y^9 + 27401088X^3Y^{10} + 358390656X^2Y^{11} + 2867256288XY^{12} + 10586770272Y^{13},$$

$$\alpha_{10} = \omega_4^{41}x^{12} + \omega_4^{91}x^{11} + \omega_4^{41}x^{10} + \omega_4^{41}x^9 + \omega_4^{91}x^8 + \omega_4^{91}x^7 + \omega_4^{91}x^6 + \omega_4^{91}x^5 + \omega_4^{41}x^4 + \omega_4^{41}x^3 + \omega_4^{91}x^2 + \omega_4^{41}x + 3,$$

$$W_{10} = X^{13} + 154440X^5Y^8 + 9695400X^4Y^9 + 466340160X^3Y^{10} + 15261255360X^2Y^{11} + 305225434800XY^{12} + 2817465496560Y^{13},$$

$$\alpha_{11} = \omega_4^{59}x^{16} + \omega_4^{59}x^{15} + \omega_4^{49}x^{14} + \omega_4^{59}x^{13} + \omega_4^{49}x^{12} + \omega_4^{49}x^{11} + \omega_4^{49}x^{10} + \omega_4^{59}x^9 + \omega_4^{59}x^8 + \omega_4^{49}x^7 + \omega_4^{49}x^6 + \omega_4^{49}x^5 + \omega_4^{59}x^4 + \omega_4^{49}x^3 + \omega_4^{59}x^2 + \omega_4^{59}x + 5,$$

$$W_{11} = X^{17} + 2333760X^7Y^{10} + 164848320X^6Y^{11} + 9924314400X^5Y^{12} + 457998156000X^4Y^{13} + 15702834312000X^3Y^{14} + 376868002484160X^2Y^{15} + 5653020043388520XY^{16} + 39903670893735000Y^{17},$$

$$\alpha_{12} = \omega_5^{12}x^4 + \omega_5^{156}x^3 + \omega_5^{156}x^2 + \omega_5^{12}x + 3,\ W_{12} = X^5 + 840XY^4 + 27720Y^5,$$

$$\alpha_{13} = \omega_5^{38}x^{10} + \omega_5^{158}x^9 + \omega_5^{38}x^8 + \omega_5^{38}x^7 + \omega_5^{38}x^6 + \omega_5^{158}x^5 + \omega_5^{158}x^4 + \omega_5^{158}x^3 + \omega_5^{38}x^2 + \omega_5^{158}x + 4,$$

$$W_{13} = X^{11} + 55440X^4Y^7 + 4490640X^3Y^8 + 251669880X^2Y^9 + 8456004480XY^{10} + 129146271408Y^{11},$$

$$\alpha_{14} = \omega_5^{36}x^{16} + \omega_5^{130}x^{15} + \omega_5^{163}x^{14} + \omega_5^{132}x^{13} + \omega_5^{103}x^{12} + \omega_5^{75}x^{11} + \omega_5^{135}x^{10} + \omega_5^{10}x^9 + \omega_5^{10}x^8 + \omega_5^{135}x^7 + \omega_5^{75}x^6 + \omega_5^{103}x^5 + \omega_5^{132}x^4 + \omega_5^{163}x^3 + \omega_5^{130}x^2 + \omega_5^{36}x + 7,$$

$$W_{14} = X^{17} + 2856XY^{16} + 25704Y^{17},$$

$$\alpha_{15} = \omega_5^{11}x^{18} + \omega_5^{143}x^{17} + \omega_5^{143}x^{16} + \omega_5^{11}x^{15} + \omega_5^{11}x^{14} + \omega_5^{11}x^{13} + \omega_5^{11}x^{12} + \omega_5^{143}x^{11} + \omega_5^{11}x^{10} + \omega_5^{143}x^9 + \omega_5^{11}x^8 + \omega_5^{143}x^7 + \omega_5^{143}x^6 + \omega_5^{143}x^5 + \omega_5^{143}x^4 + \omega_5^{11}x^3 + \omega_5^{11}x^2 + \omega_5^{143}x + 8,$$

$$W_{15}=X^{19}+12697776X^{8}Y^{11}+1337499072X^{7}Y^{12}+121242923424X^{6}Y^{13}$$
$$+8729060715648X^{5}Y^{14}+488827865661408X^{4}Y^{15}$$
$$+20530770031869552X^{3}Y^{16}+608676946970975064X^{2}Y^{17}$$
$$+11361969676755018048XY^{18}+100463731878680033136Y^{19},$$

$$\alpha_{16}=\omega_6^{142}x^4+\omega_6^{110}x^3+\omega_6^{110}x^2+\omega_6^{142}x+14,\ W_{16}=X^5+1440XY^4+82080Y^5,$$

$$\alpha_{17}=\omega_6^{104}x^6+\omega_6^{104}x^5+\omega_6^{40}x^4+\omega_6^{104}x^3+\omega_6^{40}x^2+\omega_6^{40}x+15,$$

$$W_{17}=X^7+6048X^2Y^5+572544XY^6+23558976Y^7,$$

$$\alpha_{18}=\omega_6^{35}x^{10}+\omega_6^{19}x^9+\omega_6^{35}x^8+\omega_6^{35}x^7+\omega_6^{35}x^6+\omega_6^{19}x^5+\omega_6^{19}x^4+\omega_6^{19}x^3+\omega_6^{35}x^2$$
$$+\omega_6^{19}x+2,$$

$$W_{18}=X^{11}+95040X^4Y^7+13400640X^3Y^8+1286794080X^2Y^9$$
$$+74119161600XY^{10}+1940574449088Y^{11},$$

$$\alpha_{19}=\omega_6^{14}x^{12}+\omega_6^{179}x^{11}+\omega_6^{14}x^{10}+\omega_6^{238}x^9+\omega_6^{179}x^8+\omega_6^{179}x^7+\omega_6^{163}x^6+\omega_6^{163}x^5$$
$$+\omega_6^{14}x^4+\omega_6^{238}x^3+\omega_6^{163}x^2+\omega_6^{238}x+12,$$

$$W_{19}=X^{13}+22464X^2Y^{11}+1040832XY^{12}+23074272Y^{13},$$

$$\alpha_{20}=\omega_7^{79}x^6+\omega_7^{79}x^5+\omega_7^{61}x^4+\omega_7^{79}x^3+\omega_7^{61}x^2+\omega_7^{61}x+14,$$

$$W_{20}=X^7+7560X^2Y^5+897120XY^6+46141200Y^7,$$

$$\alpha_{21}=\omega_7^{169}x^{10}+\omega_7^{331}x^9+\omega_7^{169}x^8+\omega_7^{169}x^7+\omega_7^{169}x^6+\omega_7^{331}x^5+\omega_7^{331}x^4+\omega_7^{331}x^3$$
$$+\omega_7^{169}x^2+\omega_7^{331}x+16,$$

$$W_{21}=X^{11}+118800X^4Y^7+21027600X^3Y^8+2523727800X^2Y^9$$
$$+181708179840XY^{10}+5946813203760Y^{11},$$

$$\alpha_{22}=\omega_7^{156}x^{12}+\omega_7^{84}x^{11}+\omega_7^{156}x^{10}+\omega_7^{156}x^9+\omega_7^{84}x^8+\omega_7^{84}x^7+\omega_7^{84}x^6+\omega_7^{84}x^5$$
$$+\omega_7^{156}x^4+\omega_7^{156}x^3+\omega_7^{84}x^2+\omega_7^{156}x+18,$$

$$W_{22}=X^{13}+463320X^5Y^8+90862200X^4Y^9+13087039680X^3Y^{10}+12849$$
$$06991680X^2Y^{11}+77094420483600XY^{12}+2134922413225680Y^{13},$$

$$\alpha_{23}=\omega_7^{313}x^{16}+\omega_7^{187}x^{15}+\omega_7^{295}x^{14}+\omega_7^{313}x^{13}+\omega_7^{295}x^{12}+\omega_7^{205}x^{11}+\omega_7^{205}x^{10}+\omega_7^{187}x^{9}+\omega_7^{187}x^{8}+\omega_7^{205}x^{7}+\omega_7^{205}x^{6}+\omega_7^{295}x^{5}+\omega_7^{313}x^{4}+\omega_7^{295}x^{3}+\omega_7^{187}x^{2}+\omega_7^{313}x+17,$$

$$W_{23}=X^{17}+244800X^3Y^{14}+16989120X^2Y^{15}+765067320XY^{16}+16201261800Y^{17},$$

$$\alpha_{24}=\omega_8^{449}x^4+\omega_8^{295}x^3+\omega_8^{295}x^2+\omega_8^{449}x+5,\ W_{24}=X^5+2640XY^4+277200Y^5,$$

$$\alpha_{25}=\omega_8^{377}x^{12}+\omega_8^{375}x^{11}+\omega_8^{377}x^{10}+\omega_8^{223}x^{9}+\omega_8^{375}x^{8}+\omega_8^{375}x^{7}+\omega_8^{177}x^{6}+\omega_8^{177}x^{5}+\omega_8^{377}x^{4}+\omega_8^{223}x^{3}+\omega_8^{177}x^{2}+\omega_8^{223}x+2,$$

$$W_{25}=X^{13}+41184X^2Y^{11}+3555552XY^{12}+144439152Y^{13},$$

$$\alpha_{26}=\omega_8^{397}x^{16}+\omega_8^{397}x^{15}+\omega_8^{155}x^{14}+\omega_8^{397}x^{13}+\omega_8^{155}x^{12}+\omega_8^{155}x^{11}+\omega_8^{155}x^{10}+\omega_8^{397}x^{9}+\omega_8^{397}x^{8}+\omega_8^{155}x^{7}+\omega_8^{155}x^{6}+\omega_8^{155}x^{5}+\omega_8^{397}x^{4}+\omega_8^{155}x^{3}+\omega_8^{397}x^{2}+\omega_8^{397}x+14,$$

$$W_{26}=X^{17}+10268544X^7Y^{10}+3391420032X^6Y^{11}+895481915328X^5Y^{12}+181851504690240X^4Y^{13}+27433598599566720X^3Y^{14}+2896988012021828736X^2Y^{15}+191201208793467651504XY^{16}+5938484602526521307856Y^{17},$$

$$\alpha_{27}=\omega_9^{487}x^{10}+\omega_9^{683}x^{9}+\omega_9^{487}x^{8}+\omega_9^{487}x^{7}+\omega_9^{487}x^{6}+\omega_9^{683}x^{5}+\omega_9^{683}x^{4}+\omega_9^{683}x^{3}+\omega_9^{487}x^{2}+\omega_9^{683}x+11,$$

$$W_{27}=X^{11}+277200X^4Y^7+115592400X^3Y^8+32366842200X^2Y^9+5437628972160XY^{10}+415237121616240Y^{11},$$

$$\alpha_{28}=\omega_9^{534}x^{16}+\omega_9^{534}x^{15}+\omega_9^{366}x^{14}+\omega_9^{534}x^{13}+\omega_9^{366}x^{12}+\omega_9^{366}x^{11}+\omega_9^{366}x^{10}+\omega_9^{534}x^{9}+\omega_9^{534}x^{8}+\omega_9^{366}x^{7}+\omega_9^{366}x^{6}+\omega_9^{366}x^{5}+\omega_9^{534}x^{4}+\omega_9^{366}x^{3}+\omega_9^{534}x^{2}+\omega_9^{534}x+9,$$

$$W_{28}=X^{17}+16336320X^7Y^{10}+8638943040X^6Y^{11}+3628589983200X^5Y^{12}+1172313357012000X^4Y^{13}+281355205965624000X^3Y^{14}+47267674602077805120X^2Y^{15}+4963105833218212420440XY^{16}+245235817641370490663400Y^{17},$$

$$\alpha_{29}=\omega_{10}^{58}x^6+\omega_{10}^{58}x^5+\omega_{10}^{838}x^4+\omega_{10}^{58}x^3+\omega_{10}^{838}x^2+\omega_{10}^{838}x+27,$$

$$W_{29} = X^7 + 20160X^2Y^5 + 6424320XY^6 + 881059200Y^7,$$

$$\alpha_{30} = \omega_{10}^{10}x^{12} + \omega_{10}^{161}x^{11} + \omega_{10}^{191}x^{10} + \omega_{10}^{888}x^9 + \omega_{10}^{310}x^8 + \omega_{10}^{648}x^7 + \omega_{10}^{648}x^6 + \omega_{10}^{310}x^5 + \omega_{10}^{888}x^4 + \omega_{10}^{191}x^3 + \omega_{10}^{161}x^2 + \omega_{10}^{10}x + 24,$$

$$W_{30} = X^{13} + 12480XY^{12} + 911040Y^{13},$$

$$\alpha_{31} = \omega_{10}^{169}x^{16} + \omega_{10}^{169}x^{15} + \omega_{10}^{439}x^{14} + \omega_{10}^{169}x^{13} + \omega_{10}^{439}x^{12} + \omega_{10}^{439}x^{11} + \omega_{10}^{439}x^{10} + \omega_{10}^{169}x^9 + \omega_{10}^{169}x^8 + \omega_{10}^{439}x^7 + \omega_{10}^{439}x^6 + \omega_{10}^{439}x^5 + \omega_{10}^{169}x^4 + \omega_{10}^{439}x^3 + \omega_{10}^{169}x^2 + \omega_{10}^{169}x + 26,$$

$$W_{31} = X^{17} + 18670080X^7Y^{10} + 11298792960X^6Y^{11} + 5423687942400X^5Y^{12} + 2002592094048000X^4Y^{13} + 549282403262016000X^3Y^{14} + 105462221426139041280X^2Y^{15} + 12655466511367339625 60XY^{16} + 7146616416641920293552 00Y^{17},$$

$$\alpha_{32} = \omega_{11}^{188}x^4 + \omega_{11}^{116}x^3 + \omega_{11}^{116}x^2 + \omega_{11}^{188}x + 30,$$

$$W_{32} = X^5 + 6840XY^4 + 1867320Y^5,$$

$$\alpha_{33} = \omega_{11}^{562}x^{12} + \omega_{11}^{274}x^{11} + \omega_{11}^{562}x^{10} + \omega_{11}^{562}x^9 + \omega_{11}^{274}x^8 + \omega_{11}^{274}x^7 + \omega_{11}^{274}x^6 + \omega_{11}^{274}x^5 + \omega_{11}^{562}x^4 + \omega_{11}^{562}x^3 + \omega_{11}^{274}x^2 + \omega_{11}^{562}x + 9,$$

$$W_{33} = X^{13} + 1760616X^5Y^8 + 1331221320X^4Y^9 + 728455261248X^3Y^{10} + 271780026687936X^2Y^{11} + 61965846088584048XY^{12} + 6520713649936520112Y^{13},$$

$$\alpha_{34} = \omega_{12}^{569}x^{10} + \omega_{12}^{1489}x^9 + \omega_{12}^{569}x^8 + \omega_{12}^{569}x^7 + \omega_{12}^{569}x^6 + \omega_{12}^{1489}x^5 + \omega_{12}^{1489}x^4 + \omega_{12}^{1489}x^3 + \omega_{12}^{569}x^2 + \omega_{12}^{1489}x + 34,$$

$$W_{34} = X^{11} + 554400X^4Y^7 + 464032800X^3Y^8 + 259860308400X^2Y^9 + 87313062587520XY^{10} + 13335085922669280Y^{11},$$

$$\alpha_{35} = \omega_{12}^{373}x^{12} + \omega_{12}^{173}x^{11} + \omega_{12}^{373}x^{10} + \omega_{12}^{373}x^9 + \omega_{12}^{173}x^8 + \omega_{12}^{173}x^7 + \omega_{12}^{173}x^6 + \omega_{12}^{173}x^5 + \omega_{12}^{373}x^4 + \omega_{12}^{373}x^3 + \omega_{12}^{173}x^2 + \omega_{12}^{373}x + 32,$$

$$W_{35} = X^{13} + 2162160X^5Y^8 + 2009607600X^4Y^9 + 1350469760640X^3Y^{10} + 618760679322240X^2Y^{11} + 173252990214813600XY^{12} + 22389617196990519840Y^{13},$$

$$\alpha_{36}=\omega_{13}^{391}x^4+\omega_{13}^{181}x^3+\omega_{13}^{181}x^2+\omega_{13}^{391}x+9,\ W_{36}=X^5+9240XY^4+3409560Y^5,$$

$$\alpha_{37}=\omega_{13}^{169}x^{12}+\omega_{13}^{1762}x^{11}+\omega_{13}^{169}x^{10}+\omega_{13}^{1723}x^9+\omega_{13}^{1762}x^8+\omega_{13}^{1762}x^7+\omega_{13}^{1846}x^6+\omega_{13}^{1846}x^5$$
$$+\omega_{13}^{169}x^4+\omega_{13}^{1723}x^3+\omega_{13}^{1846}x^2+\omega_{13}^{1723}x+30,$$

$$W_{37}=X^{13}+144144X^2Y^{11}+44156112XY^{12}+6277062792Y^{13},$$

$$\alpha_{38}=\omega_{13}^{995}x^{16}+\omega_{13}^{281}x^{15}+\omega_{13}^{1583}x^{14}+\omega_{13}^{995}x^{13}+\omega_{13}^{1583}x^{12}+\omega_{13}^{1541}x^{11}+\omega_{13}^{1541}x^{10}+\omega_{13}^{281}x^9$$
$$+\omega_{13}^{281}x^8+\omega_{13}^{1541}x^7+\omega_{13}^{1541}x^6+\omega_{13}^{1583}x^5+\omega_{13}^{995}x^4+\omega_{13}^{1583}x^3+\omega_{13}^{281}x^2$$
$$+\omega_{13}^{995}x+23,$$

$$W_{38}=X^{17}+1256640X^3Y^{14}+461186880X^2Y^{15}+106537028136XY^{16}$$
$$+11581200805944Y^{17},$$

$$\alpha_{39}=\omega_{14}^{987}x^4+\omega_{14}^{21}x^3+\omega_{14}^{21}x^2+\omega_{14}^{987}x+38,$$

$$W_{39}=X^5+11040XY^4+4868640Y^5,$$

$$\alpha_{40}=\omega_{14}^{1150}x^6+\omega_{14}^{1150}x^5+\omega_{14}^{1058}x^4+\omega_{14}^{1150}x^3+\omega_{14}^{1058}x^2+\omega_{14}^{1058}x+34,$$

$$W_{40}=X^7+46368X^2Y^5+34065024XY^6+10745103936Y^7,$$

$$\alpha_{41}=\omega_{14}^{87}x^{12}+\omega_{14}^{1845}x^{11}+\omega_{14}^{603}x^{10}+\omega_{14}^{785}x^9+\omega_{14}^{1881}x^8+\omega_{14}^{1567}x^7+\omega_{14}^{1567}x^6+\omega_{14}^{1881}x^5$$
$$+\omega_{14}^{785}x^4+\omega_{14}^{603}x^3+\omega_{14}^{1845}x^2+\omega_{14}^{87}x+11,$$

$$W_{41}=X^{13}+28704XY^{12}+4850976Y^{13},$$

$$\alpha_{42}=\omega_{14}^{191}x^{16}+\omega_{14}^{734}x^{15}+\omega_{14}^{736}x^{14}+\omega_{14}^{145}x^{13}+\omega_{14}^{1472}x^{12}+\omega_{14}^{603}x^{11}+\omega_{14}^{1845}x^{10}+\omega_{14}^{1378}x^9$$
$$+\omega_{14}^{1378}x^8+\omega_{14}^{1845}x^7+\omega_{14}^{603}x^6+\omega_{14}^{1472}x^5+\omega_{14}^{145}x^4+\omega_{14}^{736}x^3$$
$$+\omega_{14}^{734}x^2+\omega_{14}^{191}x+25,$$

$$W_{42}=X^{17}+37536XY^{16}+4842144Y^{17},$$

$$\alpha_{43}=\omega_{15}^{88}x^4+\omega_{15}^{1856}x^3+\omega_{15}^{1856}x^2+\omega_{15}^{88}x+11,$$

$$W_{43}=X^5+14040XY^4+7876440Y^5,$$

$$\alpha_{44}=\omega_{15}^{1878}x^{16}+\omega_{15}^{1254}x^{15}+\omega_{15}^{1358}x^{14}+\omega_{15}^{1878}x^{13}+\omega_{15}^{1358}x^{12}+\omega_{15}^{1774}x^{11}+\omega_{15}^{1774}x^{10}$$
$$+\omega_{15}^{1254}x^9+\omega_{15}^{1254}x^8+\omega_{15}^{1774}x^7+\omega_{15}^{1774}x^6+\omega_{15}^{1358}x^5+\omega_{15}^{1878}x^4+\omega_{15}^{1358}x^3$$
$$+\omega_{15}^{1254}x^2+\omega_{15}^{1878}x+47,$$

$$W_{44} = X^{17} + 1909440X^3Y^{14} + 1067376960X^2Y^{15} + 374653656936XY^{16} + 61883967468024Y^{17},$$

$$\alpha_{45} = \omega_{16}^{719}x^6 + \omega_{16}^{719}x^5 + \omega_{16}^{661}x^4 + \omega_{16}^{719}x^3 + \omega_{16}^{661}x^2 + \omega_{16}^{661}x + 51,$$

$$W_{45} = X^7 + 73080X^2Y^5 + 84675360XY^6 + 42095785200Y^7,$$

$$\alpha_{46} = \omega_{16}^{1961}x^{12} + \omega_{16}^{859}x^{11} + \omega_{16}^{1961}x^{10} + \omega_{16}^{1961}x^9 + \omega_{16}^{859}x^8 + \omega_{16}^{859}x^7 + \omega_{16}^{859}x^6 + \omega_{16}^{859}x^5 + \omega_{16}^{1961}x^4 + \omega_{16}^{1961}x^3 + \omega_{16}^{859}x^2 + \omega_{16}^{1961}x + 5,$$

$$W_{46} = X^{13} + 4478760X^5Y^8 + 8641518600X^4Y^9 + 12029021759040X^3Y^{10} + 11416635173960640X^2Y^{11} + 6621648400906671600XY^{12} + 1772564341165784328240Y^{13},$$

$$\alpha_{47} = \omega_{16}^{2501}x^{16} + \omega_{16}^{1399}x^{15} + \omega_{16}^{7}x^{14} + \omega_{16}^{2501}x^{13} + \omega_{16}^{7}x^{12} + \omega_{16}^{413}x^{11} + \omega_{16}^{413}x^{10} + \omega_{16}^{1399}x^9 + \omega_{16}^{1399}x^8 + \omega_{16}^{413}x^7 + \omega_{16}^{413}x^6 + \omega_{16}^{7}x^5 + \omega_{16}^{2501}x^4 + \omega_{16}^{7}x^3 + \omega_{16}^{1399}x^2 + \omega_{16}^{2501}x + 28,$$

$$W_{47} = X^{17} + 2366400X^3Y^{14} + 1640861760X^2Y^{15} + 713780249160XY^{16} + 146115014127000Y^{17},$$

$$\alpha_{48} = \omega_{17}^{2603}x^6 + \omega_{17}^{2603}x^5 + \omega_{17}^{2543}x^4 + \omega_{17}^{2603}x^3 + \omega_{17}^{2543}x^2 + \omega_{17}^{2543}x + 44,$$

$$W_{48} = X^7 + 78120X^2Y^5 + 96764640XY^6 + 51423531600Y^7,$$

$$\alpha_{49} = \omega_{17}^{3276}x^{10} + w^{2676}x^9 + w^{3276}x^8 + w^{3276}x^7 + w^{3276}x^6 + w^{2676}x^5 + w^{2676}x^4 + w^{2676}x^3 + w^{3276}x^2 + w^{2676}x + 6,$$

$$W_{49} = X^{11} + 1227600X^4Y^7 + 2279653200X^3Y^8 + 2826774264600X^2Y^9 + 2103120050570880XY^{10} + 711236962557166320Y^{11},$$

$$\alpha_{50} = \omega_{18}^{201}x^4 + \omega_{18}^{3}x^3 + \omega_{18}^{3}x^2 + \omega_{18}^{201}x + 54,$$

$$W_{50} = X^5 + 22440XY^4 + 20128680Y^5,$$

$$\alpha_{51} = \omega_{18}^{430}x^{12} + \omega_{18}^{1882}x^{11} + \omega_{18}^{430}x^{10} + \omega_{18}^{430}x^9 + \omega_{18}^{1882}x^8 + \omega_{18}^{1882}x^7 + \omega_{18}^{1882}x^6 + \omega_{18}^{1882}x^5 + \omega_{18}^{430}x^4 + \omega_{18}^{430}x^3 + \omega_{18}^{1882}x^2 + \omega_{18}^{430}x + 52,$$

$$W_{51}=X^{13}+5776056X^5Y^8+14379170520X^4Y^9+25813522857408X^3Y^{10}+31595751948062016X^2Y^{11}+23633622457162640208XY^{12}+8159053660595838638352Y^{13},$$

$$\alpha_{52}=\omega_{19}^{4673}x^{12}+\omega_{19}^{4183}x^{11}+\omega_{19}^{4673}x^{10}+\omega_{19}^{4673}x^9+\omega_{19}^{4183}x^8+\omega_{19}^{4183}x^7+\omega_{19}^{4183}x^6+\omega_{19}^{4183}x^5+\omega_{19}^{4673}x^4+\omega_{19}^{4673}x^3+\omega_{19}^{4183}x^2+\omega_{19}^{4673}x+66,$$

$$W_{52}=X^{13}+6486480X^5Y^8+18136918800X^4Y^9+36564068661120X^3Y^{10}+50258974344808320X^2Y^{11}+42217538449652748000XY^{12}+16367414906634601511520Y^{13},$$

$$\alpha_{53}=\omega_{20}^{4360}x^{10}+\omega_{20}^{3928}x^9+\omega_{20}^{4360}x^8+\omega_{20}^{4360}x^7+\omega_{20}^{4360}x^6+\omega_{20}^{3928}x^5+\omega_{20}^{3928}x^4+\omega_{20}^{3928}x^3+\omega_{20}^{4360}x^2+\omega_{20}^{3928}x+27,$$

$$W_{53}=X^{11}+1758240X^4Y^7+4678676640X^3Y^8+8309335866480X^2Y^9+8854428296039040XY^{10}+4288763087391217248Y^{11},$$

$$\alpha_{54}=\omega_{20}^{3216}x^{12}+\omega_{20}^{583}x^{11}+\omega_{20}^{5263}x^{10}+\omega_{20}^{2219}x^9+\omega_{20}^{336}x^8+\omega_{20}^{2147}x^7+\omega_{20}^{2147}x^6+\omega_{20}^{336}x^5+\omega_{20}^{2219}x^4+\omega_{20}^{5263}x^3+\omega_{20}^{583}x^2+\omega_{20}^{3216}x+17,$$

$$W_{54}=X^{13}+69264XY^{12}+28328976Y^{13},$$

$$\alpha_{55}=\omega_{21}^{3999}x^{10}+\omega_{21}^{3921}x^9+\omega_{21}^{3999}x^8+\omega_{21}^{3999}x^7+\omega_{21}^{3999}x^6+\omega_{21}^{3921}x^5+\omega_{21}^{3921}x^4+\omega_{21}^{3921}x^3+\omega_{21}^{3999}x^2+\omega_{21}^{3921}x+22,$$

$$W_{55}=X^{11}+2059200X^4Y^7+6418526400X^3Y^8+13350542119200X^2Y^9+16661476560917760XY^{10}+9451601249103224640Y^{11},$$

$$\alpha_{56}=\omega_{22}^{3923}x^4+\omega_{22}^{1873}x^3+\omega_{22}^{1873}x^2+\omega_{22}^{3923}x+17,$$

$$W_{56}=X^5+34440XY^4+47423880Y^5,$$

$$\alpha_{57}=\omega_{22}^{5682}x^{10}+\omega_{22}^{3222}x^9+\omega_{22}^{5682}x^8+\omega_{22}^{5682}x^7+\omega_{22}^{5682}x^6+\omega_{22}^{3222}x^5+\omega_{22}^{3222}x^4+\omega_{22}^{3222}x^3+\omega_{22}^{5682}x^2+\omega_{22}^{3222}x+8,$$

$$W_{57}=X^{11}+2273040X^4Y^7+7821530640X^3Y^8+17958242305080X^2Y^9+24739274595235200XY^{10}+15491283946544509488Y^{11},$$

$$\alpha_{58}=\omega_{23}^{1614}x^6+\omega_{23}^{1614}x^5+\omega_{23}^{1086}x^4+\omega_{23}^{1614}x^3+\omega_{23}^{1086}x^2+\omega_{23}^{1086}x+64,$$

$W_{58} = X^7 + 166320X^2Y^5 + 438863040XY^6 + 496542261600Y^7$,

$$\alpha_{59} = \omega_{23}^{3086}x^{16} + \omega_{23}^{1422}x^{15} + \omega_{23}^{399}x^{14} + \omega_{23}^{5374}x^{13} + \omega_{23}^{3831}x^{12} + \omega_{23}^{3757}x^{11} + \omega_{23}^{1733}x^{10} + \omega_{23}^{7758}x^9 + \omega_{23}^{7758}x^8 + \omega_{23}^{1733}x^7 + \omega_{23}^{3757}x^6 + \omega_{23}^{3831}x^5 + \omega_{23}^{5374}x^4 + \omega_{23}^{399}x^3 + \omega_{23}^{1422}x^2 + \omega_{23}^{3086}x + 42,$$

$W_{59} = X^{17} + 134640XY^{16} + 62607600Y^{17}$,

$\alpha_{60} = \omega_{24}^{8590}x^4 + \omega_{24}^{5326}x^3 + \omega_{24}^{5326}x^2 + \omega_{24}^{8590}x + 78$,

$W_{60} = X^5 + 47040XY^4 + 88482240Y^5$,

ω_1 是有限域 $\mathbb{F}_{2^2} = \mathbb{F}_2[x] / \langle x^2 + x + 1 \rangle$ 的一个阶为 $\mathrm{ord}(\omega_1) = 2^2 - 1 = 3$ 的本原元,

ω_2 是有限域 $\mathbb{F}_{3^2} = \mathbb{F}_3[x] / \langle x^2 + 2x + 2 \rangle$ 的一个阶为 $\mathrm{ord}(\omega_2) = 3^2 - 1 = 8$ 的本原元,

ω 是有限域 $\mathbb{F}_{5^2} = \mathbb{F}_5[x] / \langle x^2 + 4x + 2 \rangle$ 的一个阶为 $\mathrm{ord}(\omega) = 5^2 - 1 = 24$ 的本原元,

ω_3 是有限域 $\mathbb{F}_{7^2} = \mathbb{F}_7[x] / \langle x^2 + 6x + 3 \rangle$ 的一个阶为 $\mathrm{ord}(\omega_3) = 7^2 - 1 = 48$ 的本原元,

ω_4 是有限域 $\mathbb{F}_{11^2} = \mathbb{F}_{11}[x] / \langle x^2 + 7x + 2 \rangle$ 的一个阶为 $\mathrm{ord}(\omega_4) = 11^2 - 1 = 120$ 的本原元,

ω_5 是有限域 $\mathbb{F}_{13^2} = \mathbb{F}_{13}[x] / \langle x^2 + 12x + 2 \rangle$ 的一个阶为 $\mathrm{ord}(\omega_5) = 13^2 - 1 = 168$ 的本原元,

ω_6 是有限域 $\mathbb{F}_{17^2} = \mathbb{F}_{17}[x] / \langle x^2 + 16x + 3 \rangle$ 的一个阶为 $\mathrm{ord}(\omega_6) = 17^2 - 1 = 288$ 的本原元,

ω_7 是有限域 $\mathbb{F}_{19^2} = \mathbb{F}_{19}[x] / \langle x^2 + 18x + 2 \rangle$ 的一个阶为 $\mathrm{ord}(\omega_7) = 19^2 - 1 = 360$ 的本原元,

ω_8 是有限域 $\mathbb{F}_{23^2}=\mathbb{F}_{23}[x]/\langle x^2+21x+5\rangle$ 的一个阶为 $\mathrm{ord}(\omega_8)=23^2-1$ $=528$ 的本原元,

ω_9 是有限域 $\mathbb{F}_{29^2}=\mathbb{F}_{29}[x]/\langle x^2+24x+2\rangle$ 的一个阶为 $\mathrm{ord}(\omega_9)=29^2-1$ $=840$ 的本原元,

ω_{10} 是有限域 $\mathbb{F}_{31^2}=\mathbb{F}_{31}[x]/\langle x^2+29x+3\rangle$ 的一个阶为 $\mathrm{ord}(\omega_{10})=31^2-1$ $=960$ 的本原元,

ω_{11} 是有限域 $\mathbb{F}_{37^2}=\mathbb{F}_{37}[x]/\langle x^2+33x+2\rangle$ 的一个阶为 $\mathrm{ord}(\omega_{11})=37^2-1$ $=1368$ 的本原元,

ω_{12} 是有限域 $\mathbb{F}_{41^2}=\mathbb{F}_{41}[x]/\langle x^2+38x+6\rangle$ 的一个阶为 $\mathrm{ord}(\omega_{12})=41^2-1$ $=1680$ 的本原元,

ω_{13} 是有限域 $\mathbb{F}_{43^2}=\mathbb{F}_{43}[x]/\langle x^2+42x+3\rangle$ 的一个阶为 $\mathrm{ord}(\omega_{13})=43^2-1$ $=1848$ 的本原元,

ω_{14} 是有限域 $\mathbb{F}_{47^2}=\mathbb{F}_{47}[x]/\langle x^2+45x+5\rangle$ 的一个阶为 $\mathrm{ord}(\omega_{14})=47^2-1$ $=2208$ 的本原元,

ω_{15} 是有限域 $\mathbb{F}_{53^2}=\mathbb{F}_{53}[x]/\langle x^2+49x+2\rangle$ 的一个阶为 $\mathrm{ord}(\omega_{15})=53^2-1$ $=2808$ 的本原元,

ω_{16} 是有限域 $\mathbb{F}_{59^2}=\mathbb{F}_{59}[x]/\langle x^2+58x+2\rangle$ 的一个阶为 $\mathrm{ord}(\omega_{16})=59^2-1$ $=3480$ 的本原元,

ω_{17} 是有限域 $\mathbb{F}_{61^2}=\mathbb{F}_{61}[x]/\langle x^2+60x+2\rangle$ 的一个阶为 $\mathrm{ord}(\omega_{17})=61^2-1$ $=3720$ 的本原元,

ω_{18} 是有限域 $\mathbb{F}_{67^2}=\mathbb{F}_{67}[x]/\langle x^2+63x+2\rangle$ 的一个阶为 $\mathrm{ord}(\omega_{18})=67^2-1$ $=4488$ 的本原元,

ω_{19} 是有限域 $\mathbb{F}_{71^2}=\mathbb{F}_{71}[x]/\langle x^2+69x+7\rangle$ 的一个阶为 $\mathrm{ord}(\omega_{19})=71^2-1=5040$ 的本原元,

ω_{20} 是有限域 $\mathbb{F}_{73^2}=\mathbb{F}_{73}[x]/\langle x^2+70x+5\rangle$ 的一个阶为 $\mathrm{ord}(\omega_{20})=73^2-1=5328$ 的本原元,

ω_{21} 是有限域 $\mathbb{F}_{79^2}=\mathbb{F}_{79}[x]/\langle x^2+78x+3\rangle$ 的一个阶为 $\mathrm{ord}(\omega_{21})=79^2-1=6240$ 的本原元,

ω_{22} 是有限域 $\mathbb{F}_{83^2}=\mathbb{F}_{83}[x]/\langle x^2+82x+2\rangle$ 的一个阶为 $\mathrm{ord}(\omega_{22})=83^2-1=6888$ 的本原元,

ω_{23} 是有限域 $\mathbb{F}_{89^2}=\mathbb{F}_{89}[x]/\langle x^2+82x+3\rangle$ 的一个阶为 $\mathrm{ord}(\omega_{23})=89^2-1=7920$ 的本原元,

ω_{24} 是有限域 $\mathbb{F}_{97^2}=\mathbb{F}_{97}[x]/\langle x^2+96x+5\rangle$ 的一个阶为 $\mathrm{ord}(\omega_{24})=97^2-1=9408$ 的本原元。

10　总结与展望

除第1章和第10章外，本书主要分为四个部分。第一部分包括第2章、第3章和第4章的内容, 主要利用代数方法研究环 $\mathbb{Z}_4[u]/\langle u^2-1\rangle$ 上的自对偶循环码及其在 $\mathbb{Z}_4$-自对偶码构造中的应用; 环 $\mathbb{Z}_4[u]/\langle u^2-1\rangle$ 上的 1-生成元拟循环码和广义拟循环码; 作为推广, 又讨论了有限域 $\mathbb{F}_q$ 上的指数为 $1\frac{1}{2}$、余指数为 $2m$ 的拟循环码及其对偶码的代数结构, 其中 m 是一个正整数, q 是一个奇素数的方幂且 $\gcd(m,q)=1$。第二部分包括第5章的内容, 给出由有限交换环 $\mathbb{F}_q+v_1\mathbb{F}_q+\cdots+v_r\mathbb{F}_q$ 上的循环码构造量子码的一种方法并且得到了一些新的非二元量子码。第三部分包括第6章和第7章的内容, 讨论了环 $\mathbb{F}_{2^m}[u]/\langle u^4\rangle$ 上的单偶长 $(\delta+\alpha u^2)$-常循环码的对偶码的具体表示并给出此环上所有不同的码长为 $2n$ 的自对偶 $(1+\alpha u^2)$-常循环码的结构, 其中 n 是一个奇正整数, $\delta,\alpha\in\mathbb{F}_{2^m}^{\times}$; 构造了从环 $\mathrm{End}(F\times R)$ 到 $E_{p,f}$ 上的一个环同构, 并根据多项式环 $\mathbb{Z}[x]$ 和有限域 F 的算术结构给出环 $E_{p,f}$ 的算术结构。第四部分包括第8章和第9章的内容, 研究了有限域 $\mathbb{F}_{q^2}$ 上的 $\mathbb{F}_q$-线性斜循环码的代数结构, 并且构造出一些好的 $\mathbb{F}_q$-线性斜循环码和好的量子纠错码; 给出一类码长为 n 的循环 $\mathbb{F}_q$-线性 $\mathbb{F}_{q^t}$-码, 其中 n 是与 q 互素的正整数, 并且构造出一些最优的循环 $\mathbb{F}_q$-线性 $\mathbb{F}_{q^t}$-码。

这四部分内容是对编码理论和量子纠错码理论的补充与拓展, 具有广泛的应用前景。目前, 仍有一些问题值得我们进一步讨论和研究, 本书的后续研究方向和问题主要有以下几点:

第一, 研究有限域和有限环上的量子纠错码和纠缠辅助量子纠错码的构造方法并构造出新的非二元量子纠错码和新的纠缠辅助量子纠错码;

第二, 研究有限域和有限环上特殊码长代数码的代数结构并构造出新的线性(非线性) 码;

第三, 研究有限域和有限环上的最优线性码类。

参考文献

[1] 冯克勤. 纠错码的代数理论[M]. 北京: 清华大学出版社, 2005.

[2] 冯克勤, 陈豪. 量子纠错码[M]. 北京: 科学出版社, 2010.

[3] SHANNON C E. A mathematical theory of communication[J]. Bell Syst. Tech. J., 1948, 27(3): 379-423.

[4] HAMMING R W. Error detecting and error correcting codes[J]. Bell Syst. Tech. J., 1950, 29(2): 147-160.

[5] JOSIAH J M, LEE S C, DUNCAN L R. Coding noise in a task-oriented group[J]. J. Abnormal Social Psy., 1953, 48(3): 401-409.

[6] GOLAY M. Binary coding[J]. Trans. IRE Professional Group Inf. Theory, 1954, 4(4): 23-28.

[7] SILVERMAN R, BALSER M. Coding for constant-data-rate systems[J]. Trans. IRE Professional Group Inf. Theory, 1954, 4(4): 50-63.

[8] REED I. A class of multiple-error-correcting codes and the decoding scheme[J]. Trans. IRE Professional Group Inf. Theory, 1954, 4(4): 38-49.

[9] SHANNON C E. The zero-error capacity of a noisy channel[J]. IRE Trans. Inf. Theory, 1956, IT-2(3): 8-19.

[10] PRANGE E. Cyclic error-correcting codes in two symbol[J]. Air Force Cambridge Research Center, Bedford, Mass., Tech. Note, 1957, AFCRC-TN-57-103.

[11] PETERSON W W. Error-correcting codes[M]. Cambridge, MA: MIT Press, 1961.

[12] PETERSOM W W, WELDON J E J. Error-correcting codes[M], 2nd ed. Cambridge, MA.: MIT Press, 1972.

[13] HOCQUENGHEM A. Codes correcteurs d'erreurs[J]. Chiffres (Paris), 1959, 2: 147-156.

[14] BOSE R C, RAY-CHAUDHURI D K. On a class of error correcting binary group codes[J]. Inform. Control, 1960, 3(1): 68-79.

[15] BOSE R C, RAY-CHAUDHURI D K. Further results on error correcting binary group codes[J]. Inform. and Control, 1960, 3: 279-290.

[16] GORENSTEIN D, ZIERLER N. A class of error-correcting codes in p^m symbols[J]. J Soc. Indust. Appl. Math. 1961, 9(2): 207-214.

[17] BUSH K A. Orthogonal arrays of index unity[J]. Ann. Math. Stat. 1952, 23: 426-434.

[18] REED I S, SOLOMON G. Polynomial codes over certain finite fields[J]. J Soc. Indust. Appl. Math. 1960, 8(2): 300-304.

[19] LEON J S, MASLEY J M, PLESS V. Duadic codes[J]. IEEE Trans. Inf. Theory, 1984, IT-30: 709-714.

[20] PLESS V. Q-codes[J]. J. Comb. Theory, 1986, 43A: 258-276.

[21] PLESS V. Duadic codes and generalizations[R]. In: Proc. of Eurocode 1992, Udine, Italy, CISM Courses and Lectures No. 339, eds. P. Camion, P. Charpin, and S. Harari. Vienna: Springer, 1993: 3-16.

[22] RUSHANAN J J. Generalized Q-codes[D]. In: Ph.D. Thesis, California Institute of Technology, 1986.

[23] SMID M H M. Duadic codes[J]. IEEE Trans. Inf. Theory, 1987, IT-33: 432-433.

[24] ELIAS P. Coding for noisy channels[J]. IRE Nat. Conv. Record, 1955, 3: 37-46.

[25] GALLAGER R G. Low-density parity-check codes[J]. IRE Trans., 1962, IT-8: 21-28.

[26] GOPPA V D. A new class of linear error correcting codes[J]. Probl. Peredach. Inf., 1970, 6(3): 24-30.

[27] GOPPA V D. Codes on algebraic curves[J]. Sov. Math.-Dokl, 1981, 24: 170-172.

[28] BERROU C, GLAVIEUX A, THITIMAISHIMA P. Near Shannon limit error-correcting coding and decoding: Turbo-codes[R]. In: IEEE International Conference on Communications, 1993: 1064-1070.

[29] MACWILLIAMS F J, SLOANE N J A. The theory of error-correcting codes[M]. NorthHolland Publishing Company Amsterdam . New York . Oxford, 1978.

[30] LIDL R, NIEDERREITER H, COHN P M. Finite fields[M]. Cambridge: Cambridg -e University Press, 1997.

[31] LING S, XING C P. Coding theory: A first course[M]. Cambridge: Cambridge University Press, 2004.

[32] HHFFMAN W C, PLESS V. Fundamentals of error-correcting codes[M]. Cambri -dge: Cambridge University Press, 2003.

[33] MULLEN G L, PANARIO D. Handbook of finite fields[M]. CRC Press, 2013.

[34] HAMMONS A R, KUMAR P V, CALDERBANK A R, et al. The $\mathbb{Z}_4$ -linearity of Kerdock, Preparata, Goethals, and related codes[J]. IEEE Trans. Inf. Theory, 1994,

40(2): 301-319.

[35] BOUYUKLIEVA S, HARADA M. On type IV self-dual codes over $\mathbb{Z}_4$ [J]. Discrete Math, 2002, 247(1-3): 25-50.

[36] CHOIE Y, SOLÉ P. Self-dual codes over $\mathbb{Z}_4$ and half-integral weitht modular forms[J]. Proc. Amer. Math. Soc., 2002, 130(11): 3125-3131.

[37] CONWAY J H, SLOANE N J A. Self-dual codes over the integers modulo 4[J]. J. Combin. Theory Ser. A, 1993, 62(1): 30-45.

[38] PLESS V S, QIAN Z. Cyclic codes and quadratic residue codes over $\mathbb{Z}_4$ [J]. IEEE Trans. Inform. Theory, 1996, 42(5): 1594-1600.

[39] PLESS V, SOLÉ P, QIAN Z. Cyclic self-dual $\mathbb{Z}_4$-codes*[J]. Finite Fields Appl., 1997, 3(1): 48-69.

[40] WAN Z-X. Quaternary codes[M]. World Scientific Publishing Co. Pte. Ltd Singapore, 1997.

[41] AYDIN N, RAY-CHAUDHURI D K. Quasi-cyclic codes over $\mathbb{Z}_4$ and some new binary codes[J]. IEEE Trans. Inf. Theory, 2009, 48(7): 2065-2069.

[42] WU T, GAO J, FU F-W. 1-generator generalized quasi-cyclic codes over $\mathbb{Z}_4$ [J].Cryptogr. Commun., 2017, 9(2): 291-299.

[43] GAO Y, GAO J, WU T, et al. 1-Generator quasi-cyclic and generalized quasicyclic codes over the ring $\frac{\mathbb{Z}_4[u]}{\langle u^2-1\rangle}$ [J]. Appl. Algebra Engrg. Comm. Comput., 2017, 28(6): 457-467.

[44] LUO R, PARAMPALLI U. Self-dual cyclic codes over $\mathbb{Z}_4+u\mathbb{Z}_4^*$ [J]. IEICE Trans. Fundamentals, 2017, E100-A(4): 969-974.

[45] SHI M, QIAN L, SOK L, et al. On constacyclic codes over $\mathbb{Z}_4/\langle u^2-1\rangle$ and their Gray images[J]. Finite Fields Appl., 2017, 45(7): 86-95.

[46] ÖZEN M, UZEKMEK F Z, AYDIN N, et al. Cyclic and some constacyclic codes over the ring $\mathbb{Z}_4/\langle u^2-1\rangle$ [J]. Finite Fields Appl., 2016, 38(3): 27-39.

[47] BANDI R K, BHAINTWAL M, AYDIN N. A mass formula for negacyclic codes

of length $2k$ and some good negacyclic codes over $\mathbb{Z}_4+u\mathbb{Z}_4$ [J]. Cryptogr. Commun., 2017, 9(2): 241-272.

[48] SOLÉ P, YEMEN O. Binary quasi-cyclic codes of index 2 and skew polynomial rings[J]. Finite Fields Appl., 2012, 18(4): 685-699.

[49] GAO J, FU F-W, SHEN L, et al. Some results on generalized quasi-cyclic codes over $\mathbb{F}_q+u\mathbb{F}_q$ [J]. IEICE Trans. Fundamentals, 2014, E97(4): 1005-1011.

[50] SIAP I, ABUALRUB T, YILDIZ B. One generator quasi-cyclic codes over $\mathbb{F}_2+u\mathbb{F}_2$ [J]. J. Franklin Inst., 2012, 349(1): 284-292.

[51] ASHRAF M, MOHAMMAD G. Quantum codes from cyclic codes over $\mathbb{F}_q+u\mathbb{F}_q+v\mathbb{F}_q+uv\mathbb{F}_q$ [J]. Quantum Inf. Process., 2016, 15(10): 4089-4098.

[52] KAI X, ZHU S. Quaternary construction of quantum codes from cyclic codes over $\mathbb{F}_4+u\mathbb{F}_4$ [J]. Int. J. Quantum Inf., 2011, 9(2): 689-700.

[53] AMERRA M C V, NEMENZO F R. On $(1-u)$-cyclic codes over $\mathbb{F}_{p^k}+u\mathbb{F}_{p^k}$ [J]. Appl. Math. Lett., 2008, 21(11): 1129-1133.

[54] CAO Y, CAO Y, FU F-W. Cyclic codes over $\mathbb{F}_{2^m}[u]/\langle u^k\rangle$ of oddly even length[J]. Appl. Algebra Engrg. Comm. Comput., 2016, 27(4): 259-277.

[55] DINH H Q. Constacyclic codes of length p^s over $\mathbb{F}_{p^m}+u\mathbb{F}_{p^m}$ [J]. J. Algebra, 2010, 324: 940-950.

[56] SOBHANI R. Complete classification of $(\delta+\alpha u^2)$-constacyclic codes of length p^k over $\mathbb{F}_{p^m}+u\mathbb{F}_{p^m}+u^2\mathbb{F}_{p^m}$ [J]. Finite Fields Appl., 2015, 34: 123-138.

[57] MALLOWS C L, PLESS V, SLOANE N J A. Self-dual codes over $GF(3)^*$ [J]. Siam J. Appl. Math., 1976, 31(4): 649-666.

[58] CONWAY J H, PLESS V, SLOANE N J A. Self-dual codes over $GF(3)$ and $GF(4)$ of length not exceeding 16[J]. IEEE Trans. Inf. Theory, 1979, IT-25(3): 312-322.

[59] KLEMM M. Selbstduale codes über dem ring der ganzen zahlen modulo 4[J]. Arch. Math. 1989, 53: 201-207.

[60] PLESS V, SOLÉ P, QIAN Z. Cyclic self-dual $\mathbb{Z}_4$ codes[J]. Finite Fields Appl. 1997, 3(1): 48-69.

[61] GEORGIOU S, KOUKOUVINOS C. New self-dual codes over $GF(5)$ [R]. In: Walker M. (eds) Cryptography and Coding. Lecture Notes in Computer Science, Springer, Berlin, Heidelberg, 1999: 63-69.

[62] CHEN C L, PETERSON W W, WELDON J E J. Some results on quasi-cyclic codes*[J]. Inform. and Control, 1969, 15(5): 407-423.

[63] LING S, SOLÉ P. On the algebraic structure of quasi-cyclic codes.I. Finite fields[J]. IEEE Trans. Inf. Theory, 2001, 47(7): 2751-2760.

[64] LING S, SOLÉ P. On the algebraic structure of quasi-cyclic codes II: Chain rings[J]. Des. Codes Cryptogr. 2003, 30(1): 113-130.

[65] LING S, SOLÉ P. On the algebraic structure of quasi-cyclic codes III: Generator theory[J]. IEEE Trans. Inf. Theory, 2005, 51(7): 2692-2700.

[66] CAO Y. Structural properties and enumeration of 1-generator generalized quasicyclic codes[J]. Des. Codes Cryptogr., 2011, 60(1): 67-79.

[67] CHEN Z. Tables of binary quasi-cyclic codes[EB/OL]. [2016-01-20]. http://www.tec. hkr.se/chen/research/codes/.

[68] ESMAEILI M, YARI S. Generalized quasi-cyclic codes: structural properties and codes construction[J]. Appl. Algebra Engrg. Comm. Comput., 2009, 20(2): 159-173.

[69] SIAP I, KULHAN N. The struture of generalized quasi cyclic codes[J]. Appl. Math. E-Notes, 2005, 5(4): 24-30.

[70] CHEN E, AYDIN N. New quasi-twisted codes over $\mathbb{F}_{11}$ -minimum distance bounds and a new database[J]. J. of Information and Optimization Sciences, 2015, 36(1-2): 129-157.

[71] CHEN E, AYDIN N. A database of linear codes over $\mathbb{F}_{13}$ with minimum distance bounds and new quasi-twisted codes from a heuristic search algorithm[J]. J. of Algebra, Combinatorics, Discrete Structures and Applications, 2015, 2(1): 1-16.

[72] CAO Y. Quasi-cyclic codes of index 2 and skew polynomial rings over finite fields[J]. Finite Fields Appl., 2014, 27(9): 143-158.

[73] CAO Y, GAO J. Constructing quasi-cyclic codes from linear algebra theory[J]. Des.

Codes Cryptogr., 2013, 67(1): 59-75.

[74] FAN Y, LIU H L. Quasi-cyclic codes of index $1\frac{1}{2}$ [EB/OL]. [2015-06-26]. available on line at arXiv:1505.02252.

[75] FAN Y, LIU H L. Quasi-cyclic codes of index $1\frac{1}{3}$ [J]. IEEE Trans. Inf. Theory, 2016, 62(11): 6342-6347.

[76] LALLY K, FITZPATRICK P. Algebraic structure of quasi-cyclic codes[J]. Discrete Appl. Math., 2001, 111(1-2): 157-175.

[77] SIAP I, AYDIN N, RAY-CHAUDHURI D K. New ternary quasi-cyclic codes with better minimum distances[J]. IEEE Trans. Inf. Theory, 2000, 46(4): 1554-1558.

[78] ÖZEN M, UZEKMEK F Z, AYDIN N. Cyclic and some constacyclic codes over the ring $\frac{\mathbb{Z}_4[u]}{\langle u^2-1\rangle}$ [J]. Finite Fields Appl., 2016, 38(3): 27-39.

[79] AYDIN N, HALILOVIC A. A generalization of quasi-twisted codes: Multi-twisted codes[J]. Finite Fields Appl., 2017, 45(8): 96-106.

[80] ABUALRUB T, SIAP I. Constacyclic codes over $\mathbb{F}_2+u\mathbb{F}_2$. J. Franklin Inst., 2009, 346(5): 520-529.

[81] CAO Y, CAO Y, MA F. Complete classification of $(\delta+\alpha u^2)$-constacyclic codes over $\mathbb{F}_{2^m}[u]/\langle u^4\rangle$ of oddly even length[J]. Discrete Math., 2017, 340(12): 2840-2852.

[82] CAO Y. On constacyclic codes over finite chain rings[J]. Finite Fields Appl., 2013, 24(11): 124-135.

[83] CAO Y, CAO Y, DONG L. Complete classification of $(\delta+\alpha u^2)$-constacyclic codes over $\mathbb{F}_{3^m}[u]/\langle u^4\rangle$ of length $3n$ [J]. Appl. Algebra Engrg. Comm. Comput., 2018, 29(1): 13-39.

[84] CAO Y, CAO Y, GAO J. On a class of $(\delta+\alpha u^2)$-constacyclic codes over $\mathbb{F}_q[u]/\langle u^4\rangle$ [J]. IEICE Trans. Fundam. Electron., 2016, E99-A(7): 1438-1445.

[85] CAO Y, CAO Y, DINH H Q, et al. Constacyclic codes of length np^s over

$\mathbb{F}_{p^m}+u\mathbb{F}_{p^m}$ [J]. Adv. in Math. of Comm., 2018, 12(2): 231-262.

[86] KAI X, ZHU S, LI P. (1+λu)-constacyclic codes over $\mathbb{F}_p[u]/\langle u^m\rangle$ [J]. J. Franklin Inst., 2010, 347(5): 751-762.

[87] QIAN J F, ZHANG L N, ZHU S. $(1+u)$ -constacyclic and cyclic codes over $\mathbb{F}_2+u\mathbb{F}_2$ [J]. Appl. Math. Lett., 2006, 19(8): 820-823.

[88] SOBHANI R, ESMAEILI M. Some constacyclic and cyclic codes over $\mathbb{F}_q[u]/\langle u^t+1\rangle$ [J]. IEICE Trans. Fundam. Electron., 2010, 93-A(4): 808-813.

[89] BONNECAZE A, UDAYA P. Cyclic codes and self-dual codes over $\mathbb{F}_2+u\mathbb{F}_2$ [J]. IEEE Trans. Inf. Theory, 1999, 45(4): 1250-1255.

[90] CAO Y, GAO Y. Repeate root cyclic $\mathbb{F}_q$ -linear codes over $\mathbb{F}_{q^l}$ [J]. Finite Fields Appl., 2015, 31: 202-227.

[91] SINGH A K, KEWAT P K. On cyclic codes over the ring $\mathbb{Z}_p[u]/\langle u^k\rangle$ [J]. Des. Codes Cryptogr., 2015, 72(1): 1-13.

[92] ABUALRUB T, SIAP I. Cyclic codes over the rings $\mathbb{Z}_2+u\mathbb{Z}_2$ and $\mathbb{Z}_2+u\mathbb{Z}_2+u^2\mathbb{Z}_2$ [J]. Des. Codes Cryptogr., 2007, 42(3): 273-287.

[93] BACHOC C. Application of coding theory to the construction of modular lattices[J]. J. Combin. Theory Ser. A, 1997, 78: 92-119.

[94] BANNAI E, HARADA M, IBUKIYAMA T, et al. Type II codes over $\mathbb{F}_2+u\mathbb{F}_2$ and applications to hermitian modular forms[J]. Abh. Math. Sem. Univ. Hamburg, 2003, 73: 13-42.

[95] DOUGHERTY S T, GABORIT P, HARADA M, et al. Type II codes over $\mathbb{F}_2+u\mathbb{F}_2$ [J]. IEEE Trans. Inf. Theory, 1999, 45(1): 32-45.

[96] DOUGHERTY S T, GABORIT P, HARADA M, et al. Type IV self-dual codes over rings[J]. IEEE Trans. Inf. Theory, 1999, 45(7): 2345-2360.

[97] GULLIVER T A, HARADA M. Construction of optimal type IV self-dual codes over $\mathbb{F}_2+u\mathbb{F}_2$ [J]. IEEE Trans. Inf. Theory, 1999, 45(7): 2520-2521.

[98] HUFFMAN W C. On the classification and enumeration of self-dual codes[J].

Finite Fields Appl., 2005, 11(3): 451-490.

[99] HUFFMAN W C. On the decompostion of self-dual codes over $\mathbb{F}_2+u\mathbb{F}_2$ with an automorphism of odd prime number[J]. Finite Fields Appl., 2007, 13(3): 681-712.

[100] LING S, SOLÉ P. Duadic codes over $\mathbb{F}_2+u\mathbb{F}_2$ [J]. Appl. Algebra Eng. Commun. Comput., 2001, 12(5): 365-379.

[101] AL-ASHKER M, HAMOUDEH M. Cyclic codes over $\mathbb{Z}_2+u\mathbb{Z}_2+u^2\mathbb{Z}_2+\cdots+u^{k-1}\mathbb{Z}_2$ [J]. Tur. J. Math., 2011, 35(4): 737-749.

[102] ALFARO R, BENNETT S, HARVEY J, et al. On distances and self-dual codes over $\mathbb{F}_q[u]/\langle u^t\rangle$ [J]. Involve, 2009, 2(2): 177-194.

[103] ÖZEN M, SIAP I. Linear codes over $\mathbb{F}_q[u]/\langle u^s\rangle$ with respect to the rosenbloomt -sfasman metric[J]. Des. Codes Cryptogr., 2006, 38(1): 17-29.

[104] QIAN J F, ZHANG L N, ZHU S X. Cyclic codes over $\mathbb{F}_p+u\mathbb{F}_p+u^2\mathbb{F}_p+\cdots+u^{k-1}\mathbb{F}_p$ [J]. IEICE Trans. Fundam., 2005, E88-A: 795-797.

[105] SHI M J, ZHU S X. Constacyclic codes over the ring $\mathbb{F}_q+u\mathbb{F}_q+u^2\mathbb{F}_q+\cdots+u^{k-1}\mathbb{F}_q$ [J]. J. Univ. Sci. Technol. Chin., 2009, 39(6): 583-587.

[106] ZHU S X, LING P, WU B. A class of repeated-root constacyclic codes over the ring $\mathbb{F}_q+u\mathbb{F}_q+u^2\mathbb{F}_q+\cdots+u^{k-1}\mathbb{F}_q$ [J]. J. Electron. Inform. Technol., 2008, 30(6): 1394-1396.

[107] 王健全, 马彰超, 孙雷, 等. 量子保密通信网络及应用[M]. 北京: 人民邮电出版社, 2019.

[108] SHOR P W. Scheme for reducing decoherence in quantum memory[J]. Phys. Rev. A, 1995, 52(4): 2493-2496.

[109] CALDERBANK A R, RAINS E M, SHOR P W, et al. Quantum error correction and orthogonal geometry[J]. Phys. Rev. Lett., 1997, 78: 405.

[110] CALDERBANK A R, RAINS E M, SHOR P M, et al. Quantum error correction via codes over $GF(4)$ [J]. IEEE Trans. Inf. Theory, 1998, 44(4): 1369-1387.

[111] ASHRAF M, MOHAMMAD G. Quantum codes from cyclic codes over $\mathbb{F}_3+v\mathbb{F}_3$

[J]. Int. J. Quantum Inf., 2014, 12(6): 1450042.

[112] ASHRAF M, MOHAMMAD G. Construction of quantum codes from cyclic codes over $\mathbb{F}_p + v\mathbb{F}_p$ [J]. Int. J. Inf. Coding Theory, 2015, 3(2): 137-144.

[113] ALY S A, KLAPPENECKER A, SARVEPALLI P K. On quantum and classical BCH codes[J]. IEEE Trans. Inf. Theory, 2007, 53(3): 1183-1188.

[114] GAO J. Quantum codes from cyclic codes over $\mathbb{F}_q + v\mathbb{F}_q + v^2\mathbb{F}_q + v^3\mathbb{F}_q$ [J]. Int. J. Quantum Inf., 2015, 13(8): 1550063.

[115] LA GUARDIA G G. Quantum codes derived from cyclic codes[J]. Int. J. Theor. Phys., 2017, 56(8): 2479-2484.

[116] LA GUARDIA G G. New quantum MDS codes[J]. IEEE Trans. Inf. Theory, 2011, 57(8): 5551-5554.

[117] LA GUARDIA G G. On the construction of nonbinary quantum BCH codes[J]. IEEE Trans. Inf. Theory, 2014, 60(3): 1528-1535.

[118] ÖZEN M, ÖZZAIM N T, İNCE H. Quantum codes from cyclic codes over $\mathbb{F}_3 + u\mathbb{F}_3 + v\mathbb{F}_3 + uv\mathbb{F}_3$ [J]. J. Phys. Conf. Ser., 2016, 766(1): 012020.

[119] QIAN J, ZHANG L. Improved constructions for nonbinary quantum BCH codes [J]. Int. J. Theor. Phys., 2017, 56(4): 1355-1363.

[120] QIAN J, MA W, GOU W. Quantum codes from cyclic codes over finite ring[J]. Int. J. Quantum Inf., 2009, 7(6): 1277-1283.

[121] DERTLI A, CENGELLENMIS Y, EREN S. Some results on the linear codes over the finite ring $\mathbb{F}_2 + v_1\mathbb{F}_2 + \cdots + v_r\mathbb{F}_2$ [J]. Int. J. Quantum Inf., 2016, 14(1): 1650012.

[122] GAO J, WANG Y. u-Constacyclic codes over $\mathbb{F}_p + v\mathbb{F}_p$ and their applications of constructing new non-binary quantum codes[J]. Quantum Inf. Process. 2018, 17(4): https://doi.org/10.1007/s11128-017-1775-8.

[123] QIAN J. Quantum codes from cyclic codes over $\mathbb{F}_2 + v\mathbb{F}_2$ [J]. J. Inf. Comput. Sci., 2013, 10(6): 1715-1722.

[124] BOSMA W, CANNON J, PLAYOUST C. The Magma algebra system I: The user language[J]. J. Symb. Comput., 1997, 24(3-4): 235-265.

[125] AYDIN N, ASAMOV T. The $\mathbb{Z}_4$ database[EB/OL]. [2016-01-20]. http://z4codes.info/.

[126] WAN Z-X. Cyclic codes over Galois rings*[J]. Algebra Colloquium, 1999, 6(3): 291-304.

[127] GRASSL M. Bounds on the minimum distance of linear codes and quantum codes[EB/OL]. [2018-03-17]. http://www.codetables.de/.

[128] SRINIVASULU B, MAHESHANAND B. $\mathbb{Z}_2$ -Triple cyclic codes and their duals[J]. Eur. J. Pure Appl. Math., 2017, 10(2): 392-409.

[129] MACWILLIAMS F J, SLOANE N J A. The theory of error-correcting codes[M]. NorthHolland Publishing Company Amsterdam, 1977.

[130] KETKAR A, KLAPPENECKER A, KUMAR S, *et al.* Nonbinary stabilizer codes over finite fields[J]. IEEE Trans. Inf. Theory, 2006, 52(11): 4892-4914.

[131] KNILL E, LAFLAMME R. Theory of quantum error-correcting codes[J]. Phys. Rev. A, 1997, 55(2): 900-911.

[132] GAO J, WANG Y. Quantum codes derived from negacyclic codes[J]. Int. J. Theor. Phys., 2018, 57(3): 682-686.

[133] MI J, CAO X, XU S, et al. Quantum codes from Hermitian dual-containing cyclic codes[J]. Int. J. Comput. Math., 2016, 2(3): 97-109.

[134] ASHIKHMIN A, KNILL E. Nonbinary quantum stabilizer codes[J]. IEEE Trans. Inf. Theory, 2001, 47(7): 3065-3072.

[135] MCDONALD B R. Finite rings with identity[M]. New York: Marcel Dekker, 1974.

[136] NORTON G, SĂLĂGEAN-MANDACHE A. On the structure of linear cyclic codes over finite chain rings[J]. Appl. Algebra Eng. Commun. Comput., 2000, 10(6): 489-506.

[137] DINH H Q, LÓPEZ-PERMOUTH S R. Cyclic and negacyclic codes over finite chain rings[J]. IEEE Trans. Inf. Theory, 2004, 50(8): 1728-1744.

[138] BERGMAN G M. Example in PI ring theory[J]. Israel J. Math., 1974, 18: 257-277.

[139] CLIMENT J-J, NAVARRO P R. On the arithmetic of the endomophisms ring $\mathrm{End}\left(\mathbb{Z}_p \times \mathbb{Z}_{p^2}\right)$[J]. Appl. Algebra in Engrg. Comm. Comput., 2011, 22: 91-108.

[140] WAN Z-X. Lectures on finite fields and Galois rings[M]. World Scientific Pub Co Inc, 2003.

[141] BOUCHER D, GEISELMANN W, ULMER F. Skew-cyclic codes[J]. Appl.

Algebra Eng. Comm. Comput., 2007, 18: 379-389.
[142] SIAP I, ABUALRUB T, AYDIN N, et al. Skew cyclic codes of arbitrary length[J]. Int. J. Inf. Coding Theory, 2011, 2: 10-20.
[143] ASHRAF M, MOHAMMAD G. Skew cyclic codes over $\mathbb{F}_q+u\mathbb{F}_q+v\mathbb{F}_q$ [J]. Asian-Eur. J. Math., 2018, 11(5): 1850072.
[144] BAG T, UPADHYAY A K. Skew cyclic and skew constacyclic codes over the ring $\mathbb{F}_p+u_1\mathbb{F}_p+\cdots+u_{2m}\mathbb{F}_p$ [J]. Asian-Eur. J. Math., 2019, 12(5): 1950083.
[145] DERTLI A, CENGELLENMIS Y. Skew cyclic codes over $\mathbb{F}_q+u\mathbb{F}_q+v\mathbb{F}_q+uv\mathbb{F}_q$ [J]. J. Sci. Arts, 2017, 2(39): 215-222.
[146] GURSOY F, SIAP I, YILDIZ B. Construction of skew cyclic codes over $\mathbb{F}_q+v\mathbb{F}_q$ [J]. Adv. Math. Commun., 2014, 8: 313-322.
[147] GAO J, MA F, FU F-W. Skew constacyclic codes over $\mathbb{F}_q+v\mathbb{F}_q$ [J]. Appl. Comput. Math., 2017, 16(3): 286-295.
[148] SHOR P W. Scheme for reducing decoherence in quantum memory[J]. Phys. Rev. A, 1995, 52: 2493-2496.
[149] CALDERBANK A R, RAINS E M, SHOR P M, et al. Quantum error correction via codes over $GF(4)$ [J]. IEEE Trans. Inf. Theory, 1998, 44: 1369-1387.
[150] AYDIN N, ABUALRUB T. Optimal quantum codes from additive skew cyclic codes[J]. Discrete Math., Algorithms Appl., 2016, 8(3): 1650037.
[151] ASHRAF M, MOHAMMAD G. Quantum codes from cyclic codes over $\mathbb{F}_3+v\mathbb{F}_3$ [J]. Int. J. Quantum Inf., 2014, 12(6): 1450042.
[152] BAG T, ASHRAF M, MOHAMMAD G, et al. Quantum codes from $(1-2u_1-2u_2-\cdots-2u_m)$ -skew constacyclic codes over the ring $\mathbb{F}_q+u_1\mathbb{F}_q+\cdots+u_{2m}\mathbb{F}_q$ [J]. Quantum Inf., 2019, 18: 270.
[153] CHEN B, LING S, ZHANG G. Application of constacyclic codes to quantum MDS codes[J]. IEEE Trans. Inf. Theory, 2015, 61(3): 1474-1484.
[154] CHEN X, ZHU S, KAI X. Entanglement-assisted quantum MDS codes constructed from constacyclic codes[J]. Quantum Inf. Process., 2018, 17(10): 273.

[155] DIAO L, GAO J, LU J. Some results on $\mathbb{Z}_p\mathbb{Z}_p[v]$-additive cyclic codes[J]. Adv. Math. Commun., 2020, 14(4): 555-572.

[156] DINH H Q, BAG T, UPADHYAY A K, et al. A class of skew cyclic codes and application in quantum codes construction[J]. Discrete Math., 2021, 344(2): 112189.

[157] EZERMAN M F, LING S, SOLÉ P, *et al*. From skew-cyclic codes to asymmetric quantum codes[J]. Adv. Math. Commun., 2011, 5(1): 41-57.

[158] FANG W, FU F-W. Two new classes of quantum MDS codes[J]. Finite Fields Appl., 2018, 53: 85-98.

[159] FANG W, WEN J, FU F-W. Quantum MDS codes with new length and large minimum distance[J], Discrete Math., 2024, 347(1): 113662

[160] GAO J. Quantum codes from cyclic codes over $\mathbb{F}_q+v\mathbb{F}_q+v^2\mathbb{F}_q+v^3\mathbb{F}_q$ [J]. Int. J. Quantum Inf., 2015, 13(8): 1550063.

[161] GAO J, WANG Y. Quantum codes derived from negacyclic codes[J]. Internat. J. Theoret. Phys., 2018, 57(3): 682-686.

[162] GAO J, WANG Y. New non-binary quantum codes derived from a class of linear codes[J]. IEEE Access, 2019, 7(1): 26418-26421.

[163] GAO Y, GAO J, FU F-W. Quantum codes from cyclic codes over the ring $\mathbb{F}_q+v_1\mathbb{F}_q+\cdots+v_r\mathbb{F}_q$ [J]. Appl. Algebra Eng. Comm. Comput., 2019, 30(2): 161-174.

[164] GALINDO C, HERNANDO F, MATSUMOTO R. Quasi-cyclic constructions of quantum codes[J]. Finite Fields Appl., 2018, 52: 261-280.

[165] GLUESING-LUERSSEN H, PLLAHA T. On quantum stabilizer codes derived from local frobenius rings[J]. Finite Fields Appl., 2019, 58: 145-173.

[166] JIN L. Quantum stabilizer codes from maximal curves[J]. IEEE Trans. Inf. Theory, 2014, 60(1): 313-316.

[167] KETKAR A, KLAPPENECKER A, KUMAR S, *et al*. Nonbinary stabilizer codes over finite fields[J]. IEEE Trans. Inf. Theory, 2006, 52(11): 4892-4914.

[168] KAI X, ZHU S. New quantum MDS codes from negacyclic codes[J]. IEEE Trans. Inf. Theory, 2013, 59(2): 1193-1197.

[169] LUO G, CAO X. Two new families of entanglement-assisted quantum MDS codes from generalized Reed-Solomon codes[J]. Quantum Inf. Process., 2019, 18(3): 89.

[170] LI R, WANG J, LIU Y, et al. New quantum constacyclic codes[J]. Quantum Inf. Process., 2019, 18: 127.

[171] LIU X, LIU H. Quantum codes from linear codes over finite chain rings[J]. Quantum Inf. Process., 2017, 16(10): 240.

[172] LIU X, YU L, HU P. New entanglement-assisted quantum codes from k-Galois dual codes[J]. Finite Fields Appl., 2019, 55: 21-32.

[173] MA F, GAO J, FU F-W. Constacyclic codes over the ring $\mathbb{F}_q + v\mathbb{F}_q + v^2\mathbb{F}_q$ and their applications of constructing new non-binary quantum codes[J]. Quantum Inf. Process., 2018, 17(6): 122.

[174] MA F, GAO J, FU F-W. New non-binary quantum codes from constacyclic codes over $\mathbb{F}_q[u, v]/\langle u^2 - 1, v^2 - v, uv - vu\rangle$ [J]. Adv. Math. Commun., 2019, 13(3): 421-434.

[175] SHI X, YUE Q, ZHU X. Construction of some new quantum MDS codes[J]. Finite Fields Appl., 2017, 46: 347-362.

[176] ZHANG T, GE G. Quantum MDS codes with large minimum distance[J]. Des. Codes Cryptogr., 2017, 83(3): 503-517.

[177] GAO Y, YANG S, FU F-W. Some optimal cyclic $\mathbb{F}_q$-linear $\mathbb{F}_{q^t}$-codes[J]. Adv. Math. Commun., 2021, 15(3): 387-396.

[178] LIDL R, NIEDERREITER H, COHN P M. Finite fields[M]. Cambridge: Cambridge University press, 1997.

[179] MARKUS G. Bounds on the minimum distance of linear codes and quantum codes[EB/OL]. [2019-10-24]. http://www.codetables.de/.

[180] BOSMA W, CANNON J, PLAYOUST C. The MAGMA algebra system I: the user language[J]. J. Symb. Comput., 1997, 24(3-4): 235-265.

[181] CAO Y L, GAO Y. Repeated root cyclic $\mathbb{F}_q$-linear codes over $\mathbb{F}_q^l$ [J]. Finite Fields Appl., 2015, 31: 202-227.

[182] CAO Y L, CHANG X X, CAO Y. Constacyclic $\mathbb{F}_q$-linear codes over $\mathbb{F}_q^l$ [J]. Appl. Algebra Engrg. Comm. Comput., 2015, 26: 369-388.

[183] CAO Y L, GAO J, FU F-W. Semisimple multivariable $\mathbb{F}_q$-linear codes over $\mathbb{F}_q^l$ [J]. Des. Codes Cryptogr., 2015, 77: 153-177.

[184] DEY B K, RAJAN B S. $\mathbb{F}_q$ -linear cyclic codes over $\mathbb{F}_{q^m}$: DFT approach[J]. Des. Codes Cryptogr., 2005, 34: 89-116.

[185] HUFFMAN W C. Cyclic $\mathbb{F}_q$ -linear $\mathbb{F}_{q^t}$ -codes[J]. Int. J. Inf. and Coding Theory, 2010, 1: 249-284.

[186] HUFFMAN W C. Self-dual $\mathbb{F}_q$ -linear $\mathbb{F}_{q^t}$ -codes with an automorphism of prime order[J]. Adv. Math. Commun., 2013, 7: 57-90.

[187] HUFFMAN W C. On the theory of $\mathbb{F}_q$ -linear $\mathbb{F}_{q^t}$ -codes[J]. Adv. Math. Commun., 2013, 7: 349-378.

[188] ALDERSON T L. Extending MDS codes[J]. Ann. Comb., 2005, 9: 125-135.

[189] BOUYUKLIEV I, SIMONIS J. Some new results on optimal codes over $\mathbb{F}_5$ [J]. Des. Codes Cryptogr., 2003, 30: 97-111.

[190] BOUYUKLIEVA S, ÖSTERGÅRD P R J. New constructions of optimal self-dual binary codes of length 54[J]. Des. Codes Cryptogr., 2006, 41: 101-109.

[191] CHEN B C, LIU H W. New constructions of MDS codes with complementary duals[J]. IEEE Trans. Inform. Theory, 2018, 64: 5776-5782.

[192] DODUNEKOV S, LANDGEV I. On near-MDS codes[J]. J. Geom., 1995, 54: 30-43.

[193] GABRYS R, YAAKOBI E, BLAUM M, et al. Constructions of partial MDS codes over small fields[J]. IEEE Internat. Symposium Inform. Theory, 2019, 65: 3692-3701.

[194] GRASSL M, GULLIVER T A. On self-dual MDS codes[J]. IEEE Internat. Symposium Inform. Theory, 2008: 1954-1957.

[195] HURLEY B, HURLEY T. Systems of MDS codes from units and idempotents[J]. Discrete Math., 2014, 335: 81-91.

[196] JIN L F, LING S, LUO J Q, et al. Application of classical Hermitian selforthogo - nal MDS codes to quantum MDS codes[J]. IEEE Trans. Inform. Theory, 2010, 56: 4735-4740.

[197] JIN L F, XING C P. New MDS self-dual codes from generalized Reed-Solomon codes[J]. IEEE Trans. Inform. Theory, 2017, 63: 1434-1438.

[198] MARUTA T. On the existence of cyclic and pseudo-cyclic MDS codes[J]. Europ.

J. Combinatorics, 1998, 19: 159-174.

[199] RM R, SEROUSSI G. On cyclic MDS codes of length q over $GF(q)$ [J]. IEEE Trans. Inform. Theory, 1986, 32: 284-285.

[200] RM R, SEROUSSI G. On generator matrices of MDS codes[J]. IEEE Trans. Inform. Theory, 1985, 31: 826-830.

[201] SHI M J, SOLÉ P. Optimal p-ary codes from one-weight and two-weight codes over $\mathbb{F}_p + v\mathbb{F}_p^*$ [J]. J. Syst. Sci. Complex., 2015, 28: 679-690.

[202] WAN Z-X. Cyclic codes over Galois rings*[J]. Algebra Colloquium, 1999, 6: 291-304.